高等学校计算机基础教育规划教材

多媒体技术与应用教程
（第2版）

雷运发 田惠英 编著

清华大学出版社
北京

内 容 简 介

本书从应用角度出发,采用理论和实践操作相结合的方法,讲述多媒体技术的基本概念和最典型的应用。该书配有电子课件和各章主要实例的多媒体演示视频及源代码,可在清华大学出版社网站上下载。全书分为两部分:第一部分为教学篇,主要介绍相关基础知识和多媒体技术应用原理;第二部分为实验指导篇,通过详尽的实例指导读者学习并掌握常用多媒体软件的操作与使用技巧。

本书可作为高等院校应用型本科生及高职高专各相关专业学生"多媒体技术应用"公共课程的教材,同时也适合工程技术人员及拥有多媒体计算机的读者自学使用。

图书在版编目(CIP)数据

多媒体技术与应用教程 /雷运发,田惠英编著. —2版. —北京:清华大学出版社,2016(2025.2重印)
高等学校计算机基础教育规划教材
ISBN 978-7-302-42947-0

Ⅰ. ①多… Ⅱ. ①雷… ②田… Ⅲ. ①多媒体技术—高等学校—教材 Ⅳ. ①TP37

中国版本图书馆 CIP 数据核字(2016)第 024767 号

责任编辑:袁勤勇 王冰飞
封面设计:傅瑞学
责任校对:白 蕾
责任印制:沈 露

出版发行:清华大学出版社
    网 址:https://www.tup.com.cn,https://www.wqxuetang.com
    地 址:北京清华大学学研大厦 A 座 邮 编:100084
    社 总 机:010-83470000 邮 购:010-62786544
    投稿与读者服务:010-62776969,c-service@tup.tsinghua.edu.cn
    质 量 反 馈:010-62772015,zhiliang@tup.tsinghua.edu.cn
    课 件 下 载:https://www.tup.com.cn,010-83470236
印 装 者:三河市铭诚印务有限公司
经 销:全国新华书店
开 本:185mm×260mm 印 张:21.75 字 数:499 千字
版 次:2008 年 9 月第 1 版 2016 年 3 月第 2 版 印 次:2025 年 2 月第 11 次印刷
定 价:59.00 元

产品编号:037726-03

第 2 版前言

随着 Internet 技术的发展,多媒体技术及其相关产品迅速步入家庭和社会的各个方面,给人们的工作和生活带来了深刻变化。本书从多媒体应用的角度出发,对多媒体技术的基本理论、制作工具和应用等方面加以介绍,力求以丰富的实例和实验引导读者进入多媒体技术的应用领域。

第 2 版在第 1 版的基础上,做了如下修改:增删各章中的例题和习题;删除了第 3 章中音频接口部分的内容,更新了 3.5 节的内容;重写了第 4 章;更新了第 5 章和第 6 章的内容;把第 1 版第 7 章的内容分解为第 7 章与第 8 章,并重新编写了其相关内容;第 1 版第 8 章虚拟现实技术的部分内容作为第 2 版书末附录列出,供在这方面有兴趣的读者阅读。

在第 2 版中,更加重视学生对基础知识的理解和掌握,注重培养学生分析问题、解决问题的能力,进一步加强了实验和实用性教学。为方便教师授课和学生自学,为部分工具软件的使用方法和实例完成过程制作了多媒体教学课件。每章后都配有丰富的练习题,便于读者理解所学内容,掌握相应的操作方法。随书配有实例源代码和 PPT 电子讲稿,期望对读者的学习有所帮助。

本书第 4 章及相关的实验由华北电力大学(北京)田惠英编写,第 5 章和第 6 章及相关的实验由浙江科技学院林雪芬编写,其余章节的修改由雷运发和田惠英完成。

本书在编写的过程中得到多位老师和学生的帮助,浙江科技学院计算机基础教学部的龚婷和琚洁慧老师提供了部分实验资料,在此一并表示衷心感谢。

由于计算机应用技术发展迅猛,加之作者的学识和水平有限,书中难免存在不当和谬误之处,敬请各位专家和广大读者给予批评指正。

编　者
2015 年 12 月

目录

第一部分　教　学　篇

第二部分　实验指导篇

第一部分

教 学 篇

第1章

多媒体技术概述

学习目标

（1）了解媒体、多媒体的定义以及媒体的分类。

（2）了解多媒体的相关技术（如压缩技术、音视频技术等）及其应用。

（3）掌握多媒体的特征和多媒体系统的构成。

（4）了解多媒体的发展历史及其发展趋势。

1.1 多媒体的基本概念

什么是多媒体？通俗地讲，多媒体就是通过计算机或其他数字处理手段传递给人们的文本、声音、动画和视频的艺术组合。它能够表达人们丰富的感受。在用多媒体手段处理问题时，用户将会感到轻松和愉快。

多媒体技术是20世纪80年代发展起来的一门综合电子信息技术，它给人们的工作、生活和学习带来了深刻的变化。多媒体的开发与应用使计算机改变了单一的人机界面，转为多种媒体协同工作的环境，从而为用户营造了一个丰富多彩的计算机世界。

本书除讲解多媒体技术的基本原理以外，将重点介绍其应用情况，主要介绍如何创建多媒体的基本元素，以及如何把这些元素有机地组合起来以达到预期的最佳效果。例如，如何录制和编辑声音，如何制作和编辑图像，如何录制视频，如何根据脚本需要把这些素材有机地集成起来等。

1.1.1 媒体及其分类

1. 媒体

首先讨论媒体（Medium）。按照传统的说法，媒体指的是信息表示和传输的载体，是人与人之间沟通及交流观念、思想或意见的中介物，如日常生活中的报纸、广播、电视、杂志等。在计算机科学中，媒体具有两种含义：一是承载信息的物理实体，如磁盘、光盘、半导体存储器、录像带、书刊等；二是表示信息的逻辑载体，如数字、文字、声音、图形图像和视频与动画等。多媒体技术中的媒体一般指后者。

2. 媒体的分类

现代科技的发展给媒体赋予了许多新的内涵。根据国际电信联盟电信标准局 ITU-T(原国际电话电报咨询委员会 CCITT)建议的定义,将媒体划分为以下 5 种类型。

(1) 感觉媒体(Perception Medium):指能直接作用于人的听觉、视觉、触觉等感官,使人直接产生感觉的一类媒体,如语言、音乐、声音、图形、图像。

(2) 表示媒体(Representation Medium):指传输感觉媒体的中介媒体,为加工、处理和传输感觉媒体而人为研究、构造出来的一种媒体,即用于数据交换的编码,是感觉媒体数字化后的表示形式,如语音和图像编码等。构造表示媒体的目的是更有效地将感觉媒体从一方向另外一方传送,便于加工和处理。表示媒体有各种编码方式,比如,文本可用 ASCII 码编制;音频可用 PCM 脉冲编码调制的方法来编码;静态图像可用静止图像压缩编码标准 JPEG 编码;运动图像可用运动图像压缩编码标准 MPEG 编码;视频图像可用不同的电视制式如 PAL、NTSC、SECAM 制式进行编码。

(3) 表现媒体(Presentation Medium):指将感觉媒体输入到计算机中或通过计算机展示感觉媒体的物理设备,即获取和还原感觉媒体的计算机输入和输出设备,如键盘、摄像机、显示器、喇叭等。

(4) 存储媒体(Storage Medium):指存储表示媒体信息的物理设备,即存放感觉媒体数字化后的代码的媒体称为存储媒体,如软硬盘、CD-ROM、磁带、唱片、光盘、纸张等。

(5) 传输媒体(Transmission Medium):指传输表示媒体的物理介质。传输信号的物理载体称为传输媒体,例如同轴电缆、光纤、双绞线、电磁波等。

在上述各种媒体中,表示媒体是核心,计算机信息处理过程就是处理表示媒体的过程。

从表示媒体与时间的关系来分,不同形式的表示媒体可以被划分为静态媒体和连续媒体两大类。静态媒体是信息的再现,与时间无关,如文本、图形、图像,等等;连续媒体具有隐含的时间关系,其播放速度将影响所含信息的再现,如声音、动画、视频等。

从人机交互的角度,可把媒体分为视觉类媒体、听觉类媒体和触觉类媒体等几大类。在人类的感知系统中,视觉获取的信息占 60% 以上;听觉获取的信息占 20% 左右;另外还有触觉、嗅觉、味觉等,负责获取其余信息。

1.1.2 多媒体与多媒体技术

1. 多媒体

多媒体(Multimedia)是由两种以上单一媒体融合而成的信息表现形式,是多种媒体综合处理和应用的结果。概括来说,就是多种媒体表现,多种感官作用,多种设备支持,多学科交叉,多领域应用。

多媒体的实质是将各种不同表现形式的媒体信息数字化,然后利用计算机对数字化媒体信息进行加工或处理,通过逻辑链接形成有机整体,同时实现交互控制,以一种友好的方式供用户使用。

多媒体与传统的传媒有以下几点不同:多媒体信息都是数字化的信息,而传统传媒信息基本都是模拟信号;传统传媒只能让人们被动地接受信息,而多媒体可以让人们主动与信息媒体交互;传统传媒一般是单一形式,而多媒体是两种以上不同媒体信息的有机集成。

2. 多媒体技术

通常,人们所说的多媒体技术都是和计算机联系在一起的,是以计算机技术为主体,结合通信、微电子、激光、广播电视等多种技术而形成的用来综合处理多种媒体信息的交互性信息处理技术。具体来说,多媒体技术以计算机(或微处理芯片)为中心,将文本、图形图像、音频、视频和动画等多种媒体信息通过计算机进行数字化综合处理,使多种媒体信息建立逻辑链接,并集成为一个具有交互性的系统技术。这里所说的“综合处理”主要是指对这些媒体信息的采集、压缩、存储、控制、编辑、变换、解压缩、播放、传输等。在应用上,多媒体一般泛指多媒体技术。

3. 多媒体技术的特征

从研究和发展的角度看,多媒体技术具有多样性、集成性、交互性、实时性和数字化等5个基本特征,这也是多媒体技术要解决的5个基本问题。

(1) 多样性:多样性指媒体种类及其处理技术的多样化。多媒体技术涉及多样化的信息,信息载体自然也随之多样化。多种信息载体使信息在交换时有更灵活的方式和更广阔的自由空间。多样性涵盖以下两个方面。

第一是指信息媒体的多样化。多样化的信息载体包括磁盘介质、磁光盘介质、光盘介质、语音、图形、图像、视频、动画等。计算机在无失真处理和再现多样化的信息方面的能力还有待提高。

多样性的另一方面是指,多媒体计算机在处理输入的信息时,不仅仅是简单获取及再现信息,还能够根据人的构思和创意对文字、图形及动画等媒体信息进行交换、组合和加工,从而丰富艺术创造的表现力,以达到生动、灵活、自然的效果。

多样化不仅是指多种信息的输入,即信息的获取(Capture),而且还指信息的输出,即表现(Presentation)。输入和输出并不一定相同。若输入与输出相同,就称为记录或重放。如果对输入进行了加工、组合与变换,则称为创作(Authoring),这样可以更好地表现信息,丰富其表现力,使用户更准确更生动地接收信息。这种形式在过去的影视制作过程中得到了大量应用,现在在多媒体技术中也采用这种方法。

(2) 集成性:主要表现在两个方面,即多种信息媒体的集成和处理这些媒体的软硬件技术及其设备和系统的集成。在多媒体系统中,各种信息媒体不是像过去那样,采用单一方式进行采集与处理,而是由多通道同时统一采集、存储与加工处理,更加强调各种媒体之间的协同关系及对其所包含的大量信息的利用。在硬件方面,多媒体硬件系统(包括能处理多媒体信息的高速及并行的 CPU 多通道的输入输出接口及外设、宽带通信网络接口及大容量的存储器等)将所有硬件设备集成为统一的系统。在软件方面,则由多媒体操作系统来管理多媒体开发与制作的软件系统、高效的多媒体应用软件和创作工具软件等。这些多媒体系统的硬件和软件在网络的支持下,集成为能够处理各种复合信息媒体的信息系统。

(3) 交互性:交互性是指通过各种手段,有效地控制和使用信息,使参与的各方(不论是发送方还是接收方)都可以进行编辑、控制和传递。除了操作上的控制自如(可通过键盘、鼠标、触摸屏等操作)外,在媒体综合处理上也可做到随心所欲。

当人们完全进入一个与信息环境一体化的虚拟信息世界时,全方位的交互将使得人们能够体验到逼真的效果,这才是交互式应用的高级阶段,这种技术称为虚拟现实技术。

(4) 实时性:由于声音及活动的视频图像是和时间密切相关的连续媒体,所以多媒体技术必须支持实时处理。

(5) 数字化:处理多媒体信息的关键设备是计算机,所以要求不同媒体形式的信息都必须进行数字化。因为计算机所能理解的就是数字化的东西,也就是由一连串的二进制数字(0,1)所呈现的数据。

在将各种媒体信息处理为数字化信息之后,计算机就能对数字化的多媒体信息进行存储、加工、控制、编辑、交换、查询和检索了。所以,多媒体信息必须是数字化信息。由比特流组成的数字媒体通过计算机和网络进行信息传播,改变了传统信息传播者和受众的关系,同时也改变了信息的组成、结构、传播过程、方式和效果。

1.1.3　多媒体系统

多媒体系统(Multimedia System)是指由多媒体网络设备、多媒体终端设备、多媒体软件、多媒体服务系统及相关的多媒体数据组成的有机整体。多媒体系统是一种趋于人性化的多维信息处理系统。它以计算机系统为核心,利用多媒体技术,实现多媒体信息(包括文本、声音、图形图像、视频、动画等)的采集、数据压缩编码、实时处理、存储、传输、解压缩、还原输出等综合处理功能,并提供友好的人机交互方式。

随着计算机网络技术与多媒体技术的迅猛发展,多媒体系统已逐渐发展成为通过网络获取服务,并与外界进行联系的网络多媒体系统。

由于多媒体数据具有多样性,原始素材往往分布在不同的空间和时间里,使得分布式多媒体数据库的建立和管理以及多媒体通信等成为多媒体计算机系统的关键技术。

多媒体资源具有一些特殊性质,因此,多媒体系统往往需要涉及一些专门的技术,例如多媒体的计算机表示与压缩、多媒体数据库管理、多媒体逻辑描述模型、多媒体数据存储技术、多媒体通信技术等。

从目前多媒体系统的开发和应用趋势来看,可以大致将其分为两大类:一类是具有编辑和播放双重功能的开发系统,这种系统适合于专业人员制作多媒体软件产品;另一类则是面向实际用户的多媒体应用系统。

1.1.4　多媒体信息的基本元素

目前,多媒体信息在计算机中的基本形式可划分为文本、图形、图像、音频、视频和动画等几类,这些基本信息形式也称为多媒体信息的基本元素。

1. 文本

文本(Text)是以文字、数字和各种符号表达的信息形式,是现实生活中使用最多的信息媒体,主要用于对知识的描述。

文本有两种主要形式:格式化文本和无格式化文本。在文本文件中,如果只有文本信息,而没有其他任何有关格式的信息,则称为非格式化文本文件或纯文本文件;而带有各种文本排版信息等格式信息的文本文件,则称为格式化文本文件。文本内容的组织方式都是按线性方式顺序组织的。文本信息的处理是最基本的信息处理。文本可以在文本编辑软件里制作,如 Word 等编辑工具中所编辑的文本文件大都可以输入到多媒体应用设计之中,也可以直接在制作图形的软件或多媒体编辑软件中一起制作。

2. 图形

图形(Graphic)是指用计算机绘图软件绘制的从点、线、面到三维空间的各种有规则的图形,如直线、矩形、圆、多边形以及其他可用角度、坐标和距离来表示的几何图形。

在图形文件中只记录生成图的算法和图上的某些特征点,因此也称之为矢量图。通过读取这些指令并将其转换为屏幕上所显示的形状和颜色而生成图形的软件通常称为绘图程序。在计算机还原输出时,相邻的特征点之间用特定的多段小直线连接就会形成曲线,若曲线是封闭的,也可靠着色算法来填充颜色。图形的最大优点在于,可以分别控制、处理图中的各个部分,如在屏幕上移动、旋转、放大、缩小、扭曲而不失真。不同的物体还可以在屏幕上相互重叠并保持各自的特性,必要时也可分开。因此,图形主要用于表示线框型的图画、工程制图、美术字等。绝大多数 CAD 和 3D 造型软件都使用矢量图形来作为基本图形存储格式。

常用的矢量图形格式有 3DS(用于 3D 造型)、DXF(用于 CAD)、WMF(用于桌面出版),等等。图形技术的关键是图形的制作和再现。图形只保存算法和特征点,所以相对于图像的大数据量来说,它占用的存储空间较小。但是,每次在屏幕中显示时,它都需要经过重新计算。另外,在打印输出和放大时,图形的质量较高。

3. 图像

这里所指的是静止图像。图像(Image)可以从现实世界中捕获,也可以利用计算机产生数字化图像。图像是由单位像素组成的位图来描述的。每个像素点都用二进制数编码,用来反映像素点的颜色和亮度。

图形与图像在多媒体中是两个不同的概念,其主要区别如下。

(1) 构造原理不同。图形的基本元素是图元,如线、点、面等元素;图像的基本元素是像素,一幅位图图像可理解为由一个个像素点组成的矩阵。

(2) 数据记录方式不同。图形存储的是画图的函数,图像存储的则是像素的位置信息和颜色信息,以及灰度信息。

(3) 处理操作不同。图形通常用 Draw 程序编辑,最终产生矢量图形。可对矢量图形及图元独立进行移动、缩放、旋转和扭曲等变换。图形的主要参数包括描述图元的位置、维数和形状的指令和参数。图像一般用图像处理软件(Paint、Brush、Photoshop 等)进行编辑处理,主要是对位图文件及相应的调色板文件进行常规性的加工和编辑。不能对图像中的某一部分进行控制变换。由于位图所占存储空间较大,一般要对其进行数据压缩。图形在进行缩放时不会失真,可以适应不同的分辨率;而图像在放大时则会失真。可以看到,整个图像是由很多像素组合而成的。

(4) 处理显示速度不同。图形的显示过程是根据图元顺序进行的,它使用专门的软件将描述图形的指令转换成屏幕上的形状和颜色,其产生过程需要一定的时间。图像是将对象以一定的分辨率分辨以后将每个点的信息以数字化方式呈现出来,可直接、快速地在屏幕上进行显示。

(5) 表现力不同。图形用来描述轮廓不太复杂,色彩不是很丰富的对象,如几何图形、工程图纸、CAD、3D 造型等。图像能表现含有大量细节(如明暗变化、复杂的场景、色彩丰富的轮廓)的对象,如照片、绘图等。通过图像软件可进行复杂图像的处理,以得到更清晰的图像或产生特殊效果。

4. 音频

音频(Audio)是指频率在 20Hz～20kHz 范围内的连续变化的声波信号。声音具有音调、响度、音色三要素。音调与频率有关,响度与幅度有关,音色由混入基音的泛音决定。从用途上,可将声音分为语音、音乐和合成音效 3 种形式,从处理的角度可分为波形音频和 MIDI 音频等。

(1) 波形音频:是以数字方式来表示声波,即利用声卡等专用设备对语音、音乐、效果声等声波进行采样、量化和编码,使之转化成数字形式,并进行压缩存储,使用时再将其解码还原成原始的声波波形。

(2) MIDI 音频:MIDI 即电子乐器数字接口。MIDI 技术最初应用在电子乐器上,用来记录乐手的弹奏效果,以便以后重播,在引入支持 MIDI 合成的声卡之后才正式地成为一种计算机的数字音频格式。MIDI 是一种记录乐谱和音符演奏方式的数字指令序列音频格式,数据量极小。

MIDI 音频与波形音频不同,它不对声波进行采样、量化和编码,而是将电子乐器键盘的演奏信息(包括键名、力度和时间长短等)记录下来。这些信息被称为 MIDI 消息,是乐谱的一种数字式描述。对应于一段音乐的 MIDI 文件不记录任何声音信息,而只是包含了一系列产生音乐的 MIDI 消息。播放时只需读出 MIDI 消息,便可生成所需的乐器声音波形,后经放大处理即可输出。

将音频信号集成到多媒体中,可得到其他任何媒体都无法实现的效果。不仅可以烘托气氛,而且还能增加活力。音频信息增强了对其他类型媒体所表达的信息的理解。

5. 视频

视频(Video)是指从摄像机、录像机、影碟机以及电视接收机等影像输出设备得到的连续活动图像信号,即若干有联系的图像数据连续播放便形成了视频。这些视频图像使多媒体应用系统功能更强、效果更精彩。但由于上述视频信号的输出大多是标准的彩色全电视信号,要将其输入到计算机中,不仅要有视频信号的捕捉,实现其由模拟信号向数字信号的转换,还要有压缩和快速解压缩,以及播放的相应软、硬件处理设备配合。同时,在处理过程中免不了会受到电视技术的各种影响。

电视主要有 3 大制式,即 NTSC(525/60)、PAL(625/50)、SECAM(625/50)3 种,括号中的数字为电视显示的线行数和频率。当计算机对信号进行数字化时,必须在规定时间内(如 1/30 秒内)完成量化、压缩和存储等多项工作。视频文件的存储格式有 AVI、MPG、MOV 等。

对于动态视频的操作和处理,除了播放过程中的动作与动画相同外,还可以增加特技效果,如硬切、淡入、淡出、复制、镜像、马赛克、万花筒等,用来增强表现力。这在媒体中属于媒体表现属性的内容。

6. 动画

动画(Animation)是采用计算机动画设计软件创作而成,由若干幅图像进行连续播放产生的具有运动感觉的连续画面。动画的连续播放既指时间上的连续,也指图像内容上的连续,即播放的相邻两幅图像之间内容相差不大。动画压缩和快速播放也是动画技术要解决的重要问题,其处理方法有很多种。计算机设计动画方法有两种:一种是造型动画,一种是帧动画。前者是对每一个运动的物体分别进行设计,赋予每个对象一些特征,如大小、形状、颜色等,然后用这些对象构成完整的帧画面。造型动画中每帧都由图形、声音、文字、调色板等造型元素组成,控制动画中每一帧的图元表现和行为的是由制作表组成的脚本。帧动画是由一幅幅位图组成的连续的画面。就像电影胶片或视频画面一样,要分别设计每个屏幕显示的画面。

计算机在制作动画时,只要做好主动作画面即可,其余的中间画面都可以由计算机内插来完成。不运动的部分直接复制过去,与主动作画面保持一致。当这些画面仅呈现二维的透视效果时,就是二维动画。如果通过 CAD 形式创造出空间形象的画面,就是三维动画;如果使其具有真实的光照效果和质感,就成为三维真实感动画。存储动画的文件格式有 FLC、MMM 等。

视频和动画的共同特点是,每幅图像都是前后关联的。通常来讲,后幅图像是前幅图像的变形。每幅图像称为帧。帧以一定的速率(帧/秒)连续投射在屏幕上,就会产生连续运动的感觉。当播放速率在 24 帧/秒以上时,人的视觉就会有自然连续感。

1.2　多媒体相关技术简介

多媒体技术是多学科、多技术交叉的综合性技术，主要涉及 3 大类技术，即从系统角度研究的多媒体基础技术和从应用角度研究的多媒体信息处理技术，以及从人性化交互方式角度研究的人机交互技术。

从系统性能的层面上看，关心的重点在多媒体系统的构成与实现上，因此必须研究解决多媒体信息的快速处理、多媒体数据的压缩与还原、大容量信息存储与检索以及多媒体信息的快速传输等基本问题。这就形成了多媒体的基础技术。

从应用研究角度看，多媒体技术就是将多种媒体信息通过计算机进行数字化综合处理的技术。多媒体信息处理技术包含的内容涉及图、文、声、像（视频和动画）技术和多媒体信息集成技术。

人机交互技术是从人性化角度提出的，主要解决多媒体信息的输入、输出问题，更侧重于多媒体系统的交互方式和交互性能研究，是对多媒体技术的扩展和深化。

本书主要讨论的是多媒体信息处理技术，也就是通常所说的多媒体应用技术。

1.2.1　多媒体数据压缩技术

多媒体数据压缩编码技术是多媒体技术中最为关键的技术。

数字化后的多媒体信息的数据量非常庞大。例如，对于彩色电视信号的动态视频图像，数字化处理后的 1 秒钟数据量达十多兆字节，650 兆字节容量的 CD-ROM 仅能存放 1 分钟的原始电视数据。超大数据量给存储器的存储容量、带宽及计算机的处理速度都带来了极大的压力，因此，需要通过多媒体数据压缩编码技术来解决数据存储与信息传输的问题。

由于数字化多媒体信息中的图像、视频信号和音频信号数据中存在很大冗余（空间冗余、时间冗余、结构冗余、知识冗余、视觉冗余、图像区域相同性冗余、纹理统计冗余等），使得数据压缩成为可能。数据压缩的实质是，在满足还原信息质量要求的前提下，通过代码转换或消除信息冗余量的方法来实现采样数据量的大幅缩减。

与数据压缩相对应的处理称为解压缩，又称数据还原。它是将压缩数据通过一定的解码算法还原到原始信息的过程。通常，人们把包含压缩与解压缩内容的技术统称为数据压缩技术。

根据质量有无损失可将压缩编码分为有损失编码和无损失编码两类。前者指压缩后的数据经解压后还原得到的数据与原始数据相同，没有误差；后者则存在一定的误差。

压缩编码的方法非常多，编码过程一般都涉及较深的数学基础理论。在众多压缩编码方法中，衡量一种压缩编码方法优劣的重要指标有：压缩比要高，压缩与解压缩速度要快，算法要简单，硬件实现要容易，解压缩质量要好。在选用编码方法时还应考虑信源本身的统计特征、多媒体软硬件系统的适应能力、应用环境及技术标准等。

1.2.2　多媒体信息存储技术

多媒体数据有两个显著的特点：一是数据表现形式很多，且数据量很大，尤其对动态的声音和视频图像更为明显；二是多媒体数据传输具有实时性，声音和视频必须严格地同步。这就要求存储设备的存储容量必须足够大，存储速度要快，以便能够高速传输数据，使得多媒体数据能够实时地传输和显示。

多媒体信息存储技术主要研究多媒体信息的逻辑组织、存储体的物理特性、逻辑组织到物理组织的映射关系、多媒体信息的存取访问方法、访问速度、存储可靠性等问题，具体技术包括磁盘存储技术、光存储技术以及其他存储技术。

光存储技术是伴随多媒体技术的发展而发展的，CD-ROM 存储器已经成为多媒体计算机的标准配置。CD-ROM 从存储方式上可分为 CD-R（只读光盘）和 CD-RW（可读可擦写光盘）两种，从存储格式上可分为数据 CD、音乐 CD、VCD、DVD、Photo-CD 等不同格式标准的光盘。

1.2.3　多媒体网络通信技术

多媒体网络通信技术是指通过对多媒体信息特点和网络技术的研究，建立适合文本、图形、图像、声音、视频、动画等多媒体信息传输的信道、通信协议和交换方式等，解决多媒体信息传输中的实时与媒体同步等问题。

现有的通信网络大体上可分为 3 类：电信网络（包括移动多媒体网络）、计算机网络和有线电视网络。多媒体通信网络技术主要解决网络吞吐量、传输可靠性、传输实时性和提高服务质量 QoS 等问题，用来实现多媒体通信和多媒体数据及资源的共享。

多媒体通信对多媒体产业的发展、普及和应用有着举足轻重的作用，但由于多媒体信息及大部分的网络多媒体应用对网络带宽的要求非常高，使得多媒体通信构成了整个产业发展的关键和瓶颈。多媒体通信是一项综合性技术，涉及多媒体、计算机及通信等领域，它们之间相互影响相互促进。大数据量的连续媒体在网上的实时传输不仅向窄带网络及包交换协议提出了挑战，同时，对媒体技术本身，如数据的压缩、各媒体间的时空同步等，也提出了更高的要求。

另一方面，利用计算机网络，在网络上进行分布式协作操作，可以更广泛地实现信息共享。合理的多媒体空间分布和有效的协作操作将缩小个体与群体、局部与全球的工作差距，通过更有效的协议及分布式技术超越时空限制，充分利用信息，协同合作，相互交流，节约时间和经费。

1.2.4　多媒体专用芯片技术

专用芯片是改善多媒体计算机硬件体系结构，提高其性能的关键。为了实现音频、视频信号的快速压缩、解压缩和实时播放，需要大量的快速计算。只有不断研发高速专用芯片,才能取得令人满意的处理效果。专用芯片技术的发展依赖于大规模集成电路(Vast Large Scale Integration,VLSI)技术的发展。

多媒体计算机专用芯片可归纳为两种类型:一种是固定功能的芯片,其主要用来提高图像数据的压缩率;另一种是可编程数字信号处理器 DSP 芯片,其主要目标是提高图像的运算速度。

最早推出的固定功能的专用芯片是用于图像处理的压缩处理芯片,它将实现静态图像的数据压缩/解压缩/算法做在一个专用芯片上,从而大大提高了处理速度。如 C-Cube 公司生产的 MPEG 解压缩芯片,它被广泛地应用于 VCD 播放机中。随后,许多半导体公司又相继推出了执行国际标准压缩编码的专用芯片。由于压缩编码的国际标准较多,一些公司还推出了多功能视频压缩芯片。

可编程数字信号处理器 DSP 芯片是一种非常适合进行数字信号处理的微处理器。由于采用多处理器并行技术,它的计算能力超强,可望达到 2bips,特别适合于高密度、重复运算及大数据流量的信号处理。这些高档的专用多媒体处理器芯片,不仅大大提高了音、视频信号的处理速度,而且还能在音频、视频数据编码时增加特技效果。

1.2.5 多媒体人机交互技术

人机交互(Computer Human Interaction,CHI)技术是研究人与计算机之间相互通信的技术,它涉及到认知心理学、人机工程学和虚拟现实等多个学科的内容。多媒体人机交互技术是指人们通过多种媒体与计算机进行通信的技术,主要研究多媒体信息的输入输出以及人与计算机系统的交互方式和交互性能,其主要内容如下。

(1) 媒体变换技术:指改变媒体的表现形式。

(2) 媒体识别技术:是对信息进行一对一的映像过程。

(3) 媒体解析技术:对信息进行更进一步的分析处理并理解信息内容。

1.2.6 多媒体软件技术

1. 多媒体操作系统

多媒体操作系统是多媒体软件技术的核心,负责多媒体环境下多任务的调度,提供多媒体信息的各种基本操作和管理,保证音、视频同步控制以及信息处理的实时性,具备综合处理和使用各种媒体的能力,能灵活地调度多种媒体数据并能进行相应的传输和处理,可以改善工作环境并向用户提供友好的人机交互界面等。

多媒体操作系统是多媒体应用软件的操作支撑环境,满足对多媒体信息处理的各种复杂技术的要求,支持多种制作多媒体素材的工具软件。

2. 多媒体数据库技术

数据的组织和管理是任何信息系统都要解决的核心问题。数据量大、种类繁多、关系复杂是多媒体数据的基本特征,使数据在库中的组织方法和存储方法变得异常复杂。因此,以什么样的数据模型表达和模拟这些多媒体信息空间,如何组织存储这些数据,如何管理这些数据,如何操纵和查询这些数据,这些都是传统数据库系统难以解决的。

在多媒体数据库中,要处理结构化和大量非结构化数据,解决数据模型、数据压缩与还原、多媒体数据库操作及多媒体数据对象表现等主要问题。

多媒体数据库技术主要从 3 个方面开展研究:一是研究、分析多媒体数据对象的固有特性;二是在数据模型方面开展研究,实现多媒体数据库管理;三是研究基于内容的多媒体信息检索策略。

3. 多媒体信息处理与应用开发技术

前者主要研究各种媒体信息(如文本、图形、图像、声音、视频等)的采集、编辑、处理、存储、播放等技术;后者主要是在多媒体信息处理的基础上,研究和利用多媒体创作或编程工具,开发面向应用的多媒体系统,并通过光盘或网络进行发布。这也是本书主要涉及的内容。

1.2.7 虚拟现实技术

虚拟现实(Virtual Reality,VR)技术是一种可以创建和体验虚拟世界的计算机系统,一种逼真地模拟人在自然环境中的视、听和运动等行为的高级人机交互(界面)技术。虚拟现实技术是多媒体技术的重要发展和应用方向,旨在为用户提供一种身临其境和多感觉通道的体验,寻求最佳的人机通信方式。它是由计算机硬件、软件以及各种传感器所构成的三维信息的人工环境,即虚拟环境,是由可实现的和不可实现的物理上的、功能上的事物和环境构成的。用户投入这种环境中,就可与之进行交互作用。计算机的数据库中存有多种图像、声音以及有关数据。当用户戴上专用的头盔时,会由多媒体计算机把这些虚拟世界图像,通过头盔的显示器显示给用户。当用户戴上专用的数据手套时,只要手一动,就会有很多传感器检测出用户的动作(比如开门)。计算机接到这一信息后,就去控制图像,使门打开,用户眼前就出现了室内的图像景物,并体验相应的声音及运动感觉。

虚拟现实技术出现于 20 世纪 80 年代末,已在娱乐、医疗、工程和建筑、教育和培训、军事模拟、科学和金融可视化等方面获得了应用。例如,三维地形图在 VR 中用于地貌环境的虚拟仿真和军事地形的模拟,而这些图像多数是十分逼真的有照片效果的风景名胜图像,也有非常直观的三维地形透视效果图。虚拟节目主持人可以用合成的虚拟声音、三维动作和表情来主持节目。在当代电影中,由于有多媒体技术的支持,艺术家可以大胆甚至荒唐地构思,几乎任何惊奇的影视特技、夸张的凶险场景都能实现。

虚拟现实技术在娱乐游戏、建筑设计、CAD 机械设计、计算机辅助教学、虚拟实验室、国防军事、航空航天、生物医学、医疗外科手术、艺术体育、商业旅游等领域显示出了广阔的应用前景。

关于虚拟现实技术的详细介绍见本书附录 A。

1.3 多媒体技术的发展与应用

1.3.1 多媒体技术的发展

在 20 世纪 50 年代诞生的计算机,只能认识 0、1 组合的二进制代码,后来逐渐发展成能处理文本和简单几何图形的计算机系统,并具备了处理更复杂信息的技术潜力。随着科学技术的发展,到 20 世纪 70 年代中期,出现了广播、出版和计算机三者融合发展的电子媒体,这为多媒体技术的快速形成创造了良好的条件。习惯上,人们把 1984 年美国 Apple 公司推出的 Macintosh 机作为计算机多媒体时代到来的标志。

1984 年,Apple 公司率先推出的 Macintosh 机引入了位图(Bitmap)的概念,用于对图形的处理,并使用窗口图形符号(Icon)作为用户接口。这是当前普遍应用的 Windows 系列操作系统的雏形。Macintosh 机的推出,标志着计算机多媒体时代的到来。

1986 年 3 月,Philips 公司与 Sony 公司联合推出了交互式紧凑光盘系统 CD-I,把各种多媒体信息以数字化的形式存放在容量为 650 MB 的只读光盘上。

1987 年 3 月,RCA 公司推出了交互式数字视频系统 DVI,它以计算机技术为基础,用标准光盘片来存储和检索静止图像、活动图像、声音和其他数据。

1990 年 11 月,由 Microsoft、Philips 等 14 家公司组成的多媒体市场协会应运而生,协会制定了 MPC 标准。与此同时,ISO 和 CCITT 等国际标准化组织先后制定并颁布了 JPEG、MPEG-1、G721、G727 和 G728 等国际标准,有力地推动了多媒体技术的快速发展。

目前的多媒体计算机系统主要有两种:一种是 Apple 公司的 Power Mac 系统,其功能强大、性能高,价格也相对较为昂贵,主要占领多媒体处理性能较强的高端市场;另一种是以 Windows 系列操作系统为平台的 MPC,也是应用最为广泛的多媒体个人计算机系统。

随着多媒体技术的标准、硬件、操作系统和应用软件等方面的变革,特别是大容量存储设备、数据压缩技术、高速处理器、高速通信网络、人机交互方法及设备的改进,为多媒体技术的发展提供了必要的条件。计算机、广播电视和通信等领域正在互相渗透,趋于融合。多媒体技术变得越来越成熟,应用越来越广泛。

1.3.2 多媒体技术的应用

多媒体技术的发展使计算机的信息处理在规范化和标准化的基础上变得更加多样化和人性化,特别是多媒体技术与网络通信技术的结合,使得远距离多媒体应用成为可能,也加速了多媒体技术在经济、科技、教育、医疗、文化、传媒、娱乐等各个领域的广泛应用。多媒体技术已成为信息社会的主导技术之一,其典型应用主要涉及以下几方面。

1．在家庭娱乐方面

（1）交互式电视：交互式电视将来会成为电视传播的主要方式。通过增加机顶盒和铺设高速光纤电缆，可以将现在的单向有线电视改造成为双向交互电视系统。这样，用户在观看电视节目时，可以使用点播、选择等方式随心所欲地查找自己想看的节目，还可以通过交互式电视实现家庭购物、多人游戏等多种娱乐活动。

（2）交互式影院：交互式影院是交互式娱乐的另一方面。通过互动的方式，观众可以以一种参与的方式去"看"电影。这种电影不仅可以通过声音、画面制造效果，也可以通过座椅产生触感和动感，而且还可以控制电影情节的进展。电影全数字化后，电影制造商只要把电影的数字文件通过网络发往电影院或家庭就可以了，电影质量和效果都比普通电影要高很多。

（3）交互式立体网络游戏：多媒体游戏给人们的日常生活带来了很多的乐趣。从二维的平面世界到三维的立体空间，用户可以沉浸在虚拟的游戏世界中，去驾车，去旅游，去战斗，去飞行。

2．在教育培训方面

多媒体教学是多媒体的主要应用领域。利用多媒体技术编制的教学课件、测试和考试课件能够创造出图文并茂、绘声绘色、生动逼真的教学环境和交互式学习方式，从而可以大大激发学生的学习积极性和主动性，大面积提高教学质量。通过多媒体通信网络，可以建立起具有虚拟课堂、虚拟实验室和虚拟图书馆的远程学习系统。通过该系统，学生可以参加学校的听课、讨论、实验和考试，也可以得到导师面对面的指导。

员工培训是生产或商业活动中不可缺少的重要环节。多媒体技能培训系统不仅可以省去大量的设备和原材料消耗费用以及不必要的身体伤害，而且，由于教学内容直观生动并能自由交互，还能使学员得到深刻的培训印象，效果成倍提高。

3．在信息咨询方面

使用多媒体技术编制的各种图文并茂的软件可开展各类信息咨询服务。各公司、企业、学校、部门甚至个人都可以建立自己的信息网站，进行自我展示并提供信息服务。例如旅游、邮电、交通、商业、气象等公共信息都可以存放在多媒体系统中，向公众提供多媒体咨询服务。用户可通过触摸屏进行操作，查询到所需的多媒体信息资料。

4．在电子出版物方面

电子出版物不仅包括只读光盘这种有形载体，还包括计算机网络上传播的无形载体——网络电子出版物。电子出版物的制作过程包括信息材料的组织、记录、制作、复制、传播，最后传递给读者进行阅读和使用。

多媒体电子出版物是一种存储在光盘上的电子图书，它具有存储容量大、媒体种类多、携带方便、检索迅速、可长期保存、价格低廉等优点。

据有关资料分析，世界 CD-ROM 光盘出版物总量从 1988 年的 8000 个到 1994 年的

11000 个,增长了 38%。据预测,光盘出版物的市场将以每年 30% ~ 40% 的速度增长。

5. 在网络及通信方面

多媒体通信技术可以把电话、电视、图文传真、音响、摄像机等各类电子产品与计算机融为一体,完成多媒体信息的网络传输、音频播放和视频显示。现有的计算机网、公用通信网和广播电视网三网相互渗透,趋于融合,使高速、宽带、大容量的光纤通信实用化,改变了人们的生活方式和习惯,并将继续对人类的生活、学习和工作产生深刻的影响。

多媒体应用的发展趋势主要有以下几点。

分布式、网络化、协同工作的多媒体系统;三电(电信、电脑、电器)通过多媒体数字化技术,相互渗透融合;以用户为中心,充分发展交互多媒体和智能多媒体技术与设备。

从多媒体发展前景上看,家庭教育和个人娱乐是目前国际多媒体市场的主流,多媒体通信和分布式多媒体系统是今后的发展方向,进一步提高多媒体计算机系统的智能性是不变的主题。随着科学技术水平的不断提高和社会需求的不断增长,多媒体技术的覆盖范围和应用领域还会继续扩大。

目前,多媒体技术正朝着高分辨化、高速度化、操作简单化、高维化、智能化和标准化的方向发展,它将集娱乐、教学、通信、商务等功能于一身,对它的应用几乎渗透到社会生活的各个领域,从而标志着人类视听一体化的理想生活方式即将到来。

1.4 本 章 小 结

本章主要介绍媒体、多媒体、多媒体技术以及多媒体系统等基本概念,并简述了多媒体技术的产生、发展和应用情况,其知识点如下。

(1) 按照 CCITT 的分类标准,媒体分为感觉媒体、表示媒体、表现媒体、存储媒体和传输媒体 5 大类。

(2) 多媒体是由两种以上单一媒体有机融合而成的信息表现形式,是多种媒体综合处理和应用的结果。多媒体信息的主要表现形式有文字、图形、图像、声音、动画与视频等。

(3) 多媒体技术是以计算机(或微处理芯片)为中心,把数字、文字、图形、图像、声音、动画、视频等不同媒体形式的信息集成在一起,进行加工处理的交互性综合技术,具有多样性、集成性、交互性、实时性和数字化等 5 个基本特性。

(4) 多媒体信息的组织方式有线性组织和非线性组织两种形式。不同组织方式需要不同的控制程序——浏览器来表现其内容。超媒体中的非线性关系是通过超链接来实现的。

(5) 多媒体技术的具体内容主要涉及多媒体的基础技术、关键技术、多媒体系统的体系结构以及多媒体信息处理技术等内容。

(6) 多媒体技术促进了通信、大众传媒与计算机的融合,在教育、商业、医疗、军事、出版等各行各业得到了广泛应用。多媒体技术将朝着高速、简单、智能、综合以及更人性化的方向发展。

思考与练习

一、单选题

1. 媒体有两种含义,即表示信息的载体和(　　)。
   A. 表达信息的实体　　　　　　　　B. 存储信息的实体
   C. 传输信息的实体　　　　　　　　D. 显示信息的实体

2. (　　)是指用户接触信息的感觉形式,如视觉、听觉和触觉等。
   A. 感觉媒体　　　B. 表示媒体　　　C. 显示媒体　　　D. 传输媒体

3. 多媒体技术是将(　　)融合在一起的一种新技术。
   A. 计算机技术、音频技术和视频技术
   B. 计算机技术、电子技术和通信技术
   C. 计算机技术、视听技术和通信技术
   D. 音频技术、视频技术和网络技术

4. 根据多媒体的特性判断以下属于多媒体范畴的是(　　)。
   A. 交互式视频游戏　　　　　　　　B. 光盘
   C. 彩色画报　　　　　　　　　　　D. 立体声音乐

5. (　　)不是多媒体技术的典型应用。
   A. 教育和培训　　　　　　　　　　B. 娱乐和游戏
   C. 视频会议系统　　　　　　　　　D. 计算机支持协同工作

6. 多媒体技术中使用数字化技术。与模拟方式相比,(　　)不是数字化技术的专有特点。
   A. 经济,造价低
   B. 数字信号不存在衰减和噪声干扰问题
   C. 数字信号在复制和传送过程中不会因噪声的积累而产生衰减
   D. 适合数字计算机进行加工和处理

7. 下列选项属于表示媒体的是(　　)。
   A. 照片　　　　B. 显示器　　　　C. 纸张　　　　D. 条形码

8. 下列不属于多媒体的基本特性的是(　　)。
   A. 多样性　　　B. 交互性　　　　C. 集成性　　　　D. 主动性

二、多选题

1. 传输媒体包括(　　)。
   A. Internet　　　B. 光盘　　　　C. 光纤　　　　E. 局域网
   F. 城域网　　　　G. 双绞线

2. 多媒体实质上是指表示媒体,它包括(　　)。

A. 数值   B. 文本

C. 图形   D. 无线传输介质

E. 视频   F. 语音

G. 音频   H. 动画

I. 图像

3. 多媒体技术的主要特性有(　　　)。

A. 多样性   B. 交互性

C. 实时性   D. 可靠性

E. 数字化   F. 集成性

三、简答题

1. 什么是媒体？媒体是如何分类的？

2. 什么是多媒体？它有哪些关键特性？

3. 关于多媒体的集成性，其具体内容是什么？集成所要达到的目标是什么？

4. 多媒体技术的主要发展方向在哪几个方面？

5. 多媒体数据处理技术中包含媒体的创作技术和多媒体集成技术。请查阅有关资料，分析说明两者之间的区别。

6. 虚拟现实技术主要应用在哪些领域？

第2章

多媒体硬件环境

学习目标

(1) 熟悉多媒体计算机系统(MPC)的组成。

(2) 了解几种光存储器的存储原理、技术指标和数据格式。

(3) 熟悉几种常用外部设备的工作原理、功能和特点。

多媒体计算机可以综合处理文本、图像、声音、视频等多种信息,是基于多媒体计算机的硬件平台。多媒体计算机硬件环境是进行多媒体创作的物质基础。在多媒体计算机系统(简称多媒体系统)中,需要对声音、文字、图像、视频等多种媒体进行数字化处理。完成这些工作随之带来的一个首要问题是,数字化的音频、视频数据量非常大,需要大容量的存储器来存放。另一方面,音频、视频信号的输入和输出都需要实时效果,这就要求计算机提供高速处理能力来满足多媒体处理的实时性要求,通常需要专用芯片或功能卡来支持这种需求。同时,多媒体系统信息获取和表现也需要有专门的外设来提供支持。本章主要介绍典型多媒体系统的组成、多媒体存储设备、多媒体输入输出设备等内容,与多媒体音频和视频有关的硬件在后续章节中介绍。

2.1 多媒体系统的组成结构

多媒体系统能灵活地调度和使用多种媒体信息,使之与硬件协调地工作,并且具有交互性。因此,多媒体系统是一个软硬件结合的综合系统。其硬件系统和软件系统的具体层次结构如图 2-1 所示。

多媒体应用系统		第7层	
多媒体开发工具		第6层	
多媒体信息处理软件		第5层	软件系统
多媒体操作系统		第4层	
多媒体I/O驱动程序		第3层	
多媒体扩展硬件(音、视频卡)		第2层	硬件系统
计算机硬件	其他多媒体I/O设备	第1层	

图 2-1 多媒体系统的层次结构

2.1.1 多媒体硬件系统

多媒体硬件系统平台包括计算机硬件及各种媒体的输入输出设备,如扫描仪、照相机、摄像机、刻录光驱、打印机、投影仪和触摸屏等。其中,插接在计算机上的多媒体接口卡是制作、编辑和播放多媒体应用程序必不可少的硬件设备,如声卡、显示卡、视频压缩卡等。它们通过相应的驱动程序进行管理和控制。

多媒体硬件系统是由计算机传统硬件设备、CD-ROM 驱动器、音频输入输出和处理设备、视频输入输出和处理设备等组合而成的。一个典型的功能较齐全的多媒体计算机硬件系统如图 2-2 所示。

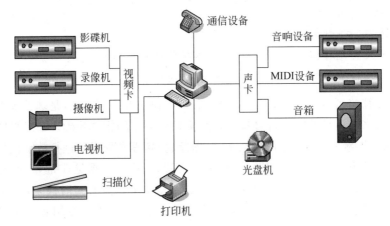

图 2-2 多媒体硬件系统组成

在多媒体硬件系统中计算机主机是基础性部件。没有它,多媒体系统就无法实现。计算机主机是决定多媒体性能的重要因素,这就要求计算机具有高速的 CPU、大容量的内外存储器、高分辨率的显示设备、宽带传输总线等。

声卡是处理和播放多媒体声音的关键部件,通过插入主板扩展槽中来与主机相连。卡上的输入输出接口可以与相应的输入输出设备相连。常见的输入设备包括麦克风、收录机和电子乐器等,常见的输出设备包括扬声器和音响设备等。声卡由声源获取声音,并进行模拟/数字转换或压缩,而后存入计算机中进行处理。声卡还可以把经过计算机处理的数字化声音通过解压缩、数字/模拟转换后,送到输出设备进行播放或录制。声卡支持语音、声响和音乐等录制或播放,同时它还提供 MIDI 接口,用来连接电子乐器。声卡是多媒体硬件系统中必不可少的部件。

视频卡通过插入主板扩展槽中来与主机相连。卡上的输入输出接口可以与摄像机、影碟机、录像机和电视机等设备相连。视频卡采集来自输入设备的视频信号,并完成由模拟量到数字量的转换、压缩,以数字化形式存入计算机中。一般的多媒体系统用户如果只做多媒体演示应用而不对视频进行实时处理,在多媒体硬件环境中可不考虑配置视频卡。

光盘是一种大容量的存储设备,可存储任何多媒体信息。它便于携带,是最经济最实用的数据载体。如果多媒体计算机系统需要读取存储在光盘片中的数据,则应配置一台

CD-ROM 驱动器。

多媒体信息的输入、输出还需要一些专门的设备。例如,使用扫描仪把图片转换成数字化信息然后输入到计算机中,通过打印机输出图文信息,使用刻录机将开发的多媒体应用系统制作成光盘进行传播等。

多媒体系统在硬件方面,根据应用不同,构成配置可多可少。多媒体系统的基本硬件构成只包括计算机传统硬件、CD-ROM 驱动器和声卡。

2.1.2 多媒体软件系统

任何计算机系统都是由硬件和软件构成的,多媒体系统除了具有上述硬件外,还需配备相应的软件。

1. 多媒体设备驱动程序

多媒体设备驱动程序是与多媒体设备的硬件特性紧密相关的软件。它完成设备的初始化、各种操作以及设备的关闭等。驱动软件一般常驻内存。每种多媒体硬件需要一个相应的驱动软件。这些软件一般由厂商提供。

2. 多媒体操作系统

操作系统是计算机的核心,负责控制和管理计算机的所有软、硬件资源,对各种资源进行合理的调度和分配,改善资源的共享和利用情况,最大限度地发挥计算机的效能。它还负责控制计算机的硬件和软件之间的协调运行,适当改善工作环境,向用户提供友好的人机界面。操作系统是最基本的系统软件,其他所有软件都是建立在操作系统基础之上的。

多媒体操作系统必须具备对多媒体数据和多媒体设备的管理和控制功能,具有综合使用各种媒体的能力,能灵活地调度多种媒体数据并能进行相应的传输和处理,而且能使各种媒体硬件谐调地工作。目前流行的 Windows NT、Windows 2000、Windows XP 等均适用于多媒体个人计算机。

3. 多媒体信息处理软件

多媒体信息处理软件的主要功能包括不同媒体信息的采集、压缩、编辑、播放等,例如音频的录制编辑软件、MIDI 文件的制作编辑软件、图像扫描及预处理软件、全动态视频采集软件、动画生成与编辑软件等。常见的音频编辑软件有 Goldwave、Cool Edit 等,图形图像编辑软件有 CorelDRAW、Adobe Photoshop 等,非线性视频编辑软件有 Adobe Premiere、Ulead Studio 等,动画编辑软件有 Flash、Animator Studio 和 3D Studio MAX 等。

4. 多媒体开发软件

多媒体开发工具有两种类型。一种是桌面设计型的多媒体开发工具。其特点是,采用大量的桌面设计,较少采用编程,例如不同版本的 Authorware、MS Frontpage、Directort 等。另一种是基于程序设计的多媒体编程工具,如 MS Visual Studio. net 集成开发环境等。它们都能够对文本、声音、图像、视频等多种媒体信息进行控制和管理,并按要求连接成完整的多媒体应用软件。

5. 多媒体应用系统

多媒体应用系统位于多媒体系统的最高层,它是利用多媒体制作工具设计开发的面向应用领域的多媒体软件系统。来自各种应用领域的专家或开发人员,利用多媒体开发工具软件或计算机语言,组织编排大量的多媒体数据,使其成为最终的多媒体产品。它是直接面向用户的。多媒体应用系统所涉及的应用领域主要有文化教育教学软件、信息系统、电子出版、音像、影视特技、动画等。

2.2　光存储设备

多媒体信息的数据量非常大,需要占用巨大的存储空间。光存储技术的发展为多媒体信息存储提供了保证。光盘存储器具有存储密度高、存储容量大、工作稳定、寿命长、价格低廉等优点,已成为普遍使用的信息存储载体。当前,多媒体信息的发行大多是通过 CD-ROM 光盘(只读型压缩光盘存储器)实现的。在计算机系统中配备 CD-ROM 驱动器是多媒体计算机的重要标志。

光存储技术是通过激光在记录介质上进行数据读写的存储技术。其基本原理是,改变一个存储单元的某种性质(如反射率、反射光极化方向等),将其性质的变化、反映存储为二进制数 0、1。在读取数据时,光电检测器检测出光强和光极性的变化,从而读出存储在介质上的数据。

2.2.1　光存储设备的类型

1. 光存储设备的组成

光存储设备由光盘驱动器和光盘盘片组成。光盘驱动器是读、写光盘数据的控制和驱动设备,光盘盘片是存储数据的介质。

2. 光存储设备的类型

按照光存储设备的读写能力,可将常用的光存储设备分为 3 类:只读型、可写型、可重写型。

(1)只读型光存储系统:只读型光盘的数据是在制作光盘时写入的。这种光盘上的数据只能读取,无法改变。用户可使用光盘驱动器从只读光盘上多次读出存储的数据。它通常用于存储大量的、不需要改变的数据信息,如各类电子音像出版物等。常见的 CD-

ROM、CD-DA、VCD 和 DVD 等都属于只读型光盘。

（2）可写型光存储系统：可写型光盘制作好后，可以使用可写型驱动器在其中写入数据，并且后期还能在未记录的部分追加新的数据，但是已经写入的数据不能再修改（可多次读出）。本类型的光盘主要用于重要数据的长期保存，目前广泛使用的 CD-R 就属于这类光盘。

（3）可重写型光存储系统：可重写型光盘像磁盘一样具有可擦写性，也就是说，可以使用可重写型光盘驱动器对其进行追加、删除和改写数据。目前人们使用的 CD-RW 和 DVD-RW 是可重写型光盘最具发展前途的代表，它们逐步普及将改变人们使用光盘的方式。

2.2.2 光盘存储格式标准

光盘从问世以来，出现了各种各样的应用于不同领域的存储格式。下面介绍几种常见的光盘存储格式。

（1）CD-DA。CD-DA(Compact Disc-Digital Audio)是 1982 年推出的激光唱盘标准。它的信息存放标准是根据国际标准化组织(ISO)"红皮书"(Red Book)定义的。它专门用来以音轨的方式存储数字化的高保真音频信息。常见的音乐 CD 盘就是这种格式。

（2）CD-ROM。CD-ROM 信息存放标准是根据 ISO9660"黄皮书"(Yellow Book)标准定义的，主要用作计算机的辅助存储器，存储计算机使用的数据。CD-ROM 标准是在 CD-DA 之后提出的，两者之间有许多相似之处，但也有根本区别，那就是 CD-DA 只能存放音乐，而 CD-ROM 可以存放文本、图形、声音、视频及动画，是面向计算机的。

（3）CD-R。CD-R(Compact Disk Recordable)是基于"橙皮书"的一种可刻录多次的光盘。CD-R 空白盘上一旦按照某种文件格式写入数据，就变成了 CD-DA、CD-ROM 或 VCD 光盘形式。

（4）Photo CD。Photo CD 是 Kodak 公司推出的使用光盘存储数字照片的标准。照片的分辨率非常高，还可加上解说词和背景音乐，成为有声的电子相册。

（5）VCD。VCD(Video-CD)是激光视盘标准。它是 JVC、Philips 等公司于 1993 年联合制定的数字电视视盘技术规范，称为"白皮书"标准。VCD 采用 MPEG-1(活动图像压缩国际标准-1)数据压缩技术把视频和音频信息记录在轨道上。其视频效果略高于录像带，音质则与 CD 唱盘相当。VCD 按照 MPEG-1 标准对音、视频数据进行压缩后，提高了存储空间的利用率，使一张盘片能存放 74 分钟的活动图像与伴音。

（6）DVD-ROM。DVD(Digital Versatile Disc)是新一代光盘存储介质，具有更高的存储密度，其容量是普通 CD 的 8~25 倍，读取速度是普通 CD 的 9 倍以上。DVD 与新一代音、视频处理技术（如 MPEG-2、HDTV）相结合，可提供近乎完美的声音和影像。

（7）蓝光 DVD 和 HD-DVD。2002 年 2 月，以 Sony 和 Philips 等公司为核心的生产商联合发布了蓝光 DVD(Blueray Disk,BD)技术标准，标志着下一代 DVD 的产生。单层蓝光 DVD 盘可以存储 25GB 的数据，双层蓝光 DVD 盘可存储 50GB 的数据。这使得光存储器容量有了很大的突破，可用来保存更大容量的高清晰画质和音质的文件。

HD-DVD 格式是由日本东芝公司等开发的一种高清晰 DVD 光盘格式。它的激光规格和现行的 DVD 规格很相似,但容量有较大的提高。HD-DVD 盘片分只读型和可重写型两种类型。只读型单面双层 HD-DVD 存储容量可达 30GB,可重写型单面双层 HD-DVD 存储容量可达 40GB。由于 HD-DVD 所提出的规格较易与现有的 DVD 产品兼容,因而具有较强的市场竞争力。

2.2.3 CD-ROM 光存储系统

CD-ROM(Compact Disc Read-Only Memory)光存储系统由 CD-ROM 驱动器和 CD-ROM 盘片两部分组成。其中,CD-ROM 只读光盘中的信息是在制作光盘时采用专用设备一次性装入的。CD-ROM 驱动器的主要任务是完成 CD-ROM 盘片上数据的读取工作。

1. CD-ROM 光盘的结构

CD-ROM 盘片是直径为 120mm 的圆盘,中心定位孔为 15mm,盘片厚度为 1.2mm。CD-ROM 盘片用单面存储数据,另一面用来印刷商标。

CD-ROM 盘片的结构从下到上依次为盘基、铝反射层和保护层,如图 2-3 所示。

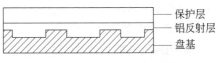

图 2-3 CD-ROM 盘片的结构

盘基一般是用聚碳酸脂塑料压制成的透明衬底,只读光盘中的数据在聚碳酸脂层上以一系列凹坑和非凹坑的形式记录下来。

盘基上层为铝反射层,在光盘驱动器读盘时用来反射激光光束。

反射层之上是保护层,一般使用树脂材料制作。它直接涂在反射层上。该层上印有盘片标识、商标等。

与磁盘以同心圆方式排列的磁道存储数据不同,CD-ROM 光盘的信息是以沿着盘面由内向外螺旋形信息轨道(光道)的一系列凹坑和非凹坑的形式存储的。轨道上不论内圈还是外圈,各处的存储密度都是一样的。轨道的间距为 $1.6\mu m$,宽度为 $0.6\mu m$,上凹坑深约为 $0.12\mu m$。

2. CD-ROM 光盘的制作过程

CD-ROM 光盘的制作包含以下几个阶段。

(1)预处理。预处理包括数据准备和预制作光盘两个阶段。数据准备是把要存储到光盘上的文件收集和整理到硬盘等存储介质上;预制作光盘是指把准备好的数据按照需要的光盘存储格式进行转换。

(2)母盘制作。把经过预处理的数据送入激光光盘编码器,经过编码调制的激光束照射玻璃主盘上的感光胶,形成长度不同的曝光区与非曝光区,然后用化学方法使曝光区脱落产生凹坑,而非曝光区则被保留下来,二进制数据就以凹坑和非凹坑的形式记录下来。之后对该盘进行化学电镀处理,在盘表面镀一层银或镍,分离后就得到了金属原版盘。通过金属原版盘再制作母盘,最后由母盘制作出压模。

(3) 压模复制光盘。光盘的盘基是用聚碳酸脂塑料做的。把加热后的聚碳酸脂注入批量复制设备成型机的盘模中,压模上的数据将被压制到正在冷却的塑料盘上。然后,在盘上涂覆一层铝,用于读出数据时反射激光束。最后,涂上一层保护漆和印制标识。

3. CD-ROM 驱动器的工作原理

CD-ROM 驱动器的激光头由激光发射器、半反射棱镜、透镜和光电二极管组成。

在读光盘时,激光发射器发出的激光束透过半反射棱镜汇聚在物镜上,经透镜聚焦成极小的光点,并透过光盘表面的透明基底照射到凹凸面上。此时光盘的反射层就会将照射的光线反射回去,透过透镜再照射到半反射棱镜上。由于半反射棱镜是半反射结构,因此不会让光线再穿过它返回到激光发射器,而是会反射到光电二极管上。由于从凹坑和非凹坑反射回来的光强度不同,会在边沿发生突变,光强度突变被表示为"1",持续一段时间的连续光强被表示为"0"。光电二极管检测到的是用"0"或"1"排列的数据,并会将它们解析成保存的数据。

4. CD-ROM 驱动器的主要技术指标

(1)平均存取时间:平均存取时间是指从计算机向光盘驱动器发出命令开始,到光盘驱动器在光盘上找到需读/写的信息的位置并接受读/写命令为止的一段时间。平均存取时间越小越好,一般不超过 95ms。

(2) 数据传输速率:数据传输速率一般是指单位时间内光盘驱动器读取出的数据量。该数值与光盘转速和存储密度有关。单速(150Kbps)、倍速(300Kbps)、四速(600Kbps),依此类推。

(3) 接口方式:光盘驱动器接口标准有 SCSI 接口、IDE 接口和最新的 USB 接口。SCSI 接口型驱动器需采用专门的 SCSI 接口卡与计算机主板连接。它的速度快,数据传输率高,价格较高。IDE 接口的光驱采用普通的 IDE 接口方式与计算机主板相连,在实用性上好于其他接口,且价格便宜、兼容性好,应用最广泛。USB 接口的光驱使用 USB 接口与计算机相连,其优点是便于携带和安装,但它的数据传输率要比 SCSI 和 IDE 接口低。

(4) 缓存大小:缓存大小是衡量光盘驱动器性能的重要技术指标之一。CD-ROM 驱动器在读取数据时,会先将数据暂时存储到缓存中,然后再进行传输。缓存容量越大,一次读取的数据量就越大,获取数据的速度越快。CD-ROM 驱动器的缓存容量一般都在 128~512KB。

2.2.4 CD-R 光存储系统

CD-R 是 Compact Disc Recordable 的缩写。

CD-R 光盘是一种记录式的光盘。基于"橙皮书"的 CD-R 空白光盘实际上没有记录任何信息。一旦按照某种文件格式并通过刻写程序和设备将需要长期保存的数据写入空白的 CD-R 盘片上,CD-R 光盘就可以变成基于"红皮书"、"绿皮书"和"黄皮书"等的格式。写入 CD-R 盘上数据可在 CD-ROM 驱动器上读出。

CD-R 驱动器被称为光盘刻录机。通过光盘刻录机可将数据写到 CD-R 光盘上。写入 CD-R 盘上的数据不能擦除,但允许在 CD-R 盘的空白部分多次写入数据。

1. CD-R 盘片的结构

CD-R 盘片的结构由 4 层组成,从下到上依次为盘基、感光层、反射层和保护层。其中,感光层为有机染料层,反射层用金(或纯银)材料取代铝反射层。

压制 CD-R 盘的印模具有很长的螺旋形脊背,它能使压制的 CD-R 盘形成预刻槽。预刻槽是摆动的,用于跟踪记录期间的轨迹。

2. CD-R 的刻录和读取原理

CD-R 刻录原理如下。用输入数据来调制刻录机写激光光线的强弱。光线通过 CD-R 空白盘的聚碳酸脂层照射到有机染料层的表面一个特定部位上,强的激光束照射时产生的热量将有机染料烧熔,形成光痕(凹坑)。光痕处与原染料层的反射率不相同,因而可以记录 0、1 数字信号。

必须注意,在 CD-R 刻录数据的过程中工作不能中断。如果 CD-R 在螺旋轨道上顺序刻写数据时,中途由于某种原因(如缓冲存储区欠载或人为中止刻录等)使得刻录中断,这张 CD-R 盘就只能报废了。

当 CD-ROM 驱动器读取 CD-R 盘上的信息时,激光将透过聚碳酸脂和有机染料层照射镀金层的表面,并反射到 CD-ROM 的光电二极管检测器上。由于光痕会改变激光的反射率,CD-ROM 驱动器的光电检测器会根据反射回来的光线强弱来分辨数据 0 和 1。

3. CD-R 刻录机的选择

衡量 CD-R 刻录机性能的技术指标主要包括它所支持的数据格式种类、刻录方式、刻录速度、缓存器大小、平均无故障时间和数据错误率等。选择刻录机时要综合考虑各种因素。

(1) 支持的数据格式。在选购前,首先应弄清要刻录什么格式的盘,再选择刻录机的类型及配套刻录软件。CD-R 刻录机及其配套软件包应支持"红皮书"、"黄皮书"、"橙皮书"、"绿皮书"、"白皮书"及 CD-ROMXA 标准。现有的 CD-R 刻录机一般均支持 CD-DA、CD-ROM、CD-ROM/XA、VCD 和 CD-I 5 种光盘数据格式。

(2) 支持的刻录方式。CD-R 刻录机的刻录方式有整盘刻录、轨道刻录和多段刻录 3 种。整盘刻录必须将不超过光盘容量的所有数据一次性写入 CD-R 光盘,而轨道刻录和多段刻录则允许用户分多次将数据按轨道记录到 CD-R 盘上。

(3) 刻录机的写入速度。刻录机的写入速度可分为 1 倍速、2 倍速、4 倍速等。应注意,刻录速度太快会增加数据出错的机率。

(4) 缓存区(Buffer)的容量。缓存大小是衡量刻录机性能的重要技术指标之一。在刻录光盘时,数据流必须连续地写入。因此,要先将数据写入缓存,然后由刻录机从缓存获取数据。刻录机边从缓存中读取数据,后续的数据边写入缓存。如果后续的数据没有及时写入缓存,而缓存中的数据已被全部写入到光盘中,将导致缓冲存储区欠载,光盘刻录中断,最终导致光盘报废。缓存区的容量越大越好,通常为1MB以上。

(5) 平均无故障时间(MTBF)。MTBF是一个重要的指标,在一定程度上反映了CD-R刻录机的性能和寿命。

(6) 数据可靠性。CD-R刻录机刻录的数据是否可靠,与刻录机的光学性能和空白盘片的质量好坏直接相关。这是因为,刻录机是利用聚焦激光束把CD-R盘中的有机染料烧成光痕来记录数据的。激光束聚焦不良或有机染料质量不稳定都会影响数据可靠性。

2.2.5　CD-RW 光存储系统

CD-RW 是 Compact Disc Rewriteable 的缩写。CD-RW 驱动器为可擦写光盘刻录机。CD-RW 盘片具有反复擦写功能。

1. CD-RW 盘片的结构

CD-RW 盘片是在基盘上沉积电介质层、相变记录层、冷却层和保护层等形成的多层结构。

2. CD-RW 盘片擦写原理

CD-RW 盘片的记录介质层采用了相变材料。这种材料的特点是,其在固态时存在两种状态:非晶态和晶态。利用记录介质的非晶态和晶态之间的互逆变化可实现数据的记录和擦除。写过程是把记录介质的信息点从晶态转变为非晶态;擦过程是写过程的逆过程,即把激光束照射的信息点从非晶态恢复到晶态。为了实现反复擦写数据,CD-RW 刻录机使用了 3 种能量不相同的激光。

(1) 高能激光:又称为写入激光(Write Power),使记录材料达到非晶态。

(2) 中能激光:也称为擦除激光(Erase Power),使记录材料转化为晶态。

(3) 低能激光:也称为读出激光(Read Power)。它不能改变记录材料的状态,通常用于读取盘片数据。

3. CD-RW 盘片的擦写过程

在写入数据期间,用写入激光束照射在空白 CD-RW 盘片的某一特定区域上,激光温度高于相变材料融化点温度(500~700℃)。这时,被照射区域内的相变材料融化形成液态,然后迅速充分冷却下来,液态时的非晶态就会被固定下来。这种状态造成了相变材料体积的收缩,从而在激光照射的地方形成了一个凹坑,以便存储数据。而当擦除激光束照射相变材料时,由于激光束的温度未达到相变材料融化点但又高于结晶温度(200℃),照射一段充足的时间(至少长于最小结晶时间),则会还原到晶态。

2.2.6　DVD 光存储系统

尽管 CD 光存储家族成员众多,而且覆盖了许多领域,但其存储容量还是局限于 650MB 左右。近年来,计算机软、硬件技术的发展以及多媒体技术的广泛应用,对光盘存储容量和读取速度提出了更高的要求。DVD 光存储便应运而生。DVD 光存储达到了 17GB 级的容量,它在多媒体视听领域发挥着越来越重要的作用。

1. DVD 光存储系统的类型

同 CD 光存储系统一样,DVD 光存储设备类型也包括只读型 DVD-ROM、读写型 DVD-R 和可重写型 DVD-RW。

(1) DVD-ROM 存储系统。DVD-ROM 驱动器的类型是只读型。它与 CD-ROM 驱动器的作用相似。DVD 标准向下兼容。DVD-ROM 驱动器可以读取 CD-ROM 光盘;第二代 DVD-ROM 驱动器还与 CD-R 兼容,可读取 CD-R 驱动器和 CD-RW 驱动器刻录出来的光盘。大部分 DVD-ROM 驱动器具有低于 100ms 的平均寻道时间和大于 1.3Mb/s 的数据传输率。

表 2-1 列出了 DVD 与 CD 盘片物理特征的比较结果。

表 2-1　DVD 盘片与 CD 盘片物理特征比较

	DVD	CD
盘片直径	120mm	120mm
盘片厚度	0.6mm×2	1.2mm
记录容量	4.7GB(单面单层) 8.5GB(单面双层) 9.4GB(双面单层) 17GB(双面双层)	0.688GB
轨道间距	0.74μm	1.6μm
记录信息的最小长度	0.4μm	0.83μm
激光波长	635/650nm	780nm
盘片旋转速度	4.0m/s(CLV)	1.2 m/s(CLV)
层数	1、2、4	1

DVD 盘片和 CD 盘片在外观和尺寸上很相似。其直径相同,厚度也相同。但是,CD 盘片厚度为 1.2mm,而 DVD 盘片是由两片厚度为 0.6mm 的衬底黏合而成的。DVD 盘片有单面单层、单面双层、双面单层、双面双层 4 种。

DVD 驱动器缩短了激光器的波长,以提高聚焦激光束的精度并加大聚焦透镜的数值孔径。因此,DVD 盘片的轨道间距和记录信息的最小凹坑、非凹坑长度减小了许多。这是 DVD 盘存储容量提高的主要原因。DVD 信号的调制方式和错误校正方法也做了相应的修正,以适应高密度的需要。

（2）DVD-R 存储系统。DVD-R 是可写数据的 DVD 规格。DVD-R 驱动器可对空白的 DVD-R 盘片进行一次性写入数据的操作。

（3）DVD-RW 存储系统。DVD-RW 是可重写数据的 DVD 规格。DVD-RW 驱动器可对 DVD-RW 盘片进行追加、删除和改写数据。

2. DVD 存储格式标准

在发展初期,DVD 的原名为 Digital Video Disk,后来改为 Digital Versatile Disk（数字多用光盘）。因为它不光可以存储视频信息,还有更广泛的用途。

（1）DVD-Video。DVD-Video 为数字视频信息的 DVD 规格,专门存放以 MPEG-2 数据压缩技术压缩的视频和音频信息。DVD-Video 画质比以往的 MPEG-1 标准的 VCD 清晰得多,并可提供杜比数码环绕立体声效果。DVD-Video 提供 4：3 和 16：9 两种屏幕比例,可以有 8 种语言的配音以及 32 种字幕。DVD 视盘在制作过程中加入了加密或干扰技术,以防复制。一张单面单层 DVD-Video 盘可容纳 133 分钟的视频节目。

（2）DVD-Audio。DVD-Audio 为数字音乐信息的 DVD 规格,注重超高音质的表现。

（3）DVD-ROM。DVD-ROM 存储计算机使用的各种数据。

2.3　多媒体常用外部设备

多媒体信息输入计算机以及从计算机输出到外部都需要一些专门的设备。例如,照片可使用扫描仪数字化并输入到计算机;摄像机、录像机的视频信号也可数字化,然后存储到计算机中;图像信息可通过打印机输出;开发的多媒体应用系统需要使用刻录机将软件制作成光盘进行传播等。

2.3.1　扫描仪

一幅彩色图像可以看成是二维连续函数。其颜色是位置的函数,即从二维连续函数到离散的矩阵表示,涉及到不同空间位置。取亮度和颜色作为样本,并用一组离散的整数值表示,这个过程称为采样量化,即图像的数字化。

扫描仪是一种图像输入设备。利用光电转换原理,通过扫描仪光电管的移动或原稿的移动,可以把黑白或彩色的原稿信息数字化后输入到计算机中。它还用于文字识别、图像识别等新的领域。

1. 扫描仪的结构、原理

1）结构

扫描仪由 CCD（Charge Coupled Device,电荷耦合器件阵列）、光源及聚焦透镜组成。CCD 排成一行或一个阵列。阵列中的每个器件都能把光信号转变为电信号。光敏器件所产生的电量与所接收的光量成正比。

2）信息数字化原理

以平面式扫描仪为例。把原件面朝下放在扫描仪的玻璃台上，扫描仪内发出光照射原件，反射光线经一组平面镜和透镜导向后，照射到 CCD 的光敏器件上。来自 CCD 的电量送到模数转换器中，将电压转换成代表每个像素色调或颜色的数字值。步进电机驱动扫描头沿平台作微增量运动，每移动一步，即获得一行像素值。

扫描彩色图像时分别用红、绿、蓝滤色镜捕捉各自的灰度图像，然后把它们组合成为 RGB 图像。有些扫描仪为了获得彩色图像，扫描头要分 3 遍扫描。而对于另一些扫描仪，通过旋转光源前的各种滤色镜，可以使扫描头只扫描一遍即可完成扫描工作。

2. 扫描仪的类型与性能

1）按扫描方式分类

按扫描方式的不同，可以将扫描仪分为 4 种：手动式、平板式、滚筒式和胶片式。

（1）手动式扫描仪体积小、重量轻、携带方便。一次扫描宽度仅为 105mm，其分辨率通常为 400dpi，扫描精度低。

（2）平板式扫描仪用线性 CCD 阵列作为光转换元件，CCD 陈列单行排列，称为 CCD 扫描仪。几千个感光元件集成在一片 20～30mm 长的衬底上。CCD 扫描仪使用长条状光源投射原稿。原稿可以是反射原稿，也可以是透射原稿。这种扫描方式速度较快、价格较低、应用最广。

（3）滚筒式扫描仪使用圆柱形滚筒设计，把待扫描的原稿装贴在滚筒上。滚筒在光源和光电倍增管 PMT 的管状光接收器下面快速旋转。扫描头做慢速横向移动，形成对原稿的螺旋式扫描。其优点是，可以完全覆盖所要扫描的文件。滚筒式扫描仪对原稿的厚度、硬度及平整度均有限制，因此滚筒式扫描仪主要用于大幅面工程图纸的输入。

（4）胶片扫描仪主要用来扫描透明的胶片。胶片扫描仪的工作方式较特别，光源和 CCD 阵列分居于胶片的两侧。扫描仪的步进电机驱动的不是光源和 CCD 阵列，而是胶片本身。光源和 CCD 阵列在整个过程中是静止不动的。

2）按扫描幅面分类

幅面表示可扫描原稿的最大尺寸。最常见的为 A4 和 A3 幅面的台式扫描仪。此外，还有 A0 大幅面扫描仪。

3）按接口标准分类

扫描仪按接口标准的不同分为 3 种：SCSI 接口、EPP 增强型并行接口、USB 通用串行总线接口。

4）按反射式或透射式分类

反射式扫描仪用于扫描不透明的原稿，它利用光源照在原稿上的反射光来获取图形信息；透射式扫描仪用于扫描透明胶片，如胶卷、X 光片等。目前已有两用扫描仪。它是在反射式扫描仪的基础上再加装一个透射光源附件，使扫描仪既可扫反射稿，又可扫透射稿。

5）按灰度与彩色分类

扫描仪可分为灰度扫描仪和彩色扫描仪两种。用灰度扫描仪扫描只能获得灰度图形。彩色扫描仪可还原彩色图像。彩色扫描仪的扫描方式有三次扫描和单次扫描两种。三次扫描方式又分三色和单色灯管两种。前者采用 R、G、B 三色卤素灯管做光源,扫描三次形成彩色图像。这类扫描仪色彩还原准确。后者用单色灯管扫描三次,棱镜分色形成彩色图像,有的也通过切换 R、G、B 滤色片扫描三次,形成彩色图像。采用单次扫描的彩色扫描仪,扫描时灯管在每线上闪烁红、绿、蓝光三次,形成彩色图像。

3. 扫描仪的技术指标

描述扫描仪的技术指标,主要包括扫描精度、灰度级、色彩深度、扫描速度等。

1）扫描精度

扫描精度通常用光学分辨率×机械分辨率来衡量。

（1）光学分辨率（水平分辨率）：指的是扫描仪上的感光元件（CCD）每英寸能捕捉到的图像点数,表示扫描仪对图像细节的表达能力。光学分辨率用每英寸点数 DPI（Dot Per Inch）表示。光学分辨率取决于扫描头里的 CCD 数量。

（2）机械分辨率（垂直分辨率）：指的是带动感光元件（CCD）的步进电机在机械设计上每英寸可移动的步数。

（3）最大分辨率（插值分辨率）：指通过数学算法所得到的每英寸的图像点数。做法是,将感光元件所扫描到的图像资料再通过数学算法（如内差法）在两个像素之间插入另外的像素。适度地利用数学演算手法将分辨率提高,可提高原稿扫描的图像品质。

一个完整的扫描过程是,感光元件扫描完原稿的第一条水平线后,由步进电机带动感光元件进行第二条水平线的扫描。如此周而复始,直到整个原稿都被扫描完毕。

一台具有 600dpi×1200dpi 分辨率的扫描仪表示其横向光学分辨率及纵向机械分辨率分别为 600dpi 及 1200dpi。分辨率越高,扫描的图片越精细,产生的图像就越清晰。

2）灰度级

灰度级是表示灰度图像亮度层次范围的指标,是指扫描仪识别和反映像素明暗程度的能力。换句话说,就是扫描仪从纯黑到纯白之间平滑过渡的能力。灰度级越大,扫描层次越丰富,扫描的效果也就越好。目前,多数扫描仪用 8bit 编码即 256 个灰度等级。

3）色彩深度

彩色扫描仪要对像素分色,把一个像素点分解为 R、G、B 三基色的组合。对每一基色的深浅程度也要用灰度级表示,称为色彩深度。

色彩深度表示彩色扫描仪所能产生的颜色范围,通常用表示每个像素点上颜色的数据位数表示。常见扫描仪色彩位数有 24、30、36、48。

4）扫描速度

扫描仪的扫描速度也是一个不容忽视的指标。扫描时间太长,会使其他配套设备出现闲置等待状态。扫描速度不能仅看扫描仪将一页文稿扫入计算机的速度,而应考虑将一页文稿扫入计算机再完成处理总共需要的时间。

5）鲜锐度

鲜锐度是指图片扫描后的图像清晰程度。扫描仪必须具备边缘扫描处理锐化的能力,调整幅度应广而细致,锐利而不粗化。

4. 扫描仪的选择

在选购扫描仪时,首要的考虑因素是扫描仪的精度。扫描仪的精度决定了扫描仪的档次和价格。目前,600dpi×1200dpi的扫描仪已经成为行业的标准,专业级扫描则要用1200dpi×2400dpi以上的分辨率。用户可根据需要进行选择。

其次,要考虑扫描仪的色彩位数。色彩位数越多,扫描仪能够区分的颜色种类也就越多,所能表达的色彩就越丰富,越能真实地表现原稿。对于普通用户来说,24bit已经足够。

再次,要考虑扫描仪的接口类型。SCSI接口扫描仪需要在计算机中安装一块接口卡,这显得比较麻烦。EPP增强型并行接口扫描仪价格便宜、安装方便。USB接口即插即用,支持热插拔,使用方便且速度较快。

扫描仪工作过程中会产生噪声。选购时也应考虑使用环境是否能容忍它的噪声音量。

2.3.2 数码照相机

普通照相机是将被摄物体发射或反射的光线通过镜头聚焦,将影像记录于卤化银感光胶片上。感光胶片的片基上涂覆有银的卤化物小颗粒。这种化合物在光线的照射下会分解生成银单质。通过现影、定影等一系列操作,洗去未分解的卤化物后可得到稳定的负片,最后在相纸上成像,得到照片。

数码照相机使用电荷耦合器件作为成像部件。它把进入镜头照射于电荷耦合器件上的光影信号转换为电信号,再经模/数转换器处理成数字信息,并把数字图像数据存储在照相机内的磁介质中。数码照相机通过液晶显示屏来浏览拍摄后的效果,并可对不理想的图像进行删除。照相机上有标准计算机接口,以便将数字图像传送到计算机中。

1. 数码照相机的结构

(1) CCD矩形网格阵列。数码照相机的关键部件是CCD。与扫描仪不同,数码照相机的CCD阵列不是排成一条线,而是排成一个矩形网格分布在芯片上,形成一个对光线极其敏感的单元阵列,使照相机可以一次摄入一整幅图像,而不像扫描仪那样逐行地慢慢扫描图像。

CCD是数码照相机的成像部件,可以将照射于其上的光信号转变为电压信号。CCD芯片上的每一个光敏元件对应将来生成的图像的一个像素(pixel)。CCD芯片上光敏元件的密度决定了最终成像的分辨率。

(2) 模/数转换器。照相机内的模/数转换器将CCD上产生的模拟信号转换成数字信号,变换成图像的像素值。

(3) 存储介质。数码照相机内部有存储部件。通常,存储介质由普通的动态随机存取存储器、闪速存储器或小型硬盘组成。存储部件上可存储多幅图像。它们无须电池供电也可以长时间保存数字图像。

（4）接口。图像数据通过一个串行口或 SCSI 接口,抑或 USB 接口从照相机传送到计算机。

2. 数码照相机的工作过程

用数码照相机拍照时,进入照相机镜头的光线聚焦在 CCD 上。当照相机判定已经聚集了足够的电荷(即相片已经被合适地曝光)时,就"读出"CCD 单元中的电荷,并传送给模/数转换器。模/数转换器把每一个模拟电平用二进制数量化。从模/数转换器输出的数据会被传送到数字信号处理器中。对数据进行压缩后,将其存储在照相机的存储器中。

3. 数码照相机的主要技术指标

（1）CCD 像素数。数码照相机的 CCD 芯片上光敏元件数量的多少被称为数码照相机的像素数。它是目前衡量数码照相机档次的主要技术指标,决定了数码照相机的成像质量。如果你看到一部照相机标示着最大分辨率为 1600×1200,则其乘积 192 000,即为这部照相机的有效 CCD 像素数。照相机技术规格中的 CCD 像素通常会标成 200 万甚至211 万,其实这是它的插值分辨率。在选购时,一定要分清楚照相机的真实分辨率。

（2）色彩深度。色彩深度用来描述生成的图像所能包含的颜色数。数码照相机的色彩深度有 24b、30b,高档的可达到 36b。

（3）存储功能。影像的数字化存储是数码照相机的特色。在选购高像素数码照相机时,要尽可能选择能采用更高容量存储介质的数码照相机。

2.3.3　触摸屏

触摸屏是一种坐标定位装置,属于输入设备。作为一种特殊的计算机外设,它提供了简单、方便、自然的人机交互方式。通过触摸屏,用户可以直接用手向计算机输入坐标信息。

1. 触摸屏原理

触摸屏系统一般包括触摸屏控制卡、触摸检测装置和驱动程序 3 个部分。触摸检测装置安装在显示器屏幕表面的前端,主要作用是检测用户的触摸位置,并传送给触摸屏控制卡。触摸屏控制卡有一个自己的 CPU 和固化在芯片中的监控程序,它的作用是从触摸检测装置上接收触摸信息,并将它转换成触点坐标,再传送给主机,同时还能接收主机发来的命令并加以执行。

2. 触摸屏的种类

按照触摸屏技术原理分类,可以将触摸屏分为 5 种类型:红外线触摸屏、电阻触摸屏、电容式触摸屏、表面声波触摸屏、近场成像触摸屏。

1）红外线触摸屏

红外线触摸屏是一种基于红外线技术的装置。在显示器前面架上一个边框形状的传感器，边框的四边排列了红外线发射管及接收管，在屏幕表面形成一个红外线网。用户以手指触摸屏幕某一点，便会挡住经过该位置的横、竖两条红外线。检测 X、Y 方向被遮挡的红外线位置，便可得到触摸位置的坐标数据，然后将其传送到计算机中进行相应的处理。

红外线触摸屏价格便宜、安装容易、能较好地感应轻微触摸与快速触摸，但是它对环境要求较高。由于红外线触摸屏依靠红外线感应动作，因此外界光线变化会影响其准确度。红外线触摸屏表面的尘埃污秽等也会引起误差，影响其性能，因此不适宜置于户外和公共场所使用。

2）电阻触摸屏

电阻触摸屏的屏体部分是一块与显示器表面相匹配的多层复合薄膜，由一层玻璃或有机玻璃作为基层，在基层两个表面涂上一层透明的导电层，在两层导电层之间有极小的间隙，使它们互相绝缘。在最外面，涂覆了一层透明、光滑且耐磨损的塑料层。

当手指触摸屏幕时，在触摸点位置，由于外表面受压，平常相互绝缘的两层导电层之间就有了一个接触点。因其中一面导电层已经被附上了横、竖两个方向的均匀电压场，此时就使得侦测层的电压由零变为了非零。这种接通状态被控制器侦测到后，进行 A/D 转换，并将得到的电压值与均匀电压场相比，即可计算出触摸点的坐标。

电阻触摸屏对环境的要求并不苛刻，它可以用任何不伤及表面材料的物体来触摸，但不可使用锐器触摸，否则可能划伤整个触摸屏而导致其报废。

3）电容式触摸屏

电容式触摸屏外表面是一层玻璃，中间夹层的上、下两面涂有一层透明的导电薄膜层，在导体层外附有一块保护玻璃。上面的导电层是工作层面，四边各有一个狭长的电极，在导电体内形成一个低电压交流电场。

用户触摸电容式触摸屏时，会改变工作层面的电容量。四边电极会对触摸位置的电容量变化做出反应。距离触摸位置远近不同的电极反应强弱不同。这种差异经过运算和变换后将形成触摸位置的坐标数据。

电容式触摸屏不受尘埃影响，但是环境的温度、湿度、强电场、大功率发射接收装置、附近大型金属物等会影响其工作稳定性。例如，使用电容式触摸屏会有如下现象：

（1）当手持金属导体靠近电容式触摸屏时能引起电容屏的误动作；

（2）空气的湿度过大时，用户即使只有身体靠近显示器而手并未触摸时也能引起电容屏的误动作；

（3）戴手套或手持绝缘物触摸时电容式触摸屏没有反应等。

4）表面声波触摸屏

表面声波触摸屏的触摸屏部分是玻璃平板，安装在显示器屏幕的前面。玻璃屏的左上角和右下角各固定了竖直和水平方向的超声波发射换能器，右上角固定了两个相应的超声波接收换能器。同时，玻璃屏的 4 个周边刻有 45°角由疏到密间隔非常精密的反射条纹。

左上角和右下角的发射换能器把控制器通过触摸屏电缆送来的脉冲信号转化为超声波,并分别向下和向上两个方向沿表面传递。然后,由玻璃屏下边的一组精密反射条纹把声波能量反射,分别在玻璃表面沿 X、Y 方向传递。声波能量经过屏体表面,再由反射条纹聚集成线,传播给接收换能器。接收换能器将返回的表面声波能量变为电信号。当手指触摸玻璃屏时,玻璃表面途经手指部位的声波能量被部分吸收。接收波形对应手指挡住部位的信号衰减了一个缺口。控制器分析接收信号的衰减,并由缺口的位置判定坐标。之后,控制器把坐标数值传给主机。

表面声波触摸屏的特点是性能稳定、反应速度快、受外界干扰小,适合公共场所使用。

5)近场成像触摸屏

近场成像触摸屏的传感机构是中间一层透明金属氧化物导电涂层的两块层压玻璃。在导电涂层上施加一个交流信号,从而在屏幕表面形成一个静电场。当有手指或其他导体接触到传感器的时候,静电场就会受到干扰。而与之配套的影像处理控制器可以探测到这个干扰信号以及该信号的位置,并把相应的坐标参数传给操作系统。

近场成像触摸屏非常耐用,且灵敏度很好,可以在要求非常苛刻的环境及公众场合使用。其不足之处是价格比较贵。

2.3.4　数字笔输入

早期计算机获取文本数据的方式主要是通过键盘手工输入。随着计算机硬件设备和多媒体技术的发展,输入方式也扩展了许多。除了键盘输入外,还有手写输入、语音输入、扫描输入等。

手写输入是使用一种外观像笔的设备(称为输入笔),在一块特殊的板上书写文字。计算机自动识别后,将其转换成文本数据存储起来。这种输入法接近人的书写习惯,能够轻松地完成文字输入。

手写输入系统由硬件和软件两部分组成。硬件包括手写板和数字手写笔。软件用来识别写入的信息并将其转换成文本数据存储起来。

1. 手写板的分类

手写板分为电阻式压力板、电磁式感应板和电容式触控板3种。

(1)电阻式压力板手写板。电阻式压力板手写板由一层可变形的电阻薄膜和一层固定的电阻薄膜构成,中间由空气相隔离。书写时,用笔或手指对上层电阻薄膜加压使之变形,当其与下层接触时,下层电阻薄膜就会感应出笔或手指的位置。这种手写板的材料容易疲劳,使用寿命较短,但制作简单,成本较低。

(2)电磁式手写板。电磁式手写板通过在手写板下的布线电路通电后,在一定时间范围内形成电磁场,来感应带有线圈的笔尖的位置进行工作。它又分为有压感和无压感两种类型。它的特点是:对供电有一定的要求,易受外界环境的电磁干扰,使用寿命短。

(3)电容式写字板。电容式写字板通过人体的电容来感知手指的位置,即当手指接触到触控板的瞬间,就在板的表面产生了一个电容。在触控板表面附着有一种传感矩阵,这种传感矩阵与一块特殊芯片一起,持续不断地跟踪着手指电容的"轨迹"。经过内部一系列的处理,可以每时每刻精确定位手指的位置(X、Y坐标)。同时,通过测量由于手指与板间距离(压力大小)形成的电容值的变化,还可确定 Z 坐标。

电容式写字板的特点是:用手指和笔都能操作,使用方便;手指和笔与触控板的接触几乎没有磨损,性能稳定,使用寿命长;产品成本较低,价格便宜。

2. 数字手写笔

数字手写笔有两种,一种是用线与手写板连接的有线笔,一种是无线笔。无线笔写字比有线笔更灵活、更接近普通的笔。

3. 数字手写笔软件

数字手写笔软件用来识别写入的信息并将其转换成文本数据存储起来。软件的性能通常从能否有效识别连笔字、倒插笔画字、联想字、同形字以及界面可操作性等方面来考察。

2.3.5 彩色打印机

打印机作为输出设备,可打印文本、图像信息。如果需要获得接近照片效果的高质量打印作品,可选择激光彩色打印机。

激光彩色打印机使用 4 个鼓,处理过程极其复杂。它主要由着色装置、有机光导带、打印机控制器、激光器、传送鼓、传送滚筒及熔合固化装置构成。

工作时,有机光导带内的预充电装置先在光导带上充电,产生一层均匀电荷。激光器产生的激光束射到光导带上时,使光导带相应点放电。激光束的强度通过打印机控制器受所要打印图像数据的控制,因此射到光导带上的激光束的强度就反映了该图像的信息。由于光导带不停运动,不同强度的激光束就会在光导带上形成放电程度不一的放电区,这些放电区就组成了与该图像相对应的潜像。当光导带上的潜像从着色装置下方通过时,与光导带接触的着色装置打开,着色剂附着在光导带放电区(充电区对着色剂起排斥作用,所以着色剂不能附着其上)。光导带不停地旋转,不断重复以上着色过程,从而使 4 种颜色都按原图像色彩附着其上,这样就得到一个完整的彩色图像。与此同时,传送鼓被充电,将光导带上的彩色图像剥离下来,而后靠传送鼓和传送滚筒之间的偏压将彩色图像从传送鼓上转移下来印到纸上,再经熔合固化装置,采用热压的方法把彩色图像固化在纸上,得到最后的彩色图像成品。

2.4 本 章 小 结

本章主要介绍多媒体的基本硬件环境,包括计算机系统的体系结构、光存储器和多媒体常用的输入设备等。

多媒体硬件系统主要包括计算机主要配置和各种外部设备,以及与各种外部设备连接的控制接口卡。软件系统包括多媒体驱动软件、多媒体操作系统、多媒体数据处理软件、多媒体开发工具软件和多媒体应用软件。

光存储器具有容量大、工作稳定、密度高、寿命长、便于携带、价格低廉等优点,它是多媒体信息存储普遍使用的设备。只要计算机系统配备 CD-ROM 驱动器,就可以读取光盘上的信息。小批量的多媒体信息光盘可用刻录机把信息记录到可写光盘片上。

多媒体输入、输出设备用于向多媒体计算机提供媒体或输出与展现处理过的信息。2.3 节中介绍了其工作原理及技术指标。

思考与练习

一、选择题

1. 下列配置中哪些是 MPC 必不可少的?(　　)

    A. CD-ROM 驱动器 　　　　　　　B. 高质量的声卡

    C. USB 接口 　　　　　　　　　　D. 高质量的视频采集

2. DVD 光盘的最小存储容量是(　　)。

    A. 650MB 　　　B. 740MB 　　　C. 4.7GB 　　　D. 17GB

3. 目前市面上应用最广泛的 CD-ROM 驱动器是(　　)。

    A. 内置式的 　　B. 外置式的 　　C. 便携式的 　　D. 专用型的

4. 下列指标哪些不是 CD-ROM 驱动器的主要技术指标?(　　)

    A. 平均出错时间 　　　　　　　　B. 分辨率

    C. 兼容性 　　　　　　　　　　　D. 感应度

5. 下列关于触摸屏的叙述哪些是正确的?(　　)

    A. 触摸屏是一种定位设备

    B. 触摸屏是基本的多媒体系统交互设备之一

    C. 触摸屏可以仿真鼠标操作

    D. 触摸屏也是一种显示屏幕

6. 扫描仪可在下列哪些应用中使用?(　　)

    A. 拍摄数字照片 　　　　　　　　B. 图像输入

    C. 光学字符识别 　　　　　　　　D. 图像处理

7. 下列关于数码照相机的叙述哪些是正确的?(　　)

    A. 数码照相机的关键部件是 CCD

    B. 数码照相机有内部存储介质

    C. 数码照相机拍摄的图像可传送到计算机

    D. 数码照相机输出的是数字或模拟数据

8. 下列光盘中,可以进行写入操作的是(　　)。

    A. CD-R 　　　　B. CD-RW 　　　C. CD-ROM 　　　D. VCD

9. 数码照相机的核心部件是(　　)。

    A. 感光器　　　　　B. 译码器　　　　　C. 存储器　　　　　D. 数据接口

二、填空题

1. 光盘在存储多媒体信息方面具有存储密度高、_____、工作稳定、_____、价格低廉等优点。

2. 按光盘的读写性能分,可将其分为只读型、_____和_____3种类型。

3. 多媒体I/O设备主要包括视频、音频与图像输入和输出设备、_____、_____和通信设备5大类。

三、简答题

1. 列举常见的光盘存储格式标准。

2. 从读写功能上来区分,光存储器分为哪几类?

3. 简述 CD-ROM 和可擦写光盘的工作原理。

4. 触摸屏的基本工作原理是什么?

第 3 章

音频处理技术及应用

学习目标
(1) 理解声音信号的特点、存储格式及质量的度量方法。
(2) 了解音频信号采集和数字化处理过程。
(3) 了解音频信号压缩方法及音频编码标准。
(4) 掌握使用音频处理软件 Adobe Audition 3.0 对声音信号进行采集以及编辑加工音频素材的基本操作方法。

音频信号是人们经常采用的一种媒体形式。人们与计算机交换信息最熟悉、最习惯的方式就是声音方式。通过给计算机装上麦克风和加入语音识别软件,可以让计算机听到并听懂和理解人们的讲话;通过给计算机装上扬声器、加上语音和音乐合成软件,就可让计算机讲话和奏乐。随着计算机数据处理能力的不断增强,音频处理技术逐渐受到重视,并得到了广泛的应用。本章主要介绍音频信号数字化的基本概念、声卡的功能与基本原理、音频信号压缩方法及编码标准和音频信号的编辑处理等知识。

3.1 数字音频的基本概念

3.1.1 声音与音频的概念

为了准确理解音频的概念,首先从声音的定义说起,之后再从声音分类的讨论中去探讨音频的含义。

1. 声音的定义

声音是因物体的振动而产生的一种物理现象。振动使物体周围的空气绕动而形成声波,声波以空气为媒介传入人的耳朵,于是人们就听到了声音。因此,从物理本质上讲,声音是一种波。用物理学的方法分析,描述声音特征的物理量有声波的振幅(Amplitude)、周期(Period)和频率(Frequency)。因为频率和周期互为倒数,因此一般只用振幅和频率两个参数来描述声音。

需要指出的是,一个现实世界的声音不是由某个频率或某几个频率的波组成的,而是由许许多多不同频率、不同振幅的正弦波叠加而成的。因此一个声音中会有最低和最高频率。通俗地说,频率反映声音的高低,振幅则反映声音的大小。声音中含有的高频成分越多,音调就越高(或越尖),反之则越低;而声音的振幅越大,则声音越大,反之声音越小。

2. 声音的分类

声音的分类有多种标准,根据客观需要,可分为以下 3 种。

1) 按频率划分

(1) 亚音频(Infrasound):0～20Hz。

(2) 音频(Audio):20Hz～20kHz。

(3) 超音频(Ultrasound):20kHz～1GHz。

(4) 过音频(Hypersound):1GHz～1THz。

按频率分类的意义主要是为了区分人耳能听到的音频和超出人的听力范围之外的非音频声音。

2) 按原始声源划分

(1) 语音:是指人类为表达思想和感情而发出的声音。

(2) 乐音:弹奏乐器时乐器发出的声音。

(3) 声响:除语音和乐音之外的所有声音,如风雨声、雷声等自然界的声音或物件发出的声音。

区分不同声源发出的声音是为了便于针对不同类型的声音使用不同的采样频率进行数字化处理,依据它们产生的方法和特点采用不同的识别、合成和编码方法。

3) 按存储形式划分

(1) 模拟声音:对声源发出的声音采用模拟方式进行存储,如用录音带录制的声音。

(2) 数字声音:对模拟声源采用数字化处理后,用 0、1 表示的声音数据流,或者是计算机合成的语音和音乐。

3. 声音的三要素

音频(Audio)是用声音的频率界定的,指频率在 20Hz～20kHz 范围内的声波。音频所覆盖的声音频率是人的耳朵所能听到的声音。

语音的频率一般为 300Hz～3kHz,音乐的频率一般在 20Hz ～20kHz 之间,低于最低频率时所发出的声音人就感觉不到。

声音的特征主要由音调、响度和音色三个物理量来表征,称为声音三要素,如图 3-1 所示。

音调:判断声音高低的属性,音调高低主要依赖于声音的频率。

响度:是判断声音强弱的属性,与声音的振幅成正比。

音色:也称音品,是人在听觉上区别具有同样响度和音调的两个声音之所以不同的

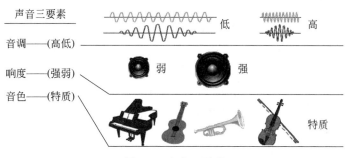

图 3-1　声音三要素

属性。声音分纯音(振幅、周期均为常数)和复音(不同频率、不同振幅的混合声音)两类。复音中频率最低的基音和各种频率的谐音构成音色的重要因素。

了解人能收听到的声音的频率范围有两方面的意义：一是明确多媒体声音信息的讨论集中在音频声音范围内，而不是所有频率的声音，这些声音包括了人的语音、乐音和自然声响；二是并非所有声音对人类都有意义，实际上任何一种自然声响中频率超过20kHz 的部分是可以丢弃的，这为我们合理地确定声音的采样频率、减少声音中的冗余信息提供了理论依据。

4. 声音质量的评价标准

对声音质量的评价是一个很困难的问题，也是一个值得研究的课题。目前，对声音质量的度量有两种基本方法：一种是客观质量度量，另一种是主观质量度量。

声音客观质量度量的传统方法是对声波进行测量与分析，其具体方法是，先用机电换能器把声波转换为相应的电信号，然后用电子仪表将电信号放大到一定的电压级进行测量与分析。由于计算技术的发展，许多计算和测量工作都使用计算机或程序来实现。这些带计算机处理系统的高级声学测量仪器能完成一系列测量工作。

度量声音客观质量的一个主要指标是信噪比 SNR(Signal to Noise Ration)。对于任何音频，信噪比都是一个比较重要的参数，它是指音源产生最大不失真声音信号强度与同时发出噪声强度之间的比率，通常以 S/N 表示。一般用分贝(dB)为单位，信噪比越高表示音频质量越好。信噪比(SNR)用下式计算：

$$SNR = 10\log\left[(V_{signal})^2/(V_{noise})^2\right] = 20\log(V_{signal}/V_{noise})$$

其中，V_{signal} 表示信号电压，V_{noise} 表示噪声电压，SNR 的单位为分贝(dB)。

采用客观标准方法很难真正评定某种编码器的质量。在实际评价中，主观的声音质量度量比客观的声音质量度量更为恰当和合理。通常是对某编码器输出的声音质量进行评价。例如，播放一段音乐，记录一段话，然后重放给实验者听，再由实验者进行综合评定。每个实验者对某个编解码器的输出进行质量评判，采用类似于考试的 5 级分制，不同的平均分值对应不同的质量级别和失真级别。一般分为优、良、中、差、劣 5 级。可以说，人的感觉机理最具有决定意义。当然，可靠的主观度量值是较难获得的。

声音的质量与它所占用的频带宽度有关。频带越宽，信号强度的相对变化范围就越大，音响效果也就越好。按照带宽的不同，可将声音质量分为 4 级，由低到高依次排列如下。

电话话音音质：200Hz～3400Hz,简称电话音质。

调幅广播音质：50Hz～7kHz,简称 AM 音质。

调频广播音质：20Hz～15kHz,简称 FM 音质。

激光唱盘音质：10Hz～20kHz,简称 CD 音质。

由此可见,质量等级越高,声音所覆盖的频率范围就越宽。

3.1.2　模拟音频与数字音频

1. 模拟音频和模拟音频记录技术

模拟音频即前面提到的模拟声音,是指随时间连续变动的音频声音波的模拟记录形式,通常采用电磁信号对声音波形进行模拟记录。

模拟音频可以有多种声源作为记录时的输入 。如果用发声的原始程度作为标准,声源可以分为两大类,即一次声源和二次声源。自然界发出的一切声音,不论是语音、音乐还是声响都是模拟音频的输入声源,都是一次声源。二次声源又分两类,一是声音的模拟记录形式经由各种电子设备的输出可以作为再次记录该模拟声音的输入的声源,例如磁带机的输出;二是声音的数字记录形式经由各种数字声音输出设备的输出又可作为模拟声音的声源,例如 CD 唱机的输出。

就记录技术而言,为了模拟声音的波形,从而将声波振动转变成唱片的波状沟纹或磁带的磁向排列的技术,都可以称为模拟音频记录技术。

2. 数字音频

数字音频并非一种新的声音,它不过是模拟音频进入计算机后的一种记录和存储形式。计算机在处理声音时,除了输出仍用波形形式外,记录、存储和传送都不能使用波形形式,即声音在进入计算机时,必须进行数字化,使时间上连续变化的波形声音变成一串 0、1 构成的数字序列。这种数字序列就是数字音频。光盘、硬盘都可以作为数字音频的记录媒体。

3. 模拟音频与数字音频特点比较

模拟音频与数字音频相比,有如下特点。

(1) 模拟音频是连续的波动信号,数字音频是离散的数字信号。

(2) 模拟音频不便于编辑和修改,数字音频易于进行编辑和特效处理。

(3) 模拟音频用磁带或唱片做记录媒体,容易磨损、发霉和变形,不利于长久保存;数字音频主要用光盘存储,不易磨损,适宜长久保存。

(4) 模拟音频进入计算机必须数字化为数字音频,而数字音频最终要转换为模拟音频才能输出。

3.1.3 音频信号的数字化

音频信号的数字化就是对时间上连续波动的声音信号进行采样和量化,对量化的结果用某种音频编码算法进行编码,最终所得的结果就是音频信号的数字形式。也就是,把声音(模拟量)按照固定时间间隔,转换成个数有限的数字表示的离散序列,即数字音频,如图 3-2 所示。

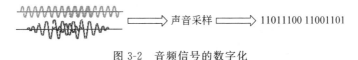

声音采样 ⟹ 11011100 11001101

图 3-2 音频信号的数字化

1. 采样和采样频率

采样又称为抽样或取样,它是把时间上连续的模拟信号变成时间上断续离散的有限个样本值的信号,如图 3-3 所示。假定声音波形如图 3-3(a)所示,它是时间的连续函数 $x(T)$,若要对其采样,需按一定的时间间隔(T)从波形中取出其幅度值,得到一组 $x(nT)$ 序列,即 $x(T)$、$x(2T)$、$x(3T)$、$x(4T)$、$x(5T)$、$x(6T)$ 等。T 称为采样周期,$1/T$ 称为采样频率。$x(nT)$ 序列是连续波形的离散信号。显然,离散信号 $x(nT)$ 只是从连续信号 $x(T)$ 上取出的有限个振幅样本值。

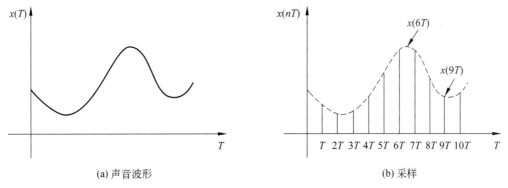

(a) 声音波形　　　　　　　　　　(b) 采样

图 3-3 连续波形采样示意图

根据奈奎斯特采样定理,只要采样频率等于或大于音频信号中最高频率成分的两倍,信息量就不会丢失。也就是说,只有采样频率高于声音信号最高频率的两倍时,才能把数字信号表示的声音还原成为原来的声音(原始连续的模拟音频信号),否则就会产生不同程度的失真。采样定律用公式表示为:

$$f_s \geqslant 2f \quad \text{或者} \quad T_s \leqslant T/2$$

其中,f 为被采样信号的最高频率,如果一个信号中的最高频率为 f_{max},则采样频率最低要选择 $2f_{max}$。

奈奎斯特采样定理的著名实例就是日常生活中使用的电话和 CD 唱片。电话话音的信号频率约为 3.4kHz。在数字电话系统中,为将人的声音变为数字信号,采用脉冲编码调制 PCM 方法,每秒钟可进行 8000 次的采样。CD 唱片存储的是数字信息。要想获得 CD 音质的效果,需要保证采样频率为 44.1kHz,也就是能够捕获频率高达 22.05kHz 的信号。在多媒体技术中,通常选用 3 种音频采样频率,11.025kHz、22.05kHz 和 44.1kHz。在允许失真的条件下,应尽可能将采样频率选低些,以免占用太多的数据量。

常用的音频采样频率和适用情况如下。

8kHz,适用于语音采样,能达到电话话音音质标准的要求。

11.025kHz,可用于语音及最高频率不超过 5kHz 的声音采样,能达到电话话音音质标准以上,但不及调幅广播的音质要求。

16kHz 和 22.05kHz,适用于最高频率在 10kHz 以下的声音采样,能达到调幅广播音质标准。

37.8kHz,适用于最高频率在 17.5kHz 以下的声音采样,能达到调频广播音质标准。

44.1kHz 和 48kHz,主要用于音乐采样,可以达到激光唱盘的音质标准。对于最高频率在 20kHz 以下的声音,一般采用 44.1kHz 的采样频率,以减少对数字声音的存储开销。

2. 量化和量化位数

采样只解决了音频波形信号在时间坐标(即横轴)上把一个波形分割成若干等份的数字化问题,但是,每一等份的长方形的高是多少呢? 即需要用某种数字化的方法来反映某一瞬间声波幅度的电压值的大小。该值的大小直接影响音量的高低。我们把对声波波形幅度的数字化表示称为量化。

量化的过程是,先将采样后的信号按整个声波的幅度划分成有限个区段的集合,把落入某个区段内的样值归为一类,并赋于相同的量化值。如何分割采样信号的幅度呢? 还是采取二进制的方式,以 8 位或 16 位的方式来划分纵轴。也就是说,在一个以 8 位为记录模式的音效中,其纵轴将会被划分为 2^8 个量化等级(quantization levels),用以记录其幅度大小。而一个以 16 位为采样模式的音效中,它在每一个固定采样的区间内所被采集的声音幅度,将以 2^{16} 个不同的量化等级加以记录。

声音的采样与量化可以参考图 3-4。

3. 编码

模拟信号量经采样和量化以后,会形成一系列的离散信号——脉冲数字信号。这种脉冲数字信号可以以一定的方式进行编码,形成计算机内部使用的数据。所谓编码,就是对量化结果的二进制数据以一定的格式表示的过程。也就是按照一定的格式,把经过采样和量化得到的离散数据记录下来,并在有用的数据中加入一些用于纠错、同步和控制的数据。在数据回放时,可以根据所记录的纠错数据,判别读出的声音数据是否有错。如在一定范围内有错,可加以纠正。

编码的形式比较多,常用的编码方式是 PCM——脉冲编码调制。关于编码的详细介绍参见 3.2 节。

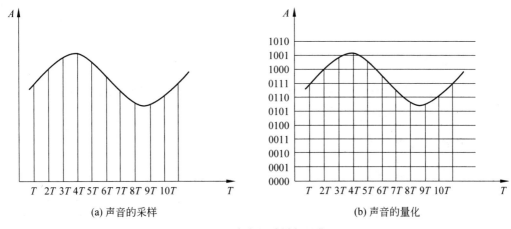

| (a) 声音的采样 | (b) 声音的量化 |

图 3-4　声音的采样与量化

4. 声音存储

数字音频的存储量决定于对模拟声波的采样频率、采样精度以及声道数。

$$存储量=采样频率×采样精度×声道数/8(B/s)$$

采样频率单位为 Hz,采样精度单位为 bit,将乘积除以 8 的目的是将位转化为字节。

例如,采样频率为 44.1kHz,采样精度为 16b,则一秒钟立体声音频的数据量计算如下:

$$存储量=44\ 100×16×2/8=176.4kB/s$$

数字音频的音质与数据量有一定关系。应根据使用场合和要求转换适当的声音采样频率。采样频率的转换须使用相应的软件进行。

3.1.4　语音合成

模拟声音数字化的首要目的,是为了方便计算机存储和传送声音信息,但最终的目的仍然在于将这些声音信息输出供人们使用。前面已经提到过,数字音频必须转换为模拟音频才能输出。这种让计算机实现声音产生的技术称为声音重现技术。

一种真正用计算机产生声音的方法是声音合成技术。声音合成包括语音合成和音乐合成。本节首先介绍语音合成技术,下一小节介绍音乐合成技术。

语音合成从研究技术来讲,可分为发音器官参数合成、声道模型参数合成和波形编辑合成。

1. 发音器官参数语音合成

这是一种对人类发音过程进行直接模拟而得到的语音合成技术。它通过定义唇、舌、声带等人类发音器官的参数来模拟人进行发音,这些参数包括唇开口度、舌的高度、舌的位置及声带的张力等。由这些发音参数估计声道的截面积函数,进而计算声波。但由于人的发音生理过程的复杂性,以及理论计算与物理模拟之间的差异,致使合成语音的质量还不够理想。

2. 声道模型参数语音合成

这种方法基于声道截面积函数或声道谐振特性合成语音,如共振峰合成器、LPC 合成器。这类合成器的比特率低,音质适中。国内外都有采用这一技术的语音合成系统。

3. 波形编辑语音合成

波形编辑语音合成技术是直接把语音波形数据库中的波形级联起来,然后输出连续语气流。这种语音合成技术用原始语音波形替代参数,而这些语音波形都是取自自然语音的词或句子。它受声调、重音、发音速度的影响,合成的语音清晰自然,其质量普遍高于参数合成。

波形编辑语音合成技术多用于文/语转换系统(TTS)中。所谓文/语转换,就是把计算机内的文本转换成连续自然的语气流。现已有英、日、德、法、汉语的系统面市。这些系统要达到真实品质的语音音质,还必须解决好几个问题。例如语音基元的选取、波形拼接过程中的平滑滤波、韵律修改以及语音学的分析和处理。

提示:在 Windows XP 中运行 narrator 命令,会调出"Microsoft 讲述人"。这是一个典型的 TTS 应用程序。它可以"讲述"Windows 的菜单操作,也可以把键盘的按键操作转化为语音输出。其界面如图 3-5 和图 3-6 所示。

图 3-5 "Microsoft 讲述人"窗口

图 3-6 讲述人的声音设置窗口

3.1.5 音乐合成与 MIDI

音乐合成是声音合成的另一分支。与语音合成的对象不同,音乐合成的对象是乐音,而不是人类的语音,因而有其自身的特点。

1. 乐音的基本特点及要素

乐音区别于噪音的最大特点是,乐音是随时间作周期性变化的波动。乐音的频谱包括确定的基频谱和频率为这个基频整数倍的谐波谱。这一特性构成了乐音的谐和性。

除了谐和性外,乐音还包括以下几个要素:音高、音色、响度和时值。

(1) 音高:反映声波的基频。基频越低,给人的感觉越低沉。对于平均律(一种普遍使用的音律)来说,各音的对应频率如表 3-1 所示。掌握了音高与频率的关系,就能够设法产生规定音高的单音了。

表 3-1　音高与频率的关系

音阶	C	D	E	F	G	A	B
简谐音符	1	2	3	4	5	6	7
频率/Hz	261	293	330	349	592	440	494

(2) 音色:指的是声音的音质。它是由声音的频谱决定的。各阶谐波比例不同,声波随时间衰减的程度就不同,音色也就不同。小号的声音之所以具有极强的穿透力和明亮感,是因为小号声音中高次谐波非常丰富。具有固定音高和相同谐波的乐音,当由不同的乐器发出时,仍能听出它们之间的差异,这正是由于不同乐器的音色各异所致。不同的乐器具有不同的音色,这是由它们自身的结构特点决定的。

(3) 响度:衡量声音强度的一个参数,也是听判乐音的基础。人耳对于声音细节的分辨与响度直接相关。只有在响度适中时,人耳辨音才最灵敏。如果一个音的响度太低,便难以正确判别它的音高和音色;而响度过高,也会影响判别的准确性。

(4) 时值:一个相对的时间概念。一个乐音只有在包含了比它更短的音的旋律中才会显得长。时值的变化导致了旋律的行进:或平缓、均匀,或跳跃、颠簸,用以表达不同的情感。

2. 音乐合成的原理和方法

音乐合成的方法正是在明确了乐音上述特性的基础上提出的。目前实施音乐合成的方法主要有两种:一是调频合成法,又称 FM 合成法;二是波形表(Wavetable)合成法,又称波表合成法。

FM 合成法是美国斯坦福大学的 John Chowning 于 20 世纪 70 年代发明的。从时域看,乐音是一个周期性的声音波。如果对乐音波形进行傅立叶展开,就可以将乐音分解成以基波为基础,带有若干谐波频率的若干正弦波的级数和。观察其频域谱值,可以发现,乐音的频谱包括确定的基频谱和频率这个基频整数倍的谐波谱。FM 合成法正是从乐音的频谱特性分布中得到的启示。通过使用调频(FM)技术,利用不同调制波频率和调制指数,对载波进行调制,得到了具有不同频谱分布的波形。而这些波形恰巧再现了某些乐器的音色。当然,FM 合成法合成的音乐只能说是电子模拟音乐,因为这种方法会制造出真实乐器得不到的音色。在波形表开发成功前,这是一种相当不错的音乐合成技术。

波表合成技术是继 FM 合成法之后,迄今为止合成效果最真实的音乐合成技术。这种方法是,先把音乐演奏家在各种不同乐器上演奏的不同音符以适当的采样率、量化位数录制下来,形成乐音的波形数据。然后,将各种波形数据存储在 ROM 中。发音时,先查找到所预期的波形数据,然后经过调制、滤波,再合成等处理形成立体声后发声。因此,采用真实乐音样本来进行合成回放所得到的波表合成音乐,比使用不同频率的正弦波调制载波所得到的模拟乐音更自然更真实。

3. MIDI

MIDI(Musical Instrument Digital Interface)是乐器数字接口英文首写字母的缩写。实际上,它是一套有关数字合成音乐的国际标准。与这套标准相关联的是 MIDI 端口、MIDI 通信电缆、MIDI 通信协议、MIDI 文件、MIDI 音乐等一系列概念。

依照 MIDI 标准的规定,在 MIDI 电缆上传送的是符合 MIDI 通信协议要求的 MIDI 消息。定义和产生歌曲的 MIDI 消息和数据存储于 MIDI 文件中。使用音序器可以建立 MIDI 文件。它可以获取 MIDI 消息,并把它们存储于文件中。演奏 MIDI 文件时,音序器会把 MIDI 消息从文件传送到合成器。合成器把这些消息转换成特定乐器、特定音高和时长的声音。合成器用数字信号处理器(Digital Signal Processor,DSP)或其他芯片产生并修改波形,进而合成音乐和声音,并通过发声器和扬声器将其播放出去。声音就这样产生了。

3.1.6　声音文件格式

目前,在计算机中常见的声音文件格式主要有以下几种:WAV 格式、VOC 格式、MP3 格式和 MIDI 格式。

1. WAV 格式

WAV 格式的声音文件存放的是对模拟声音波形经数字化采样、量化和编码后得到的音频数据。由于是由声音波形而来,所以 WAV 文件又称为波形文件。WAV 文件是 Windows 环境中使用的标准波形声音文件格式,一般也用 WAV 作为文件扩展名。WAV 文件对声源类型的包容性强,只要是声音波形,不管是语音、音乐,还是各种各样的声响,甚至噪音,都可以用 WAV 格式记录并重放。当采样频率达到 44.1kHz,量化采用 16 位,并采用双通道记录时,就可以获得 CD 品质的声音。

2. CDA(CD Audio)格式

CDA 是激光音频文件格式,存储时采用了音轨的形式,能准确记录声波。其数据量大,经过采样后可生成 WAV 和 MP3 音频文件。

3. VOC 格式

VOC 格式的声音文件,与 WAV 文件同属波形音频数字文件,主要适用于 DOS 操作系统。它是由音频卡制造公司的龙头老大 Creative Labs 公司设计的,因此,Sound Blaster 就用它作为音频文件格式。Sound Blaster 也提供 VOC 格式与 WAV 格式的相互转换软件。

4. MP3 格式

MP3 格式的文件,从本质上讲,仍是波形文件。它是对已经数字化的波形声音文件采用 MP3 压缩编码后得到的文件。所谓 MP3 压缩编码,就是运动图像压缩编码国际标准 MPEG-1 所包含的音频信号压缩编码方案的第 3 层。与一般声音压缩编码方案不同,MP3 主要是从人类听觉心理和生理学模型出发,研究的一套压缩比高、而声音压缩品质又能保持很好的压缩编码方案。所以,MP3 现在得到了广泛的应用,并受到了广大音乐爱好者的青睐。

5. AealAudio 格式

AealAudio 格式是由 Aeal Network 公司推出的一种音频文件格式。其最大特点是可以实时传送音频信息,尤其在网速较慢的情况下仍然能较流畅地传输数据。现在,AealAudio 格式主要有 RA、RM、RMX 3 种,其共同性在于,可以根据网络带宽的不同而改变声音的质量,在保证大多数人听到流畅声音的前提下,使带宽较宽的听众获得更好的音质。

6. MIDI 格式

MIDI 的含义是乐器数字接口(Musical Instrument Digital Interface),它本来是由全球数字电子乐器制造商建立起来的一个通信标准,用以规定计算机音乐程序、电子合成器和其他电子设备之间交换信息与控制信号的方法。按照 MIDI 标准,可以用音序器软件编写或由电子乐器生成 MIDI 文件。

MIDI 文件记录的是 MIDI 消息,它不是数字化后得到的波形声音数据,而是一系列指令。在 MIDI 文件中,包含音符、定时和多达 16 个通道的演奏定义。每个通道的演奏音符又包括键、通道号、音长、音量和力度等信息。显然,MIDI 文件记录的是一些描述乐曲如何演奏的指令而非乐曲本身。

与波形声音文件相比,同样演奏时长的 MIDI 音乐文件比波形音乐文件所需的存储空间要少很多。例如,同样 30 分钟的立体声音乐,MIDI 文件只需 200KB 左右的存储空间,而波形文件则要占用大约 300MB 的存储空间。MIDI 格式的文件一般用 mid 作为文件扩展名。

MIDI 文件有几个变通格式,一个以 cmf 为扩展名,另一个以 rmi 为扩展名。和 VOC 文件一样,CMF 文件也是随 Sound Blaster 一起诞生的。有所不同的是,CMF 文件是用于记录 FM 音乐参数和模式信息的音乐文件,它与 MIDI 文件十分相似。而 RMI 文件则是 Microsoft 公司的 MIDI 文件格式。除此之外,不同音序器软件通常还有自定义的 MIDI 文件格式。它们之间虽然互不兼容,但有些是可以相互转换的。

3.2 数字音频的压缩编码

3.2.1 概述

将量化后的数字声音信息直接存入计算机会占用大量的存储空间。在多媒体音频信号处理中，一般需要对数字化后的声音信号进行压缩编码，使其成为具有一定字长的二进制数字序列，以减少音频的数据量，并以这种形式在计算机内进行传输和存储。在播放这些声音时，需要利用解码器将二进制编码恢复成原来的声音信号播放。

声音信号能进行压缩编码的基本依据主要有以下 3 点。

（1）声音信号中存在着很大的冗余度。通过识别和去除这些冗余度，能够达到压缩的目的。

（2）音频信息的最终接收者是人。人的视觉和听觉器官都具有某种不敏感性。舍去人的感官所不敏感的信息对声音质量的影响很小。在有些情况下，甚至可以忽略不计。例如，人耳听觉中有一个重要的特点，即听觉的"掩蔽"。它是指一个强音能抑制一个同时存在的弱音的听觉现象。利用该性质，可以抑制与信号同时存在的量化噪声。

（3）对声音波形取样后，相邻采样值之间存在着很强的相关性。

按照压缩原理的不同，声音的压缩编码可分为 3 类，即波形编码、参数编码和混合编码。

波形编码：这种方法主要利用音频采样值的幅度分布规律和相邻采样值间的相关性进行压缩。目标是使重构的声音信号的各个样本尽可能地接近于原始声音的采样值。由于这种编码保留了信号原始采样值的细节变化，即保留了信号的各种过渡特征，因而复原的声音质量较高。波形编码技术有 PCM（脉冲编码调制）、ADM（自适应增量调制）和 ADPCM（自适应差分脉冲编码调制）等。

参数编码：参数编码是一种对语音参数进行分析合成的方法。语音的基本参数是基音周期、共振峰、语音谱、声强等，如能得到这些语音基本参数，就可以不对语音的波形进行编码，而只记录和传输这些参数就能实现声音数据的压缩。这些语音基本参数可以通过分析人的发音器官的结构及语音生成的原理，建立语音生成的物理或数学机构模型，并通过实验获得。得到语音参数后，就可以对其进行线性预测编码（Linear Predictive Coding，LPC）。

混合编码：是一种在保留参数编码技术的基础上，引用波形编码准则去优化激励源信号的方案。混合编码充分利用了线性预测技术和综合分析技术。其典型算法有码本激励线性预测（CELP）、多脉冲线性预测（MP-LPC）及矢量和激励线性预测（VSELP）等。

由于波形编码可以获得很高的声音质量，因而在声音编码方案中应用较广。下面介绍波形编码方案中常用的脉冲编码调制。

3.2.2 脉冲编码调制

1. 编码原理

脉冲编码调制是对连续语音信号进行空间采样、幅度值量化及用适当码字对其编码的统称,即它把连续输入的模拟信号变换为在时域和振幅上都离散的量,然后将其转化为代码形式进行传输或存储。脉冲编码调制原理如图 3-7 所示。在这个编码框图中,输入是模拟声音信号,输出是 PCM 样本。图中的防失真滤波器是一个低通滤波器,用来滤除声音频带以外的信号;波形编码器可暂时理解为采样器;量化器可理解为量化阶大小(Step-Size)生成器或者称为量化间隔生成器。

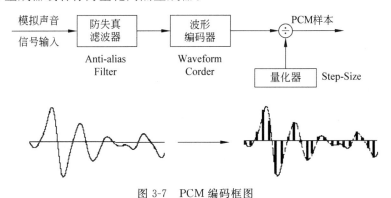

图 3-7 PCM 编码框图

从模拟声音信号输入到声音信号的数字化,这中间是一个声音信号的处理过程。模拟信号数字化一般有两个步骤:第一步是采样,就是每隔一段时间间隔读一次声音的幅度;第二步是量化,就是把采样得到的声音信号幅度转换成数字值,但那时并没有涉及如何进行量化。PCM 方法可以按量化方式的不同,分为均匀量化 PCM、非均匀量化 PCM和自适应量化 PCM 3 种。

2. 均匀量化

采用相等的量化间隔对采样得到的信号进行量化称为均匀量化。均匀量化就是采用相同的等分尺来度量采样得到的幅度,也称为线性量化,如图 3-8 所示。均匀量化 PCM就是直接对声音信号做 A/D 转换,在处理过程中没有利用声音信号的任何特性,也没有进行压缩。该方法将输入的声音信号的幅度范围分成 2^B 等份(B 为量化位数),所有落入同一等份内的采样值都被编码成相同的 B 位二进制码。只要采样频率足够大,量化位数也适当,便能获得较高的声音信号数字化效果。为了满足听觉上的效果,均匀量化 PCM必须使用较多的量化位数。这样,所记录和产生的音乐就可以达到最接近原声的效果。当然,提高采样率及分辨率后,将引起数据存储空间的增大。

为了适应幅度大的输入信号,同时又要满足精度要求,需要增加样本的位数。但是,对于话音信号来说,大信号出现的机会并不多,这样增加的样本位数就没有得到充分利用。为了弥补这一缺陷,出现了非均匀量化的方法,这种方法也叫作非线性量化。

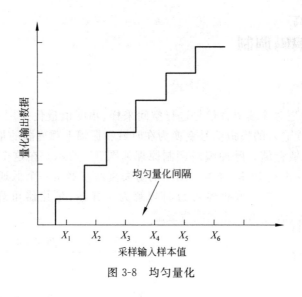

图 3-8　均匀量化

3. 非均匀量化

非均匀量化的基本想法是，对输入信号进行量化时，大的输入信号采用大的量化间隔，小的输入信号采用小的量化间隔，如图 3-9 所示。这样，就可以在满足精度要求的情况下用较少的位数来采样。在声音数据还原时，采用相同的规则。

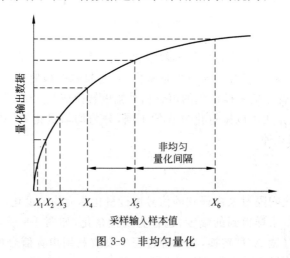

图 3-9　非均匀量化

3.3　音频编码标准

3.3.1　ITU-T G 系列声音压缩标准

随着对数字电话和数据通信容量需求的日益增长，在不明显降低传送话音信号质量的前提下,除了提高通信带宽之外,对话音信号进行压缩是提高通信容量的重要措施。另一个可以表明话音数据压缩重要性的例子是,用户无法使用 28.8Kbps 的调制解调器来接收因特网上的 64Kbps 话音数据流。这是一种单声道、8 位/样本、采样频率为 8kHz 的话音数据流。ITU-TSS 为此制定了并且正在继续制定一系列话音(speech)数据编译码标准。其中,G.711 使用 μ 率和 A 率压缩算法,信号带宽为 3.4kHz,压缩后的数据传输速率为 64Kbps;G.721 使用 ADPCM 压缩算法,信号带宽为 3.4 kHz,压缩后的数据传输速率为 32Kbps;G.722 使用 ADPCM 压缩算法,信号带宽为 7kHz,压缩后的数据率传输速率为 64Kbps。在这些标准的基础上,还制定了许多话音数据压缩标准,例如 G.723、G.723.1、G.728、G.729 和 G.729.A 等。在此,简要介绍以下几种音频编码技术标准。

1. 电话质量的音频压缩编码技术标准

电话质量语音信号频率规定在 300Hz~3.4kHz,采用标准的脉冲编码调制 PCM。当采样频率为 8kHz,进行 8b 量化时,所得数据传输速率为 64Kbps,即一个数字电话。1972 年 CCITT 制定了 PCM 标准 G.711,数据传输速率为 64Kbps,采用非线性量化,其质量相当于 12b 线性量化。

1984 年 CCITT 公布了自适应差分脉冲编码调制 DPCM 标准 G.721,数据传输速率为 32Kbps。这一技术是对信号及其预测值的差分信号进行量化,再根据邻近差分信号的特性自适应改变量化参数,从而提高压缩比,同时又能保持一定的信号质量。因此,ADPCM 对中等电话质量要求的信号能进行高效编码,而且可以在调幅广播和交互式激光唱盘音频信号压缩中加以应用。

为了适应低速率语音通信的要求,必须采用参数编码或混合编码技术,如线性预测编码 LPC、矢量量化 VQ 以及其他的综合分析技术。其中,较为典型的码本激励线性预测编码 CELP 实际上是一个闭环 LPC 系统,由输入语音信号确定最佳参数,再根据某种最小误差准则从码本中找出最佳激励码本矢量。CELP 具有较强的抗干扰能力,在 4~16Kbps 传输速率下,即可获得较高质量的语音信号。1992 年,CCITT 制定了短时延码本激励线性预测编码 LD-CELP 的标准 G.728,数据传输速率为 16Kbps,其质量与数据传输速率为 32Kbps 的 G.721 标准基本相当。

1988 年,欧洲数字移动特别工作组制定了采用长时延线性预测规则码本激励 RPE-LTP 标准 GSM,数据传输速率为 13Kbps。1989 年,美国采用矢量和激励线性预测技术 VSELP,制定了数字移动通信语音标准 CTIA,数据传输速率为 8Kbps。为了适应保密通信的要求,美国国家安全局 NSA 分别于 1982 年和 1989 年制定了基于 LPC 数据传输速率为 2.4Kbps 和基于 CELP 数据传输速率为 4.8Kbps 的编码方案。

2. 调幅广播质量的音频压缩编码技术标准

调幅广播质量音频信号的频率在 50Hz~7kHz 范围内。CCITT 在 1988 年制定了 G.722 标准。G.722 标准是采用 16kHz 采样,14b 量化,信号数据传输速率为 224Kbps,采用子带编码方法,将输入音频信号经滤波器分成高子带和低子带两个部分,分别进行

ADPCM 编码,再混合形成输出码流,224Kbps 可以被压缩成 64Kbps,最后进行数据插入(最高插入速率达 16Kbps)。因此,利用 G.722 标准可以在窄带综合服务数据网 N-ISDN 中的一个 B 信道上传送调幅广播质量的音频信号。

3. 高保真度立体声音频压缩编码技术标准

高保真立体声音频信号频率范围是 50Hz~20kHz,采用 44.1kHz 采样频率,16b 量化进行数字化转换,其数据传输速率每声道达 705Kbps。1991 年,国际标准化组织 ISO 和 CCITT 开始联合制定 MPEG 标准。其中,ISO CD11172-3 作为 MPEG 音频标准,成为国际上公认的高保真立体声音频压缩标准。MPEG 音频第一和第二层次编码是将输入音频信号分别进行采样频率为 48kHz、44.1kHz、32kHz 的采样,经滤波器组将其分为 32 个子带。同时,利用人耳屏蔽效应,根据音频信号的性质计算各频率分量的人耳屏蔽门限,选择各子带的量化参数,获得高的压缩比。MPEG 第三层次在上述处理后引入辅助子带、非均匀量化和熵编码技术,进一步提高了压缩比。MPEG 音频压缩技术的数据传输速率为每声道 32~448Kbps,适于 CD-DA 光盘应用。

3.3.2 MP3 压缩技术

MP3 的全名是 MPEG Audio Layer-3,简单地说就是一种声音文件的压缩格式。1987 年,德国的研究机构 IIS(Institute Integrierte Schaltungen)开始着手一项声音编码及数字音频广播的计划,名称叫作 EUREKA EU147,即 MP3 的前身。之后,这项计划由 IIS 与 Erlangen 大学共同合作执行,开发出了一套非常强大的算法,经过 ISO 国际标准化组织认证之后,符合 ISO-MPEG Audio Layer-3 标准,成为了现在的 MP3。

MPEG 音频压缩标准里包括 3 个使用高性能音频数据压缩方法的感知编码方案(perceptual coding schemes),按照压缩质量(每位的声音效果)和编码方案的复杂程度依次列为 Layer 1、Layer 2、Layer 3。所有这三层的编码采用的基本结构是相同的。它们在采用传统的频谱分析和编码技术的基础上还应用了子带分析和心理声学模型理论。也就是,通过研究人耳和大脑听觉神经对音频失真的敏感度,在编码时先分析声音文件的波形,利用滤波器找出噪声电平(Noise Level),然后滤去人耳不敏感的信号,通过矩阵量化的方式将余下的数据每一位打散排列,最后编码形成 MPEG 的文件。其音质听起来与 CD 相差不大。

MP3 的好处在于大幅降低了数字声音文件的容量,而又不会破坏原来的音质。以 CD 音质的 WAV 文件来说,如抽样分辨率为 16b,抽样频率为 44.1kHz,声音模式为立体声,那么存储 1s CD 音质的 WAV 文件,必须用 16(b)×44 100Hz×2=1 411 200(b),也就是相当于 1411.2Kb 的存储容量,存储介质的负担相当大。不过,通过 MP3 格式压缩后,文件便可压缩为原来的 1/10 到 1/12,每秒钟的 MP3 只需大约 112~128Kb 容量就可以了。

具体的 MPEG 的压缩等级与压缩比率参见表 3-2。

表 3-2　MPEG 的压缩等级与压缩比率

MPEG 编码等级	压缩比率	数字流码率
Layer 1	1∶4	384Kbps
Layer 2	1∶6～1∶8	192～256Kbps
Layer 3	1∶10～1∶12	128～154Kbps

声音品质与 MP3 压缩比例关系见表 3-3。

表 3-3　声音品质与 MP3 压缩比例关系

声音质量	带　宽	模　式	比 特 率	压缩比率
电话	2.5kHz	单声道	8Kbps*	96∶1
好于短波	4.5kHz	单声道	16Kbps	48∶1
好于调幅广播	7.5kHz	单声道	32Kbps	24∶1
类似于调频广播	11kHz	立体声	56～64Kbps	(26～24)∶1
接近于 CD	15kHz	立体声	96Kbps	16∶1
CD	>15kHz	立体声	112～128Kbps	(14～12)∶1

3.3.3　MP4 压缩技术

MP4 并不是 MPEG-4 或者 MPEG-1 Layer 4，它的出现是针对 MP3 的大众化、无版权问题的一种保护格式，由美国网络技术公司开发，是美国唱片行业联合会倡导公布的一种新的网络下载和音乐播放格式。

从技术上讲，MP4 使用的是 MPEG-2 AAC 技术，也就是俗称的 A2B 或 AAC。其中，MPEG-2 是 MPEG 于 1994 年 11 月针对数码电视（数码影像）提出的。它的特点就是，音质更加完美而压缩比更加大(1∶15)。MPEG-2 AAC(ISO/IEC 13818-7)在采样率为 8～96kHz 下提供了 1～48 个可选声道的高质量音频编码。AAC 就是 Advanced Audio Coding(先进音频编码)的意思，它适用于从比特率在 8Kbps 单声道的电话音质到 160Kbps 多声道的超高质量音频范围内的编码，并且允许对多媒体进行编码/解码。AAC 与 MP3 相比，增加了诸如对立体声的完美再现、比特流效果音扫描、多媒体控制、降噪优异等 MP3 没有的特性，使得在音频压缩后仍能完美地再现 CD 音质。

AAC 技术主要由以下 3 个部分组成。第一，AT&T 的音频压缩技术专利。它可以将 AAC 压缩比提高到 20∶1 而不损失音质。这样，一首 3 分钟的歌仅仅需要 2.25MB，这在互联网上的下载速度是很惊人的。第二，安全数据库。它可以为 AAC Music 创建一个特定的密钥，并将此密钥存于其数据库中。只有 AAC 的播放器才能播放含有这种密钥的音乐。第三，协议认证。这个认证包含了复制许可、允许复制的副本数目、歌曲总时间、歌曲可以播放时间以及售卖许可等信息。它的工作原理如下：首先认证该歌曲内部的密钥，然后核实安全数据库中的密钥并找到其许可协议。这样就决定了歌曲以何种形式播放以及是否可以进行复制和贩卖。同时,数据库中的许可协议可以应用户要求随时修改,使得 AAC 歌曲本身包含的版权信息也可以随时更换。这是一种融合了版权的音乐技术,它解决了 MP3 带来的版权冲击问题。

MP4 技术的优越性要远远高于 MP3,因为它更适合多媒体技术的发展以及视听欣赏的需要。但是,MP4 是一种商品,它利用改良后的 MPEG-2 AAC 技术并强加上由出版公司直接授权的知识产权协议作为新的标准;而 MP3 是一种自由音乐格式,任何人都可以自由使用。此外,MP4 实际上是由音乐出版界联合授意的官方标准,MP3 则是广为流传的民间标准。相比之下,MP3 的灵活和自由度要远远大于 MP4,这使得音乐发烧友们更倾向于使用 MP3。更重要的一点是,MP3 是目前最为流行的一种音乐格式,它占据着大量的网络资源,这使得 MP4 的推广普及变得难上加难。长远来看,MP4 的流行是迟早的事(指其优越的技术性)。但是,如果 MP4 不改进其技术构成(即强加的版权信息),那么当自由的 MP3 使用了 MPEG-2 AAC 的技术后,胜负就很明显了。

3.4 常用数字音频处理软件简介

商品化数字音频处理软件虽然很多,但其功能大致相同,主要包括录制声音信号、进行声音剪辑、为音频增加特殊效果、进行文件格式转换等。这些功能足以使设计者对乐谱、波形甚至针对其中某个段落进行十分精细的编辑和制作。下面,简单介绍一下几种常用的音频处理软件。

3.4.1 Adobe Audition 3.0

Audition 的前身是 Cool Edit Pro——一款非常出色的数字音乐编辑器和 MP3 制作软件。不少人把 Cool Edit 形容为音频“绘画”程序。通过它,可以用声音来进行“绘”制,如音调、歌曲的一部分、声音、弦乐、颤音、噪音或是调整静音。而且,它还提供有多种特效,来为你的作品进行润色,如放大、降低噪音、压缩、扩展、回声、失真、延迟等。可以同时处理多个文件,轻松地在几个文件中进行剪切、粘贴、合并、叠加声音操作。使用它可以生成的声音有噪音、低音、静音、电话信号等。该软件还包含 CD 播放器。其他功能包括:支持可选的插件,崩溃恢复,支持多文件,自动静音检测和删除,自动节拍查找,录制等。另外,它还可以在 AIF、AU、MP3、Raw PCM、SAM、VOC、VOX、WAV 等文件格式之间进行转换,并且能够保存为 RealAudio 格式。

Adobe Audition 3.0 加入了无限音轨和低延迟混音、ASI0 零延迟、音频快速搜索等技术,具有高品质的音乐采样能力,支持多种音乐文件格式,能够创建音乐、录制和混合项目、制作广播点以及为视频游戏设计声音等。其功能非常强大。Adobe Audition 3.0 的窗口界面如图 3-10 所示。

在具体操作过程中,可以用 Audition 进行声音录制。如果发现录制的声音音量不合适,可以用工具栏中的“音量放大”工具来加工。Audition 还可以用于去除杂音(包括去除环境噪音、去除出气声、修改咔嗒声、清除呼吸声和未叠加在有效语音上的杂音)、增加

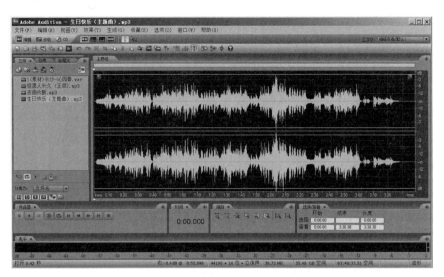

图 3-10　Adobe Audition 3.0 窗口

回响效果、改变音高和音速、增加合唱效果、制造声音的淡入与淡出效果以及声音片断的合并,等等。

3.4.2　GoldWave

GoldWave 是一款相当棒的数码录音及编辑软件,它以不同的采样频率录音,声音文件编辑和混音、特效功能齐全。除了附有许多的效果处理功能外,它还能将编辑好的文件保存为 WAV 、AU、SND、RAW 和 AFC 等格式。而且,它可以不经由声卡直接抽取 SCSI 形式的CD-ROM 中的音乐来进行录制和编辑。同时,作为 Wave 文件编辑处理工具,支持从 MP3、MPG、AVI、ASF、MOV 等文件中提取音频进行编辑。所以,除了它强大的编辑功能外,它还有一个优势,那就是能方便地把以上格式的音频转换成 WAV 文件。如果安装了 MP3 或WMA 的驱动程序,就可以压缩成 MP3 或 WMA 格式的 WAV 文件。这种压缩的 WAV 文件除了可供直接观赏之外,如果使用 FlasKMPEG 转换 MPEG 文件后出现影音错位,使用VirtualDub 把此文件和视频文件合并即可解决上述问题。不过,它不支持流式转换,所以需要足够的剩余磁盘空间。GoldWave 的窗口界面如图 3-11 所示。

同时,GoldWave 也是较新的适合于一般教师进行音频素材采集与制作的软件。它集音频录制和编辑于一体,功能强大,不仅是一个录音程序,可以很方便地制作 CAI 课件的背景音乐、音效、录制 CD、转换音乐格式等,而且还具有各种复杂的音乐编辑和特效处理功能。

3.4.3　Cakewalk

音序器软件作为 MIDI 软件的核心和基础,在电脑音乐中起着举足轻重的作用。它控制着 MIDI 信息的输入、输出,指挥着与它连接的各种外设的正常工作,Cakewalk(音乐

图 3-11　GoldWave 窗口

大师)就是其中的佼佼者。它以强大的功能,简单的操作受到了全球 MIDI 爱好者的一致好评,在国内更有广泛的使用,它几乎成了 MIDI 音乐的代名词。

作为一种图形化的音乐编辑软件,Cakewalk 的主要工作界面就是各种工作窗口。对 MIDI 事件和音频事件的所有编辑和操作都是在工作窗口中完成的。如图 3-12 所示,音

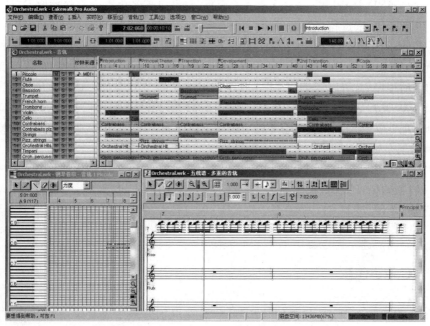

图 3-12　Cakewalk 窗口

轨窗口既是 Cakewalk 主界面的主要组成部分,又是重要的工作窗口。类似的还有钢琴窗帘、事件列表窗、调音台窗,等等。每个窗口各有所长,分别适用于不同的编辑对象和编辑特征。

3.5　音频编辑处理软件 Adobe Audition 3.0

3.5.1　Adobe Audition 3.0 编辑环境

安装好 Adobe Audition 3.0 中文版软件后,启动程序,进入图 3-13 所示的操作界面。

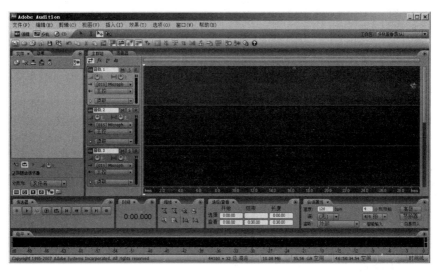

图 3-13　Adobe Audition 3.0 多轨视图操作界面

其操作界面可以分为以下几部分。

1. 视图按钮

Adobe Audition 3.0 提供了编辑视图、多轨视图和 CD 视图 3 种视图工作模式,分别针对不同的音频编辑流程。

(1) 编辑视图:用来编辑修改单一的音频文件,可以针对不同的用途,如无线电广播、网络传输或者 CD 唱盘等,进行各种优化,来适应音频播放的环境。

(2) 多轨视图:用来同时编辑多个音频文件。可以将多个音频文件混合叠加,制作出复杂的音乐或者视频音轨。

(3) CD 视图:可以选择需要的音频文件,然后将其转换为音频光盘中的音轨文件,最后刻录在 CD 光盘上。

分别单击不同的视图按钮,可以在不同的视图模式下进行切换。在多轨视图模式下,双击音轨上的音频文件,可以切换到编辑模式,这样就可以对选择的音频文件进行编辑。

2. 菜单栏

菜单栏包括"文件"、"编辑"、"视图"、"效果"、"选项"、"窗口"等菜单。在不同的视图模式下,菜单栏中显示的菜单项会略有不同。

3. 工具栏

菜单栏的下方是工具栏。可以通过菜单命令"窗口"→"工具"来显示或者隐藏工具栏。在不同的视图模式下,工具栏会显示不同的工具图标。例如,在编辑模式下会出现"显示波形"、"显示频谱"、"时间线选择"等工具,在多轨视图下会出现"混合工具"、"刷选工具"等。

4. 快捷栏

默认的情况下是不显示快捷栏的,可以通过菜单命令"视图"→"快捷栏"→"显示"来显示或隐藏快捷栏。快捷栏提供了"文件"、"编辑"、"选项"、"剪辑"等菜单下包括的命令的快捷键。同样,在不同的视图模式下,快捷栏提供的快捷键也略有不同。

5. 主面板

对音频的编辑工作大部分是在主面板中完成的。可以通过拖曳的方式将音频文件添加到音轨的时间线上,此时音轨上会显示出音频文件的波形状态。在音轨上可以对音频文件进行移动、剪切、添加效果等音频编辑操作。

还有一个和主面板组合在一起的混音器面板。可以通过混音器面板对音轨上声音文件的音效、音量等效果进行单独的或者整体的调整。

6. 其他各类面板

在主面板的左侧有文件面板和特效面板两个组合面板。文件面板中显示的是当前音频项目中打开的波形、MIDI、视频文件等,方便用户对项目使用的文档进行管理和访问。特效面板列出了所有可以使用的声音特效,以便快速选择并为波形或音轨添加声音特效。

主面板下方的面板主要有以下几个。

播放控制面板:用来控制声音的播放和录制,有"播放"、"快进"、"倒退"、"暂停"、"停止"、"录音"等按钮。

时间显示面板:用来显示音频轨道上时间轴的游标的位置,或者是在音频轨道上选择波形的起始位置,或者是播放线的位置。

缩放控制面板:用来对音轨上的波形进行水平或垂直方向上的缩放。

选择和查看面板:可以对音轨上的波形进行精确的选择和查看。

会话属性面板:可以查看当前项目中音频的节拍或速度等公共属性。

电平面板:里面的电平标尺是用来监视录音或播放的音量级别。绿色光带表示声音正常,红色光带则表示音量过高,可能会出现破音。

7. 状态栏

状态栏用来显示声音大小、文件长度等一些信息。

3.5.2 Adobe Audition 3.0基本编辑操作

1. 声音的混合

在编辑模式下，利用 Adobe Audition 3.0 的编辑功能可以将当前剪贴板中的声音与窗口中的声音混合。方法是，单击"编辑"→"混合粘贴"命令，然后选择需要的混合方式，如插入、叠加、替换或调制。波形图中黄色竖线所在的位置为混合起点（即插入点），混合前应先调整好该位置。

2. 删除静音

"删除静音"功能可用来将一个听起来断断续续的声音文件变为一个连续的文件。在编辑模式下，单击"编辑"→"删除静音区"命令即可完成。

3. 波形缩放

操作界面窗口下部有两组波形缩放按钮，其中 6 个放大镜图标为一组，为水平缩放按钮；另一组是垂直缩放按钮，只有两个，在窗口右边，同样为放大镜图标，如图 3-14 所示。为方便编辑时观察波形变化，可以单击波形缩放按钮（不影响声音效果），也可以在水平或垂直标尺上直接拖动鼠标右键，或右击标尺，通过弹出的菜单定制显示效果。

图 3-14　两组波形缩放按钮

4. 制作特殊音效

（1）反转：此功能可以用来间接消除原唱人声。其原理是，将波形的上半周和下半周互换。操作时只要将两个声道中的一个声道颠倒，再将双声道保存为单声道文件即可。相当于两个声道信号相减。

（2）倒转：确定编辑的声音区域后，选择菜单命令"效果"→"倒转"，可将波形或被选中波形的开头和结尾反向。其原理是将描述声音的数据反向排列。播放出的语音效果是计算机独有的。

（3）回声："回声"选项包括"衰减度"、"延时时间"和"初次回声的音量"等基本参数。通过该选项的设置，还可使回声在左右声道之间来回跳动，效果很明显。

（4）房间回声：在菜单栏中选择"延迟和回声"→"房间回声"命令，打开"房间回声"对话框，如图 3-15 所示。可调的参数非常多，除了房间的长、宽、高、回声强度和回声数量外，还有衰减因子、声音来源和话筒的位置等特殊参数，便于更真实地再现室内回声的效果。

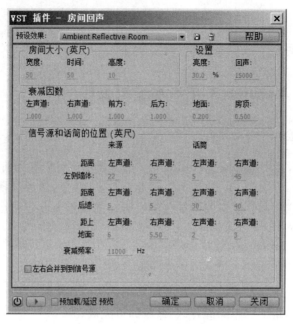

图 3-15 "房间回声"对话框

（5）自动听觉仪：在菜单栏中选择"立体声声像"→"自动听觉仪"命令，可打开"自动听觉仪"对话框。该效果用于立体声双声道的波形文件，处理后会感觉到声音在左、右两声道之间串动，像波浪飘动的感觉，有助于入睡、放松，甚至有助于思考，能够产生神奇的效果。

（6）淡入和淡出：该效果是指声音的渐强（从无到有，由弱到强）和渐弱（相反过程），通常用于两个声音素材的交替、切换，产生渐近、渐远的音响效果。其操作方法为：执行菜单命令"效果"→"振幅压限"→"振幅/淡化"，打开"振幅/淡化"对话框，在"预设"中选择"淡入"或"淡出"，再单击"确定"按钮即可。

5. 噪音处理

当录音环境和录音设备不佳时，就要对录下来的音频文件进行噪音处理。一般用 Adobe Audition 3.0 自带的降噪器进行采样降噪。其主要步骤如下。

（1）选择噪音样本。这是最关键的一步，降噪质量的好坏取决于此。通常选择噪音区内波形最平稳且最长的一段。

（2）设置参数。执行菜单命令"效果"→"修复"→"降噪器"，将出现图 3-16 所示的"降噪器"对话框。设置相关参数。注意某些参数的取值。

（3）选择好以上参数后，单击"降噪器"对话框右上角的"获取特性"按钮，获得噪音的特征信息。然后单击"降噪器"对话框中的"波形全选"按钮，可以看到时间轴上整个波形被选中。单击"降噪器"对话框中的"试听"按钮，根据试听的效果调整"降噪级别"。单击"预览"按钮试听降噪效果。然后试着更改一些参数，以达到最满意的听觉效果。

（4）保存。设置文件名并将文件存盘（FFT 文件），以备下次在同样的环境下录

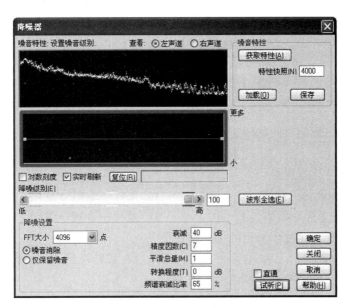

图 3-16 "降噪器"对话框

音时用。退出当前界面返回主界面后,从波形图上可以看出降噪情况。如果某些部分还有些噪音,可以再对噪音(降噪后的噪音)重新取样,重复上述过程,但某些降噪参数需要修改。

3.6 本章小结

本章主要介绍了与音频信号有关的基本概念、硬件设备及其应用软件,包括音频信号的分类及其特点、音频信号数字化过程、音频卡简介、音频信号的压缩与编码标准、数字音频的获取、语音识别技术等内容。

音频是指频率在 20Hz～20kHz 范围内可被人耳识别的声音。多媒体中的声音主要包括数字音频和 MIDI 音乐两种类型。声音信号的基本处理包括采样、量化、编码压缩、编辑、存储、传输、解码、播放等环节。

音频接口卡是实现音频信号数字化和音频输出(语音合成)的硬件设备。它能实现音频信号的 A/D、D/A 转换,同时也能和 MIDI 设备通信,实现 MIDI 的制作和播放(音乐合成)。

数字音频编辑处理包括音频内容、格式、效果等方面的处理。内容处理通过拼接、合并、剪辑完成;格式处理主要指不同声音文件之间的相互转换;效果处理的内容很丰富,如淡入、淡出、混响、去噪等。

在 MIDI 文件中保存的是用 MIDI 消息所表示的乐谱,播放时要通过声卡中相应的合成器才会发出美妙的乐音。所以,MIDI 音乐的音质与设备相关。

思考与练习

一、单选题

1. 声波重复出现的时间间隔是（　　）。
   A. 频率　　　　　　B. 周期　　　　　　C. 振幅　　　　　　D. 带宽

2. 声音的数字化过程是（　　）。
   A. 采样→量化→编码　　　　　　　　B. 采样→编码→量化
   C. 量化→采样→编码　　　　　　　　D. 量化→合成→编码

3. 音频采样和量化过程所用的主要硬件是（　　）。
   A. 数字编码器　　　B. 数字解码器　　　C. 模/数转换器　　D. 数/模转换器

4. 人耳可以听到的声音频率范围大约为（　　）。
   A. 20Hz～20kHz　　　　　　　　　　B. 200Hz～15kHz
   C. 80Hz～44.1kHz　　　　　　　　　D. 800Hz～88.2kHz

5. 通用的音频采样频率有 3 种，以下（　　）不是通用的音频采样频率。
   A. 22.05kHz　　　B. 20.5kHz　　　C. 11.025kHz　　　D. 44.1kHz

6. 以下数字音频文件中数据量最小的是（　　）。
   A. MIDI　　　　　　B. MP3　　　　　　C. WAV　　　　　　D. WMA

7. 音频信号无失真的压缩编码是（　　）。
   A. 波形编码　　　B. 参数编码　　　C. 混合编码　　　D. 熵编码

8. 高保真立体声音频压缩标准是（　　）。
   A. G7.22　　　　　B. G.711　　　　　C. G.728　　　　　D. MPEG

二、填空题

1. 声音包含 3 个要素：_____、_____ 和 _____。

2. 声音的质量按与它所占用的频带宽度可以分为 4 级，分别是_____、_____、_____ 和 _____。

3. 声音的信噪比为_____。

4. 衡量数字音频的主要指标包括_____、_____ 和 _____ 3 部分。

5. MIDI 音乐制作系统通常由_____、_____ 和 _____ 3 个基本部件组成。

三、简答题

1. 音频文件的质量和数据量与哪些因数有关？

2. 某一段声音信号的采样频率为 44.1kHz、量化位数为 8bit、立体声、录音时间为 20s，其文件有多大？

第4章

数字图像处理技术

学习目标

(1) 掌握数字图像技术的概念及基本原理。

(2) 理解色彩原理及色彩模型。

(3) 掌握数字图像文件的格式。

(4) 掌握 Photoshop 图像处理的基本技术与方法。

(5) 能应用 Photoshop 软件编辑数字图像。

图像是客观世界的一种相似性的、生动性的描述或写真,是由人的视觉来感知的。随着计算机多媒体技术的发展,人们已经可以使用计算机进行图像处理。图像处理技术主要包括将图像信号转换成数字格式并进行压缩与存储、图像输出、图像分析以及图像编辑处理等。

4.1 图像技术基础

4.1.1 图像的颜色构成

图像作品是由人的视觉来感知的。通过人眼感知到的最多的就是图像作品的轮廓和色彩。人眼对轮廓的感知是通过与真实环境中物体的比较实现的。而人眼对作品色彩的感知有着特殊的敏感性,因此色彩所产生的美感魅力往往更为直接。

色彩是很微妙的东西。它们本身的独特表现力可以激发出人们大脑中对以某种形式存在的物体的共鸣,唤起各种不同的情感联想,展现出对生活的看法与态度,扩大创作的想象空间。

1. 色彩基础

色彩是通过光被人的视觉系统所感知的。感知的颜色是由光波的波长所决定的。可见光波波长在 $0.38 \sim 0.76 \mu m$ 之间,波长从小到大依次对应的光谱颜色分别是紫、蓝、青、绿、黄、橙、红。本身不发光的物体,都会或多或少地吸收投于其上的光,也都会或多或少地反射投于其上的光。不发光物体的颜色取决于这个物体对可见光进行选择性的吸收和反射后的结果。

纯颜色通常使用光的波长来定义,其波长定义的颜色称作光谱色。自然界中的大多数光都不是单一波长的纯色光,而是由许多不同波长的光混合而成的。为了寻找规律,人们抽出纯粹色知觉的要素,认为色彩的基本要素是色相、亮度和饱和度,这也就是色彩的3个属性。人眼看到的任一彩色光都是这3个属性的综合效果。

色相(Hue):色彩最基本的属性,指一种颜色区别于其他颜色的最基本和最显著的特征。它反映了颜色的种类。光谱中每一种颜色都是一种色相,是相对连续变化的。

亮度(Brightness):人眼对明暗程度的感觉。亮度与光的能量成比例,它是单位面积上所接收的光强,通常以百分比量度。其中0%为暗,100%为亮。

饱和度(Saturation):指色彩的纯净程度,由单色光中掺入的白光量的相对大小决定。单色光的色饱和度为100%。饱和度越高说明颜色越纯,加入白光后其饱和度会下降。对于颜色而言,纯度变化有两个趋势:纯度增加,亮度增加;纯度降低,颜色变暗。

2. 图像的颜色模式

(1)位图模式。位图模式其实就是黑白模式。每个像素的颜色值仅占1b,只能用黑色和白色来表示图像。只有灰度模式可以转换为位图模式。所以,一般的彩色图像需要先转换为灰度模式才能接着转换为位图模式。

(2)灰度模式。灰度模式可以表现从黑到白整个系列的灰色色调。在灰度模式中,每个像素需要8b的空间来记录它的颜色值。8b的颜色值可以产生 $2^8=256$ 级灰度(0表示黑色,255表示白色),即每个像素有一个在 $0\sim255$ 之间的灰度值。

(3)索引模式。索引模式使用256种颜色来表示图像。当一幅RGB或CMYK的图像转化为索引模式时,将建立一个256色的色表来存储此图像所用到的颜色。因此,索引模式的图像所占存储空间较小,但是图像质量也不高,适用于多媒体动画和网页图像制作。

(4)RGB颜色模式。RGB颜色模式是以红、绿、蓝3种颜色作为原色的色彩模式。RGB颜色模式产生颜色的方法为加色法。没有光时为黑色,加入R、G、B色光并以各种不同的相对强度综合起来产生颜色,当三基色的光强都达到最大时就产生了白色。

(5)CMYK颜色模式。CMYK颜色模式是针对印刷而设计的一种颜色模式。它是以红、绿、蓝三色的补色青、品红、黄为原色。CMYK模式为减色法。黄墨水从白光中减去蓝色,反射出红色和绿色,这就是为什么它看起来是黄色的原因。C、M、Y油墨相互叠加后减去所有的光线产生黑色,反之为白色。通常,由于油墨的纯度问题,使得C、M、Y混合而成的是深褐色而不是真正的黑色,因此额外增加了一个黑色墨水。当计算三色混合中为黑色的部分时,从颜色比例中去除深褐色,用真正的黑色加回来。CMYK颜色模式不可能像RGB颜色模式那样产生出高亮的颜色。

(6)Lab颜色模式。Lab颜色模式是通过a、b两个色调参数和一个光强度来控制色彩的。a、b两个色调可以通过 $-128\sim128$ 之间的数值变化来调整色相。其中,a色调为由绿到红的光谱变化,b色调为由蓝到黄的光谱变化。光强度可以在 $0\sim100$ 范围内调节。当RGB和CMYK两种模式互换时,需要先转换为Lab颜色模式,这样才能减少转换过程中的损耗。

（7）HSB 颜色模式。HSB 模式使用色彩的基本要素色相、亮度和饱和度。只有在色彩编辑时才可以看到这种颜色模式。

4.1.2 图像的分类

在计算机中，表达所生成的图像可以有两种常用的方法：一种是矢量图；另一种是位图，即点阵图。

1. 位图

位图是连续色调图像最常用的电子媒介。像素是构成位图的最小单元。图像被分成若干个像素，每个像素都有其特定的位置信息和颜色信息。许许多多的像素组合在一起，便构成了一幅图像。

位图具有以下特点。

（1）位图是以像素为基础建立的信息体，反映对象的外貌，适合表现具有精细的图像结构、丰富的灰度层次和广阔的颜色阶调的自然景象。

（2）位图的缩放会产生失真。放大位图时会产生锯齿效果。此时可以看见构成图像的单个元素。

（3）位图文件占据的存储空间比较大。位图文件存储的是图像各个像素的位置和颜色信息，像素密度越大、颜色阶调越丰富，则图像越清晰，相应的存储容量也就越大。

（4）显示速度快。

位图的获取通常依靠扫描仪、数码照相机和摄像机等设备。把图像信号变成数字图像数据，也可以通过设计软件生成。

2. 矢量图

在计算机图形软件中，矢量图是用一系列计算机指令来描述和记录的图像。可以将一幅图分解为一系列由点、线、面组成的子图。计算机指令用来描述对象的位置、维数、大小、形状、颜色等特征参数。矢量图具有以下特点。

（1）矢量图是以造型特征及其相关参数为基础建立的信息体，描述了对象的形体特征，主要用于图画、美术字、工程制图等，难以表现色彩层次丰富的逼真图像效果。

（2）可按照其造型数学模型生成任意精细程度的图像，进行缩放或旋转不会引起失真。

（3）文件数据量小。矢量图是对各种图像进行模型化，然后使用计算机指令集合来描述图像的，因此矢量图文件数据量一般较小。

（4）不易描述复杂图。当图像很复杂时，计算机需要花费很长的时间去执行绘图指令，这样才能够把图像显示出来。

常用的矢量图软件有 AutoCAD、CorelDraw、Illustrator 和 FreeHand 等。其中，AutoCAD 特别适合绘制机械图和电路图等；CorelDraw、Illustrator 和 FreeHand 用于插

画创作。

矢量图和位图之间可以用软件进行转换。由矢量图转换成位图时采用光栅化（rasterizing）技术，这种转换相对容易；由位图转换成矢量图时采用跟踪（tracing）技术，这种技术理论上来说很容易，但实际当中很难实现，对复杂的彩色图像尤其如此。

4.1.3　图像的基本属性

位图是由像素构成的，像素的密度和像素的颜色信息直接影响图像的质量。描述一幅图像需要使用图像的属性。图像的属性包括分辨率、像素深度、真/伪彩色等。

1. 分辨率

常见的分辨率主要有图像分辨率、显示分辨率和打印分辨率。

（1）图像分辨率。数字图像是由一定数量的像素构成的。图像分辨率是指组成一幅图像的像素密度，即每英寸上的像素数，用 PPI（Pixle Per Inch）表示。对于同样大小的一幅图，数字化图像时图像的分辨率越高，组成该图像的像素数目越多，图像细节越清晰。相反，则图像显得越粗糙。不同分辨率的图像效果如图 4-1 所示。

图 4-1　不同分辨率的图像比较

（2）显示分辨率。显示分辨率是指显示屏上能够显示出的像素数目。例如，显示分辨率为 1024×768 表示显示屏分成 768 行（垂直分辨率），每行（水平分辨率）显示 1024 个像素，整个显示屏就含有 78 643 个显像点。

屏幕能够显示的像素越多，说明显示设备的分辨率越高，显示的图像质量也就越高。在同样尺寸的显示屏上，显示分辨率越高，显示图像越精细，但画面会越小。

（3）打印分辨率。打印分辨率是每英寸打印纸上可以打印出的墨点数量，用 DPI（Dot Per Inch）表示。打印设备的分辨率在 360dpi～2400dpi 之间。分辨率越大，表明图像输出的墨点越小（墨点的大小只同打印机的硬件工艺有关，与要输出图像的分辨率无关），输出的图像效果就越精细。

2. 像素深度

像素深度也称颜色深度，是指存储每个像素的色彩（或灰度）所用的二进制位数。像素深度决定彩色图像可以使用的最多颜色数目,或者确定灰度图像的灰度级数。较大的像素深度意味着数字图像具有较多的可用颜色和较精确的颜色表示。例如,一幅RGB模式的彩色图像,每个R、G、B分量用8bit,也就是说像素的深度为24,每个像素可以是$2^{24}=16\ 777\ 216$种颜色中的一种。不同像素深度的灰度图像效果如图4-2所示。

1bit黑和白   2bit 2^2=4级灰度   8bit 2^8=256级灰度

图 4-2　不同像素深度的图像比较

3. 真彩色、伪彩色与直接色

辨别真彩色、伪彩色与直接色的含义,对于编写图像显示程序、理解图像文件的存储格式有直接的指导意义。掌握真彩色、伪彩色与直接色的含义,就不会对类似于下面这样的现象感到困惑了:本来是用真彩色表示的图像,但在VGA显示器上显示的图像颜色却不是原来图像的颜色。

(1) 真彩色(true color)。真彩色是指在组成一幅彩色图像的每个像素值中,有R、G、B 3个基色分量,每个基色分量直接决定了显示设备的基色强度,这样产生的彩色称为真彩色。例如用RGB(5∶5∶5)表示的彩色图像,R、G、B各用5bit,用R、G、B分量大小的值直接确定3个基色的强度,这样得到的彩色是真实的原图彩色。

在许多场合,真彩色图通常是指RGB(8∶8∶8),即图像的颜色数等于2^{24},常称之为全彩色(full color)图像。显示器上显示的颜色就不一定是真彩色。要得到真彩色图像需要有真彩色显示适配器,目前PC上用的VGA适配器是很难得到真彩色图像的。

(2) 伪彩色(pseudo color)。伪彩色图像的含义是,每个像素的颜色不是由每个基色分量的数值直接决定的,而是把像素值当作彩色查找表(color lookup table)的表项入口地址,去查找一个显示图像时使用的R、G、B强度值。用查找出的R、G、B强度值产生的彩色称为伪彩色。

由于伪彩色图像中保存的不是各个像素的彩色信息,而是具有代表性的颜色编号,每一编号对应一种颜色,图像的数据量就会因此而减少。这对彩色图像的传播非常有利。

(3) 直接色(direct color)。每个像素值分成R、G、B分量,每个分量作为单独的索引值对它做变换。这种通过相应的彩色变换表找出基色强度,用变换后得到的R、G、B强度值产生的彩色称为直接色。它的特点是可以对每个基色进行变换。

4.2　数字化图像

如同自然界中的声音信号是基于时间的连续函数,在现实世界中,照片、画报、图纸等图像信号在空间和灰度或颜色上也都是连续的函数。要在计算机中处理图像,必须先将其进行数字化转换,然后再用计算机进行分析处理。

图像的数字化过程分为采样、量化与编码 3 个步骤。

4.2.1　采样

图像在二维空间上的离散化称为采样。图像经过采样后的离散点称为样点(像素)。采样的实质就是用若干点来描述一幅图像。简单来讲,就是将空间上连续的图像在水平方向和垂直方向上等间距地分割成矩形网状结构,这样,一幅图像就被采样成有限个像素点所构成的集合,所形成的微小方格称为像素点。比如,一幅 640×480 的图像,就表示这幅图像是由 307 200 个像素点所组成的。

在采样时,采样点间隔大小的选取很重要,它决定了采样后的图像是否能真实地反映原图像。采样的密度决定了图像的分辨率。一般来说,原图像中的画面越复杂、色彩越丰富,采样间隔就应该越小,采样的点数就越多,图像质量就越好。不同分辨率与图像质量的比较参见 4.1.3 节中的图 4-1。

4.2.2　量化

把图像采样后所得到的各像素的灰度或色彩值离散化,称为图像的量化。通常用 L 位二进制数描述灰度或色彩值,量化级数为 2^L。一般可采用 8bit、16bit 或 24bit 量化位数,较高的量化位数意味着像素具有较多的可用颜色和较精确的颜色表示,越能真实地反映原有图像的颜色,但得到的数字图像的容量也越大。不同量化位数与图像质量的比较参见 4.1.3 节中的图 4-2。

例如,有一幅灰度照片,它在水平与垂直方向上都是连续的。通过沿水平和垂直方向的等间隔采样可得到一个 $M×N$ 的离散样本。每个样本点的取值代表该像素的灰度(亮度)。对灰度进行量化,使其取值变为有限个可能值。经过这样的采样和量化得到的图像称为数字图像。只要水平与垂直方向采样点数足够多,量化位数足够大,那数字图像的质量与原始图像相比就毫不逊色。

采样数量和量化位数两者的基本问题都是图像视觉效果与存储空间的取舍问题。

数字化后的位图可用如下信息矩阵来描述,其元素为像素的灰度或颜色。

$$f(i,j) = \begin{bmatrix} f(0,0) & f(0,1) & \cdots & f(0,n-1) \\ f(1,0) & f(1,1) & \cdots & f(1,n-1) \\ \vdots & \vdots & & \vdots \\ f(m-1,0) & f(m-1,1) & \cdots & f(m-1,n-1) \end{bmatrix}$$

4.2.3 压缩编码

编码的作用有两个：一是采用一定的格式来记录数字图像数据；二是由于数字化后得到的图像数据量巨大，必须采用一定的编码技术来压缩数据，以减少存储空间，提高图像传输效率。

数字图像的压缩基于两点。其一，图像数据中存在着数据冗余。比如，图像相邻各采样点的色彩往往存在着空间连贯性，基于离散像素采样来表示像素颜色的方式通常没有利用这种空间连贯性，从而产生了空间冗余。其二，人的视觉不敏感。如，人眼存在"视觉掩盖效应"，即人对亮度比较敏感，而对边缘的急剧变化不敏感，并且对彩色细节的分辨能力远比亮度细节的分辨能力低。在记录原始的图像数据时，通常假定视觉系统是线性的和均匀的，对视觉敏感和不敏感的部分同等对待，从而产生比理想编码（即把视觉敏感和不敏感的部分区分开来编码）更多的数据。

目前，已有许多成熟的编码算法应用于图像压缩。常见的图像编码有行程编码、赫夫曼编码、LZW 编码、预测编码、变换编码、小波编码、人工神经网络等。

20 世纪 90 年代后，国际电信联盟（ITU）、国际标准化组织 ISO 和国际电工委员会 IEC 已经制定并正在继续制定一系列静止和活动图像编码的国际标准，现已批准的标准主要有 JPEG 标准、MPEG 标准、H.261 等。这些标准和建议是在相应领域工作的各国专家合作研究的成果和经验的总结。这些国际标准的出现使得图像编码，尤其是视频图像编码压缩技术得到了飞速发展。目前，按照这些标准做的硬件、软件产品和专用集成电路已经在市场上大量涌现（如图像扫描仪、数码照相机、数码摄像机等）。这对现代图像通信的迅速发展以及图像编码新应用领域的开拓发挥了重要作用。

4.3 数字图像文件格式

图像的保存与传送以文件的形式进行。由于编码算法不同，导致数据存放格式也有所不同。下面介绍一些流行的图像文件格式。

4.3.1 常见的位图文件格式

1. GIF 格式

图形交换格式（Graphic Interchange Format，GIF）是 CompuServe 公司在 1987 年开

发的。文件以 gif 为扩展名。GIF 格式能够使许多不同的输入、输出设备方便地交换图像数据,在因特网和其他在线服务系统上得到了广泛应用。

GIF 格式最多只支持包含 256 种颜色的图像,并支持图像透明像素。

GIF 允许图像进行交错处理。采用隔行存放的 GIF 图像,在图像显示的时候隔行显示图像的数据。在因特网上显示一个尺寸较大的图像时,交错处理的方法是分成 4 遍来扫描的。该方法每隔八行显示一次数据,并会逐渐填补其间的空隙。首先将看到整幅图像的概貌,然后图像逐渐显示清晰,感觉上其显示速度要比其他图像快。

GIF 格式的 GIF89a 版本通过图形控制扩展(Graphics Control Extension)块来支持简单的动画。其特点是在一个 GIF 文件中可以存储多幅图像,并且能以默认的顺序显示这些图像,形成连续播放的动画效果。

2. JPEG 格式

JPEG 文件以 jpg 为扩展名。JPEG 是一个通用的图像压缩标准,该标准由国际电报电话咨询委员会(CCITT)和国际标准化组织(ISO)联合组成的一个工作组制定,该工作组被称为联合图像专家组(Joint Photographic Experts Group),JPEG 因此得名。该专家组制定了第一个压缩静态数字图像的国际标准,其标准名为“连续色调静态图像的数字压缩和编码”。

JPEG 利用人眼的一些特定的局限性,获得了很高的压缩率。它主要用于存储颜色变化的信息,特别是亮度的变化。对于人物照片和表达细节十分丰富的自然景物的连续色调图像,使用 JPEG 格式能够收到非常好的效果。

JPEG 具有调节图像质量的功能,允许用户设定需要的图像质量等级。若选择低质量,则压缩比率很大,文件数据占用的存储空间最小。

JPEG 文件应用非常广泛,特别是在网络和光盘读物上,都能找到它的身影。

3. PNG 格式

PNG 是 Portable Graphics Network 的缩写,是专门为 Web 制定的标准图片格式。文件以 png 为扩展名。PNG 格式将保留图像中所有的颜色信息和 Alpha 通道。PNG 格式支持透明效果,可以为图像定义 256 个透明层次,使得彩色图像的边缘能与任何背景平滑地融合,从而消除锯齿边缘。与 GIF 格式不同的是,PNG 格式并不仅限于 256 色,它同时提供 24 位和 48 位真彩色图像支持。PNG 能够提供比 GIF 小 30% 的无损压缩图像文件。

4. TIFF 格式

TIFF(Tag Image File Format,有标签的图像文件格式)是 Aldus 公司开发的一种灵活的位图格式。文件以 tif 或 tiff 为扩展名。TIFF 格式可以制作质量非常高的图像,因而经常用于出版印刷。

TIFF 格式的特点是:支持 CMYK、RGB、Lab、索引颜色和灰度图像等多种图像模式;支持 Alpha 通道;Photoshop 可以在 TIFF 文件中存储图层;是一个跨平台的图像文件格式,可在应用程序和计算机平台之间交换文件;TIFF 文件可以是不压缩的,此时文件体积较大,也可以是压缩的,支持多种压缩方式。

5. BMP 格式

BMP(Windows Bitmap)是 Windows 系统下的标准图像格式。文件以 bmp 为扩展名。它为 Windows 应用程序所支持。这种格式的特点是,包含的图像信息较丰富,几乎不进行压缩,文件所占用的空间很大。

6. PICT 格式

PICT 格式在 Macintosh 计算机的图形应用程序和排版程序中使用很广泛。它是在应用程序间转换文件的中间格式。如果要将图像保存成一种能够在 Mac 系统上打开的格式,选择 PICT 格式要比 JPEG 格式好,因为它打开的速度更快。

7. PSD 格式

这是 Photoshop 图像处理软件的专用文件格式,文件扩展名是 psd,可以支持图层、通道、蒙版和不同颜色模式的各种图像,是一种非压缩的文件保存格式。PSD 文件有时容量会很大,但由于可以保留所有原始信息以及编辑信息,在图像编辑处理中选用 PSD 格式保存是最佳的选择。

4.3.2 常见的矢量图文件格式

1. WMF 格式

WMF 是 Windows 系统中常见的一种图元文件格式。它具有文件短小、图案造型化的特点。整个图形常由各个独立的组成部分拼接而成,但其图形往往较为粗糙,所占的磁盘空间比其他任何格式的图形文件都要小得多,并且只能在 Microsoft Office 中调用编辑。

2. EMF 格式

EMF 是由 Microsoft 公司开发的 Windows 32 位扩展图元文件格式。其总体设计目标是弥补 WMF 文件格式的不足,使得图元文件更加易于使用。

3. EPS 格式

EPS 是 Encapsulated PostScript 的缩写,是跨平台的标准格式,扩展名在 Windows 平台上是 eps,在 Macintosh 平台上是 epsf,主要用于矢量图像和光栅图像的存储。几乎每个绘画程序都允许保存 EPS 文档,它为文件交换带来了很大的方便。

EPS 格式采用 PostScript 语言描述。PostScript 图形打印机上能打印出高品质的图像。

4. AI 格式

AI 文件是一种矢量图形文件,适用于 Adobe 公司的 Illustrator 软件的输出格式。AI 文件是一种分层文件,用户可以对图形内所存在的层进行操作,可在任何尺寸大小下按最高分辨率输出。

5. DXF 格式

DXF 是用于制图软件 AutoCAD 与其他软件之间进行 CAD 数据交换的文件格式,在表现图形的大小方面十分精确。它是以二进制格式保存的,分为 ASCII 格式和二进制格式。两种格式的区别在于占用空间大小不同。DXF 文件是由很多代码和值组成的,它指定其后的值的类型和用途。

4.4　图像处理软件 Photoshop

图像处理软件的主要作用是对图像进行运算、处理和重新编码,从而改变图像的视觉效果。

Photoshop 软件是 Adobe 公司推出的图像处理软件。Photoshop 功能强大、操作界面友好、图像处理所见即所得。Photoshop 的出现,将图像设计与处理推向了一个更高的艺术水准。Photoshop 得到了很多开发商的支持,也赢得了众多用户的青睐。

本章以 Photoshop CS6 为例,阐述图像文件操作、图像编辑合成、图像色彩调整与图像特效处理等 4 个方面内容。

4.4.1　Photoshop 编辑环境

Photoshop 软件界面主要由菜单栏、图像窗口、工具箱、工具选项栏、控制面板等组成,如图 4-3 所示。

1. 菜单栏

共有 11 个菜单,每个菜单包含一个命令列表。利用鼠标单击菜单或利用键盘按下 Alt+带下划线字母的快捷键,可打开相应的下拉菜单,然后可选择并执行其中的菜单命令。

2. 图像窗口

图像窗口是显示图像文件内容的区域。图像窗口的标题栏显示当前图像文件的名称、显示比例和颜色模式,状态栏中有显示比例和文档大小。

Photoshop 软件可以通过打开图像文件创建图像窗口,也可由用户自行创建。可以同时打开多个图像文件窗口,以层叠或平铺等方式显示它们。每个时刻只能有一个图像窗口被激活,接受用户的编辑操作。

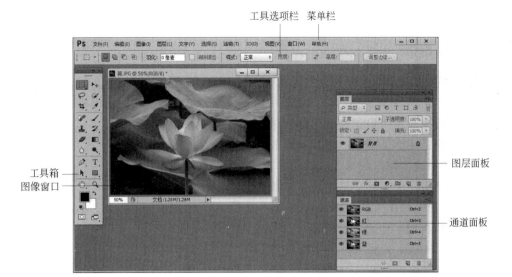

图 4-3　Photoshop 软件界面

3. 工具箱

Photoshop 工具箱如图 4-4 所示。工具箱中每一种工具都具有特定的用途。大体上可以将这些工具分为绘图工具、选区工具、图像编辑工具、填充工具、色彩控制工具、文字工具、观察工具 7 大类。

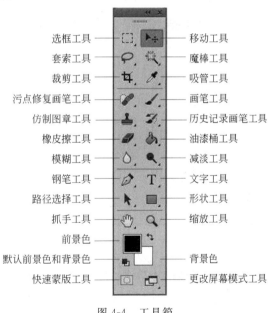

图 4-4　工具箱

4. 工具选项栏

工具选项栏通过设置参数来控制工具的工作状态。选用工具不同,工具选项栏的内容也随之发生改变。

5. 控制面板

"导航器"、"图层"、"通道"、"历史记录"等控制面板可以灵活的方式出现在Photoshop界面中,可以通过"窗口"菜单中的相应命令显示或关闭相应面板。

控制面板中显示当前正在操作的图像文件的有关信息,用户可通过这些控制面板中的操作,辅助进行图像编辑和修改工作。窗口的右上角有一个下三角形快捷菜单按钮,单击它可出现弹出式快捷菜单,其中包含了该控制面板的一些基本操作命令。另外,在某些控制面板下端还有一些快捷按钮。"历史记录"面板如图4-5所示。

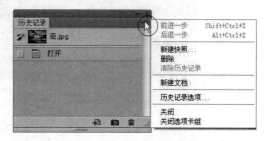

图4-5 "历史记录"面板

4.4.2 图像文件操作

1. 新建图像文件

启动 Photoshop 后,执行"文件"→"新建"命令,出现图4-6所示的"新建"对话框。需要设置图像的文件名、图像大小、分辨率、颜色模式、背景内容等信息。

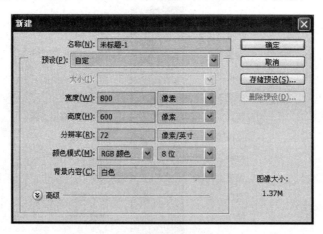

图4-6 "新建"对话框

"名称"文本框用于输入新建图像的文件名。"预设"下拉列表框中可以选择系统自定义的各种规格的新建文件大小尺寸。"宽度"文本框用于手动输入新建图像的宽度,在其右侧的下拉列表框中可以选择度量单位。"高度"文本框用于设置新建图像的高度,在其右侧的下拉列表框中可以选择度量单位。"分辨率"文本框用于设置新建图像的分辨率的大小。分辨率越高,图像品质越好,但图像文件的尺寸也越大。在其右侧的下拉列表框中可以选择单位为"像素/英寸"或者"像素/厘米"。"颜色模式"下拉列表框用于选择新建图像文件的颜色模式。若需创建彩色图像,一般用RGB模式。"背景内容"下拉列表框用于设置图像的背景颜色。其中有3个选项,"白色"选项表示图像的背景色为白色,"背景色"选项表示图像的背景颜色将使用当前的背景色,"透明"选项表示图像的背景透明(以灰白相间的网格显示,没有填充颜色)。"高级"选项组可用来设置新建文件的"颜色配置文件"和"像素长宽比",一般保持其默认设置即可。

全部设置完毕后,单击"确定"按钮,将在Photoshop中出现所建图像文件窗口。

2. 打开图像文件

在Photoshop中,执行"文件"→"打开"命令,在显示的"打开"对话框中选择一个图像文件,并单击"打开"按钮,该图像将被打开,Photoshop中将显示该图像窗口。

打开图像后,选择"图像"→"模式"命令,观察下拉菜单中带有"√"标识的菜单项,判断图像类型。如图4-7所示,说明打开的图像是RGB颜色模式,R、G、B 3个原色通道均采用8位表示。

确认图像的颜色模式和每个通道的位数非常重要。不同颜色模式和通道位数的图像在编辑时会受到某些限制,需要进行模式转换。

图4-7 图像文件的颜色模式

3. 复制图像文件

打开图像文件后执行"图像"→"复制"命令,可复制该图像文件作为副本,然后在副本上进行图像编辑操作而不直接在原图像文件上进行。

4. 存储图像文件

(1)存储新图像文件。对于新建图像文件,第一次存储时可选择"文件"→"存储为"命令,在打开的对话框中指定保存位置、保存文件名和文件类型。

(2)直接存储图像文件。打开已有的图像文件进行编辑时,如果只需将修改部分保存到原文件中并覆盖原文件,可以选择"文件"→"存储"命令。

这里要注意的是,在保存图像文件时,有多种文件格式可供选择,如图4-8所示。

图4-8 Photoshop中图像文件格式列表

（3）存储为 Web 格式。如需将图像存储为 Web 格式，则执行"文件"→"存储为 Web 所用格式"命令。

5. 关闭图像文件

执行"文件"→"关闭"命令，或单击需关闭图像窗口右上角的"关闭"按钮即可关闭当前图像文件窗口。

6. 恢复图像文件

在处理图像过程中，如果想恢复图像文件，可以执行"文件"→"恢复"命令。但是，执行该命令只能将图像效果恢复到最后一次保存时的状态。因此，在实际操作中常通过"历史记录"面板来恢复操作。

7. 置入图像文件

在 Photoshop 中可以通过"文件"→"置入"命令导入 AI 和 EPS 格式的矢量文件。

8. 批处理图像文件

若需对一批图像文件进行相同的编辑处理操作，可事先对一个图像文件的操作处理建立"动作"记录操作过程，然后执行"文件"→"自动"→"批处理"命令，在图 4-9 所示的对话框中进行设置。选择批处理的动作、需处理的文件、存储目标，命名文件，设置起始序列号等。确认操作后软件将自动一次处理多个文件。

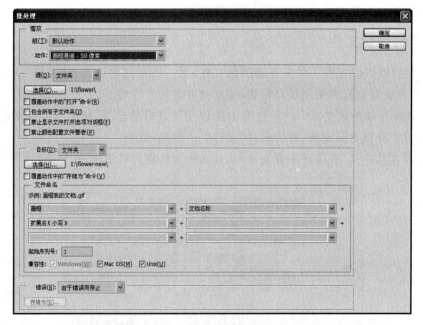

图 4-9 "批处理"对话框

4.4.3　图像基本编辑操作

本节从图像的选取、编辑选区、图像变换、移动/复制/删除图像 4 个方面来阐述图像基本编辑操作。

1．设置选区

在 Photoshop 中编辑图像时,进行图像编辑范围选取是一项重要的工作。不管是对图像进行各种编辑操作(图像变换、色彩调整、滤镜特效),还是进行图像合成中的复制、粘贴与删除等操作,设置选定区域范围之后才能有效地进行编辑。

如果对图像局部进行编辑,则需要设置编辑区域(称作选区)。当设置了某个选区后,区域边界会出现闪动的虚线框。虚线框包围的区域即为选定的区域,如图 4-10 所示。在这种状态下,所有编辑操作都只会影响选区内的图像。

设置和编辑选区的方法很多,比如,使用工具箱中的选区工具,使用"选择"菜单项,还可通过快速蒙版、图层、通道、"路径"面板等编辑选区。

以下介绍工具箱中的几何选框工具、套索工具、魔棒工具的使用。

1) 选框工具组

选框工具组用来选取规则的区域,如图 4-11 所示。

其操作方法很简单,打开一个图像,选择工具组中的一个选框工具,然后在图像上要创建选区的位置拖动鼠标左键,于是就创建出所选择的选区。

工具选项栏中的"样式"下拉列表框如图 4-12 所示。该选项只适用于矩形选框和椭圆选框工具,用于设置选区样式。其中有 3 个选项可供选择:"正常"选项是软件默认的选择方式,可以选择不同大小、形状的长方形和椭圆;"固定长宽比"选项用于设置选区宽度和高度之间的比例,默认值为 1∶1,此时可选择不同大小的正方形或圆;"固定大小"选项用于锁定选区大小,可以在"宽度"和"高度"文本框中输入具体的值,在图像窗口中单击即可获得由文本框中输入的数值决定的选取范围。

图 4-10　选区浮动

图 4-11　选框工具组

图 4-12　样式列表

这里需要指出的是,如果想绘制圆、正方形等,只需按住 Shift 键,同时拖动鼠标左键即可。按 Alt 键的同时拖动鼠标左键可以以光标落点为中心绘制矩形或者圆。

2）套索工具组

套索工具组用来选取不规则外围的图像区域。套索工具组包括的工具如图4-13所

图4-13 套索工具组

示。下面分别说明3种套索工具的使用方法。

（1）套索工具：可以选取不规则形状的区域。将鼠标指针移动到要选取图像的起始点，单击并按住鼠标左键不放，沿图像的轮廓移动鼠标，当回到图像的起点时释放鼠标，即可选取图像。

（2）多边形套索工具：适用于选取边界多为直线或边界曲折的复杂图形的选取。选择工具箱中的多边形套索工具，将鼠标指针移至图像窗口中要选取图像的边界位置上，单击鼠标左键，此时在光标处将显示一条表示选取位置的线条。沿着需要选取的图像区域移动鼠标，当拖动到转折处时在转折点处单击鼠标，作为多边形的一个顶点，然后继续拖动鼠标。选取完成后回到起点时，鼠标指针后出现一个小圆点，这时单击鼠标左键，闭合选取区域。

（3）磁性套索工具：可以自动捕捉图像中对比度较大的图像边界，从而快速、准确地选取图像的轮廓区域。

3）魔棒工具

魔棒工具可以选取图像中颜色相同或相似的图像区域。

使用方法为：单击需要选取图像区域中的任意一点，则附近与它颜色相同或相似的区域便会自动被选取。

在图4-14所示的"魔棒"工具栏中，"容差"文本框用于设置选取的颜色范围，输入的数值越小，选取的颜色就越近似，选取的范围就越小；数值越大，选取的颜色范围就越大。选中"消除锯齿"复选框用于消除选区边缘的锯齿。选中"连续"复选框表示只选取相邻的颜色区域，未选中时表示可将不相邻的区域也加入选区。当图像包含多个图层时，选中"对所有图层取样"复选框表示对图像中所有图层起作用，不选中时魔棒工具只对当前的图层起作用。

图4-14 "魔棒"工具栏

2. 编辑选区

1）羽化选区

通过羽化操作，可以使选区边缘的像素虚化，产生柔和过渡的边缘效果。

羽化选区的方法为：在创建选区后单击"选择"菜单，选择"羽化"命令，即可出现图4-15所示的对话框。在"羽化半径"文本框中输入羽化值，然后单击"确定"按钮即可。

选区及选区羽化后复制的图像效果如图4-16所示。

2）取消选择和重新选择

创建选区后选择"选择"→"取消选择"或按Ctrl＋D快捷键即可取消已选取的范围。

图4-15 "羽化选区"对话框

图 4-16　选区及选区羽化图像效果

取消选区后选择"选择"→"重新选择"或按 Ctrl＋Alt＋D 快捷键即可重新选取前面的图像。

3）反选选区

创建选区后选择"选择"→"反选"或按 Shift＋Ctrl＋I 快捷键即可以选取图像中除选区以外的其他图像区域。

4）增减选区

通过增减选区可以更为准确地控制选区的范围及形状。具体方法如下。

（1）利用快捷键来增减选区范围。在图像中创建一个选区后,按住 Shift 键不放,此时即可使用选框工具增加其他图像区域,同时在选框工具右下角会出现"＋"号,完成后释放鼠标即可。同时,如果新添加的选区与原选区有重叠的部分,将得到选区相加后的形状选区。按住 Alt 键不放,此时可使用选框工具在已有选区范围内减去其他图像区域。同时按住 Shift 和 Alt 键使用选框工具将得到选区相交后的形状选区。

（2）利用图 4-17 所示的"选框"工具栏中的按钮来增、减选区范围。

5）移动选区

选用任一选框工具且单击工具栏中的新选区按钮,将鼠标指针移至选区区域内,待鼠标指针变成箭头右下角有个小方块状态时按住鼠标左键不放,拖动至目标位置即可移动选区。在使用时也可以按住 Shift 键,这样可使选区在水平、垂直或者 45°斜线方向移动。另外,可使用键盘的上、下、左、右 4 个方向键移动选取范围,按一下可以移动一个像素点的距离。

6）扩展或收缩选区

扩展选区是指在原选区的基础上向外扩张,选的形状并没有改变。

扩展选区的方法为:单击"选择"菜单,选择"修改"子菜单中的"扩展"命令,就会打开图 4-18 所示的对话框。在"扩展量"文本框中输入 1～100 之间的整数即可。

新选区　添加到选区　从选区减去　与选区交叉

图 4-17　"选框"工具栏增、减选区按钮

图 4-18　"扩展选区"对话框

收缩选区同扩展选区的效果相反,方法类似,只需选择"修改"子菜单的"收缩"命令即可。

7) 变换选区

通过变换选区,可以改变选区的形状,包括缩放和旋转等。变换时只是对选区进行变换,选区内的图像将保持不变。方法如下:执行"选择"→"变换选区"命令,这时在选区的四周将出现一个带有控制点的变换框,然后就可以执行移动选区、调整选区大小及旋转选区操作。

8) 存储和载入选区

对于创建好的选区,如果需要多次使用,可以将其存储。保存后的选区存储在"通道"面板中。当再需使用该选区时将其载入到图像中即可。

存储选区的方法如下:执行"选择"→"存储选区"命令,即可打开"存储选区"对话框,如图 4-19 所示。其中,"文档"下拉列表框用于设置保存选区的目标图像文件,默认为当前图像。若选择"新建"选项,则会将其保存到新图像中。"通道"下拉列表框用于设置存储选区的通道,在其下拉列表中显示了所有的 Alpha 通道和"新建"选项。选择"新建"选项表示将新建一个通道用于放置选区。"名称"文本框用于输入要存储选区的新通道名称;"操作"选项组中的"新建通道"单选按钮表示为当前选区建立新的目标通道。其他选项表示将选区与通道中的选区进行运算。

图 4-19 "存储选区"对话框

载入选区的方法如下:载入选区时,执行"选择"→"载入选区"命令,即可出现图 4-20所示的"载入选区"对话框。其中,"通道"下拉列表框用于选择存储选区的通道名称;"操作"选项组用于控制载入的选区与图像中现有选区的运算方式。

3. 图像变换

在处理图像时,经常需要改变图像的几何尺寸,比如放大或缩小图像尺寸;有时需要改变图像的几何形状,比如把方形变为平行四边形、梯形或任意形状;或者还需要对图像进行任意角度的旋转或水平/垂直翻转。图 4-21 展示的是各种图像变换效果。

要对图像进行变换,可选择"编辑"→"变换"命令,然后在下拉菜单中对图像做如下操作。

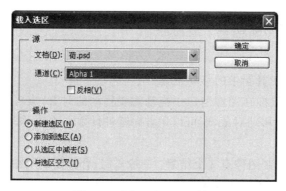

图 4-20 "载入选区"对话框

(a) 原图　　　　(b) 等比缩放　　　　(c) 旋转　　　　(d) 垂直翻转

(e) 平行四边形斜切　　　(f) 透视　　　　(g) 扭曲　　　　(h) 任意变形

图 4-21　各种图像变换效果

（1）缩放：用鼠标左键拖曳虚线框四周八个控制点，可实现缩放变形。如果按住 Shift 键的同时，用鼠标左键拖曳虚线框四角控制点，则可实现图像等比缩放。

（2）旋转：用鼠标左键拖曳虚线框，可实现任意角度的旋转变换。

（3）斜切：用鼠标左键拖曳虚线框四角控制点，可实现任意拉伸变形。如果用鼠标左键拖曳虚线框四边的中心控制点，则可形成平行四边形状。

（4）透视：用鼠标左键拖曳虚线框四角控制点，可实现梯形透视变形。

（5）扭曲：用鼠标左键拖曳虚线框四角控制点，可实现任意扭曲变形。如果用鼠标左键拖曳虚线框四边的中心控制点，则可形成平行四边形状。

（6）变形：在图像上划分成九格，用鼠标左键拖曳虚线框，控制四周及内部控制点，可实现任意变形。

执行"变换"命令时，在菜单栏下将出现图 4-22 所示的选项栏，可以直接输入相应数值进行图像变换。

图 4-22　"图像变换"选项栏

4. 移动/复制/删除图像

1）移动图像

移动图像时选择工具箱中的移动工具。

操作方法为：用鼠标在图像窗口中拖动需要移动的对象，也可按住 Shift 键在水平、垂直和 45°斜线方向上移动对象，还可以用方向键进行微小移动，每次可移动一个像素。

2）复制图像

在编辑图像中，复制图像有 3 个结果：一般复制、合并复制及粘贴。

一般复制是将一个图层或选区内的图像直接复制，不做其他任何特殊操作。主要有以下几种操作方法。

（1）选择工具箱中的移动工具，按住 Alt 键不放，用鼠标拖动要复制的图像到目标位置。

（2）选择移动工具，按住 Shift＋Alt 键不放，用鼠标拖动要复制的图像，在水平、垂直和 45 度角方向上复制图像。

（3）在建立了选区的对象上，选择"编辑"→"拷贝"命令或按 Ctrl＋C 快捷键，然后选择"编辑"→"粘贴"命令或按 Ctrl＋V 快捷键粘贴。

合并复制是将选区中所有图层的内容都加以复制，粘贴时会将其合并为一个图层。首先建立一个选区，然后选择"编辑"→"合并拷贝"命令或按 Shift＋Ctrl＋C 快捷键。

粘贴是将要粘贴的图像内容粘贴到一个选区之中，选区以内的部分将被显示，选区以外的部分将被隐藏。操作方法为：先复制要粘贴的图像，然后建立一个选区，再选择"编辑"→"粘贴"命令，即可将图像粘贴到选区内。

（4）在图层面板中，如果要复制某个图层中的图像，可以用鼠标将该图层拖动到创建新图层按钮上复制出一个图层，再用移动工具移动图像窗口中的图像到适当位置。

3）删除图像

选择"编辑"→"清除"命令、按 Delete 键或选择"编辑"→"剪切"命令，可以删除当前图层中选区内的图像内容。要注意的是，如果当前图层为背景图层，它将以背景色进行填充。

4.4.4　Photoshop 图层和效果

1. 图层概念

在 Photoshop 中，一幅图像往往是由多个图层组成的，画面内容可分布在不同图层上，并通过图层的堆叠来形成所需图像效果。

可以将图层看作一张张堆叠起来的透明纸，图层内容就画在这些透明纸上。如果一张透明纸上什么都没有，它就是完全透明的。当各透明纸上有图像时，自上而下俯视所有图层内容，从而形成图像的显示效果。

2."图层"面板

"图层"面板用于管理和编辑图层。在"图层"面板中,背景层位于最下方,上面依次是各个图层。每个图层左侧都有一个缩略图像。"图层"面板如图 4-23 所示。

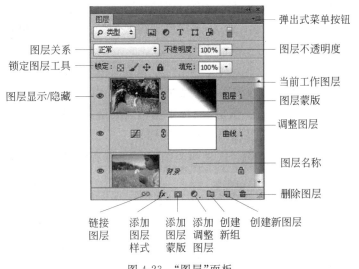

图 4-23 "图层"面板

3.图层基本操作

1)选择工作图层

若要对某个图层进行操作,必须将该层指定为当前工作图层。方法是:在"图层"面板中单击需要操作的图层,该图层高亮显示为蓝色时,表示该图层是当前编辑图层。

2)修改图层名称

在图层名称上双击,即可直接修改图层名称。

3)显示/隐藏图层

"图层"面板中各图层左侧的眼睛图标是否显示表示此层内容是显示还是隐藏,单击该图标可来回切换。

4)新建图层

(1)新建空图层:单击"图层"面板底部的"创建新图层"按钮,可在当前图层的上方添加一个新图层。也可利用"图层"→"新建图层"命令创建新图层。

(2)新建复制和剪切的图层:是指将选取的图像通过复制或剪切操作来创建新图层,新建的图层中将包括被复制或剪切的图像。方法如下:在当前图像窗口中选取图像后选择"图层"→"新建"→"通过拷贝的图层"命令或选择"通过剪切的图层"命令。

5)复制和删除图层

(1)复制图层是在"图层"面板中选择需要复制的图层,按住鼠标左键不放,将其拖动到面板底部的"创建新图层"按钮上,待鼠标指针变成小手后释放鼠标,就可以复制一个该图层的副本到原图层的上方。也可利用菜单命令"图层"→"复制图层"实现该操作。

（2）删除图层是在"图层"面板中选择需要删除的图层，单击面板底部的"删除"图层按钮即可。也可利用菜单中的删除图层命令。

6）改变图层堆叠顺序

在"图层"面板中，所有的图层都是按一定的顺序堆叠的。图层的堆叠顺序决定了图层的内容在图像窗口中的叠放次序。改变图层堆叠顺序的方法为：在"图层"面板中单击需要移动的图层，按住鼠标左键不放，将其拖曳到需要的图层位置，当出现一条双线时释放鼠标即可。

7）链接图层

对"图层"面板中链接成组的图层进行编辑时，可以同时进行移动等编辑操作。

设置链接图层的方法为：在"图层"面板中选中需要链接成组的一个图层，使其成为当前图层，然后按住 Ctrl 键，在其他需要链接的图层上单击，单击图层面板底部的"链接图层"按钮，使其出现链接图标 🔗，这说明当前图层与带有链接图标的图层已被链接成为一组。

图层被链接后，再次单击链接图标就可以取消链接。

8）合并图层

通过合并图层，可以将几个图层合并成一个图层，这样可以减小文件大小，或者更便于对这些图层进行编辑。操作方法如下：选择"图层"菜单进行相应操作，有 3 个命令可供选择。"向下合并"命令用于将当前图层与它下面的一个图层进行合并；"合并可见图层"命令用于将"图层"面板中所有显示的图层进行合并，而被隐藏的图层将不合并；"拼合图像"命令用于将图像窗口中的所有图层进行合并，并放弃图像中的隐藏图层。

另外，需要注意的是，存储为 Photoshop 的 PSD 格式可以保存图层、通道等信息，这样便于以后再编辑图像；存储为除 PSD、TIF 之外的文件格式时则将自动合并图层。

4. 图层不透明度

图层的不透明度决定了显示图层的程度。不透明度为 100％时，可使图层完全显示，不透明度为 0 则图层完全透明。Photoshop 默认图层的不透明度为 100％。当希望改变图层的不透明程度时，可在"图层"面板中的"不透明度"选项中设定透明度的数值。

5. 图层关系

图层关系是当前图层的像素与其相邻的下一图层像素的混合模式。Photoshop 的默认状态是图层之间没有特殊的混合效果，"图层关系"下拉列表框中显示"正常"。当希望改变图层之间的关系时，可以单击"图层"面板中的"图层关系"下拉列表框，随后显示出多种混合模式，从中选择一种混合模式，图像效果就会发生变化。

如图 4-24 所示，图层 1 内容为女孩冲浪画面，背景层内容为男孩冲浪画面，两图层画面大小相同。当图层混合为"正常"模式时，图像窗口中只显示图层 1 的内容，背景层被完全遮蔽；当选择其他模式时，图像效果就会发生变化，图 4-24 所示为"强光"模式的混合效果。

图层关系

图 4-24　图层混合模式及混合效果

6. 图层蒙版及其应用

图层蒙版浮在图层上,它不改变图层本身的任何内容。图层蒙版的作用是,根据蒙版中的颜色使其所在图层相应位置的图像产生透明效果。

图层蒙版用 8 位灰阶来影响其所在图层图像的显示状况。白色为 100% 不透明,黑色为完全透明(不透明度为 0%),而灰度值介于 0～255 之间时,则会产生不同的不透明度。

1) 创建图层蒙版

有两种方式可以为图层添加图层蒙版:使用"图层"→"添加图层蒙版"命令或使用"图层"面板底部的 ⬜ 按钮。

(1) 使用菜单为图层添加图层蒙版。

选择"图层"→"添加图层蒙版"命令,在弹出的子菜单中包含"显示全部"、"隐藏全部"、"显示选区"、"隐藏选区"4 个命令。

显示全部:该命令将创建一个全白的图层蒙版,显示图层的全部内容。

隐藏全部:该命令将创建一个全黑的图层蒙版,图层的内容会被全部隐藏。

显示选区:该命令将根据选区创建蒙版,选区内的图像会被显示出来,其他区域则被隐藏。

隐藏选区:该命令先将选区反转后再创建蒙版,其结果是隐藏选区内的图像,其余区域的图像则显示出来。

(2) 使用"图层"面板为图层添加图层蒙版。

显示全部:用鼠标单击"图层"面板底部的 ⬜ 按钮,即可为选定的图层添加一个"显示全部"的图层蒙版。在该图层的缩略图右侧会出现蒙版内容为白色的图标。

隐藏全部:按住 Alt 键的同时单击"添加图层蒙版"按钮,则可为选定的图层添加一个"隐藏全部"的图层蒙版。

显示选区:选定选区后,单击"添加图层蒙版"按钮,选区内的图像会被显示出来,选区以外的图像则被隐藏。

隐藏选区:选定选区后,按住 Alt 键的同时单击"添加图层蒙版"按钮,选区内的图像将被隐藏,选区以外的图像会被显示出来。

2）编辑图层蒙版

当一个图层添加了图层蒙版后,在图层缩略图的右侧就会出现蒙版内容的缩略图。"显示全部"的图层蒙版内容为全白色;"隐藏全部"的图层蒙版内容为全黑色;"显示选区"的图层蒙版内容为对应选区的位置是白色,其余为黑色。

当一个图层添加了图层蒙版后,可对其进行再编辑操作,这将直接作用于蒙版。在图层蒙版中增减白色/黑色区域以增减图层图像显示/隐藏范围,或以不同的灰色达到改变图层不透明度的效果。

为方便编辑图层蒙版,可以在按下 Alt 键的同时单击"图层"面板中的蒙版缩略图,Photoshop 将在图像窗口中显示蒙版的内容。

另外,单击"图层"面板中当前图层上的缩略图,缩略图左侧的蒙版图标将变成画笔图标。此时,编辑操作只修改图像的内容,不会修改蒙版。

3）停用和启用图层蒙版

图层和图层蒙版是关联的,关联标志出现在图层缩略图与图层蒙版之间。按住 Shift 键,单击图层蒙版,或执行"图层"→"停用图层蒙版"命令可暂时关闭图层蒙版的应用。再次按住 Shift 键,单击图层蒙版,或执行"图层"→"启用图层蒙版"命令,可以启用图层蒙版。

4）图层蒙版应用

下面介绍使用图层蒙版合成图像的实例。实例素材及合成图像如图 4-25 所示。

(a) 素材1　　　　　　　　　(b) 素材2　　　　　　　　(c) 图像合成效果

图 4-25　图像素材与图层蒙板合成图像

操作步骤如下。

（1）打开素材 1 和素材 2 图像文件。

（2）激活素材 2 图像窗口,选择"选择"→"全选"命令,然后执行"图像"→"复制"命令。

（3）激活素材 1 图像窗口,执行"图像"→"粘贴"命令,粘贴来自剪贴板中的图像到当前窗口。"图层"面板显示如图 4-26 所示。

（4）单击图层 1,选取图层 1 为当前工作图层。

（5）单击"图层"面板底部的"添加图层蒙版"按钮,为图层 1 创建白色蒙版。

（6）选取渐变填充工具,设置黑白线性渐变。

图 4-26　粘贴图像后的"图层"面板

（7）使用渐变填充工具在蒙版中从右上角向左下角拖拉进行填充。

（8）观察图像窗口，图层1图像从右上角向左下角由完全隐藏逐渐过渡到完全显示，与背景图像相互融合在一起。图4-27所示为图层蒙版与图像合成效果。

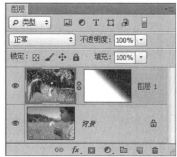

图4-27　图层蒙版与图像合成效果

（9）选择画笔工具，将不透明度设置为30%左右，颜色为黑灰色。

（10）在图层蒙版中图像头部以上区域涂抹，使合成图像更自然地衔接在一起，如图4-28所示。

图4-28　图层蒙版及应用效果

7. 图层样式

利用"图层样式"功能，可以简单快捷地制作出图层图像各种立体投影、各种质感以及光影效果。Photoshop内置了10种样式，样式的选项非常丰富，通过不同选项及参数的搭配，可以创作出变化多样的图像效果。

图4-29所示是为五环图像设置投影样式的参数，等高线类型分别为"线性/锥状"，产生的图像样式效果如图4-30所示。

4.4.5　Photoshop 通道

在Photoshop中，通道不仅用于存储图像的颜色信息，还可用来存储选区（Alpha通道）。利用"通道"面板可以创建、复制、删除通道，以及从通道中取出选区、将选区存入通道。

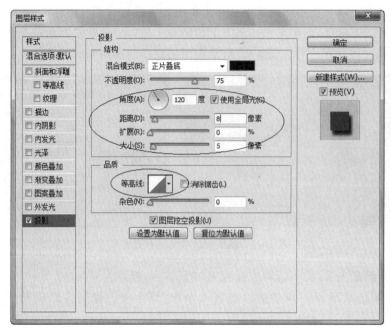

图 4-29　图层样式参数设置

(a) 投影样式,等高线类型为线性　　　　(b) 投影样式,等高线类型为锥状

图 4-30　图层样式应用效果

1. 认识"通道"面板

在 Photoshop 中,打开一幅图像后,会根据该图像的颜色建立相应的颜色通道。选择"窗口"→"通道"命令,打开"通道"面板,如图 4-31 所示。

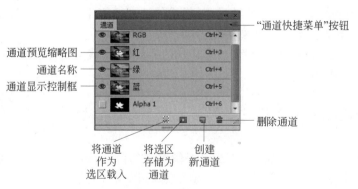

图 4-31　"通道"面板

（1）通道预览缩略图：用于显示该通道的预览缩略图。单击右上角的"通道快捷菜单"按钮，在弹出的快捷菜单中选择"调板选项"命令，在打开的对话框中可以调整预览缩略图的大小。如果选中"无"单选按钮，则在"通道"面板中将不会显示通道预览缩略图。

（2）通道显示控制框：用来控制该通道在图像窗口中的显示状态。要隐藏某个通道，只需单击该通道对应的眼睛图标，让眼睛图标消失即可。在 RGB、CMYK、Lab 图像模式的"通道"面板中，如果单击其最上面的复合通道，其下面的各个颜色通道将自动显示；若隐藏颜色通道中的任何一个通道，则合成通道将自动隐藏。

（3）通道名称：显示对应通道的名称。通过按名称后面的快捷键，可以快速切换到相应的通道。

（4）"将通道作为选区载入"按钮：单击该按钮，可将当前通道信息转化为选区。该按钮与"选择"菜单中的"载入选区"命令作用相同。

（5）"将选区存储为通道"按钮：单击该按钮，可以为当前选区建立一个 Alpha 通道来存储该选区。该按钮与"选择"→"保存选区"命令作用相同。

（6）"创建新通道"按钮：单击该按钮可新建一个 Alpha 通道。

（7）"删除通道"按钮：单击该按钮可以删除当前选择的通道。

（8）"通道快捷菜单"按钮：单击面板右上角的下三角按钮，将弹出一个快捷菜单，用来执行与通道有关的各种操作。

2．颜色通道

颜色通道用来存储图像的颜色信息。不同颜色模式的图像，其颜色通道也不相同。

对于 RGB 模式的图像，其颜色通道包括 RGB 复合通道以及 R、G、B 单色通道。查看一个单色通道时，其明暗程度表示该颜色光的强弱。

对于 CMYK 模式的图像，其颜色通道由 CMYK 复合通道以及青色、洋红色、黄色和黑色通道组成。

Lab 模式的图像在 Photoshop 中采用 Lab 通道、两个颜色极性通道和一个明度通道。其中，a 通道为绿色到红色之间的颜色，b 通道为蓝色到黄色之间的颜色，明度通道为整个画面的明暗强度。

3．Alpha 通道

Alpha 通道是为保存选择区域而专门设计的通道。在生成一个图像文件时，不一定会产生 Alpha 通道。通常，它是在图像处理过程中人为生成的，可以从中读取选择区域的信息。也可以在"通道"面板中编辑选区。

Alpha 通道中白色区域为选择区域，黑色区域为非选择区域。

当需要在图像中载入当前通道中存储的选区时，单击面板底部的"将通道作为选区载入"按钮，或执行"选择"菜单中的"载入选区"命令即可。

4.4.6 图像色彩调整

色彩调整在图像的修饰中是非常重要的一项内容。它包括对图像色调进行调节、改变图像的影调等。"图像"菜单中"调整"子菜单中的命令都是用来进行色彩调整的。常用的色彩调整命令概述如下。

"亮度/对比度"命令：用于概略地调节图像的亮度和对比度。

"色阶""曲线"命令：主要用来调节图像的影调，"曲线"命令可提供最精确的调节。

"色彩平衡"命令：用于改变图像中颜色的组成。该命令适合做快速而简单的色彩调整，若要精确控制图像中各色彩的成分，应使用"色阶"或"曲线"命令。

"色相/饱和度""替换颜色""匹配颜色"等：可对图像中的特定颜色进行修改。

"去色"命令：简单地将图像中所有颜色去掉(即色彩的饱和度为 0)。

以下介绍"色阶""曲线""色彩平衡""替换颜色"命令的用法。

1. 色阶

"色阶"对话框如图 4-32 所示。

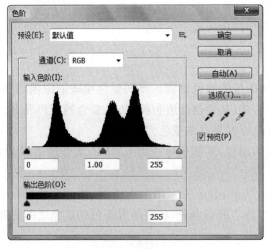

图 4-32 "色阶"对话框

在"色阶"对话框中，横坐标代表亮度范围(0～255,0 表示最暗,255 表示最亮)，纵坐标是特定阶调值的像素数目。

色阶图反映了一幅图像中像素数量在不同亮度区间的分布，可以从中看出图像的阶调层次(暗调、中间调、亮调)。如果图像较暗，则暗区域的像素较多，亮区域的像素较少；如果图像较明亮，则亮区域的像素较多，暗区域的像素较少。

(1) 改变图像的影调。对复合通道调整色阶值可以改变图像的影调。向右拖动"输入色阶"左侧的黑色滑块，比该暗调框内亮度值低的像素都会被设置为黑场，使得图像变暗；向左拖动"输入色阶"右侧的白色滑块，比该亮调框内亮度值高的像素都会被设置为白场,使得图像变亮。

调整图 4-33(a)中嫩绿叶片的输入色阶暗调值为 60,使其变为图 4-33(b)中的深色绿
叶效果。

(2) 改变图像的色调。对原色通道改变色阶值,也可用来修改图像的色调。适当改变
图 4-33(a)中绿叶的原色通道色阶值,可改变图像的色调,使绿叶变为黄叶(见图 4-33(c))、
红叶(见图 4-33(d))。

(a) 绿叶　　　　　(b) 深色绿叶　　　　　(c) 黄叶　　　　　(d) 红叶

图 4-33　"色阶"命令使用前后图像效果对比

2. 曲线

"曲线"命令可更精确地控制每个阶调层次像素点的变化,更有效地调整图像的阶调。

阶调层次曲线是未经处理的原始图像阶调数值与处理后数值的关系曲线。没有进行
调整时,"曲线"对话框中的对角线显示为一条直线。

"曲线"命令的使用方法如下。

(1) 通过"曲线"工具可在线段上添加节点。拖动节点将产生特定的阶调曲线。向上
移动节点会使图像变亮,向下移动节点则使图像变暗。

(2) 通过"铅笔"工具可绘制任意形状的阶调曲线,绘制的阶调曲线将替代该位置上
原来的曲线。

图 4-34 所示是"曲线"命令使用前后图像效果及曲线调整形状。

3. 色彩平衡

"色彩平衡"命令用于改变图像中颜色的组成,解决图像中色彩的任何问题(色偏、过
饱和与饱和不足的颜色),混合色彩,使之达到平衡效果。

"色彩平衡"对话框中有 3 个色彩平衡标尺,通过它们可以控制图像的 3 个颜色通道
(红、绿、蓝)色彩的增减。可以将三角形滑块拖向要在图像中增加的颜色分量,或将三角
形滑块拖离要在图像中减少的颜色分量。

色彩标尺中在同一平衡线上的两种颜色为互补色。例如,当处理一幅冲洗成偏青色
的照片图像时,可通过增加青色的补色即红色,对青色进行补偿,将图像调整成合适的颜
色,如图 4-35 所示。

(a) 原图   (b) 图像局部调亮

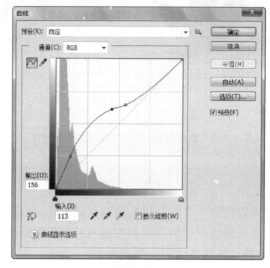

(c) 曲线形状设置

图 4-34 "曲线"对话框及图像调整前后效果

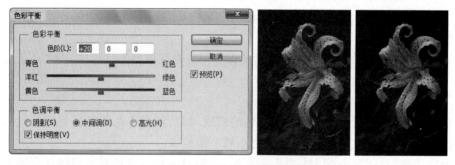

图 4-35 "色彩平衡"对话框及图像调整前后效果

4. 替换颜色

使用"替换颜色"命令可将图像中选择的颜色替换成其他颜色。

下面介绍使用"替换颜色"命令将黄玫瑰花束变成紫玫瑰的详细过程。

实例素材及替换颜色效果如图 4-36 所示。具体操作步骤如下。

（1）执行"替换颜色"命令,弹出图 4-37 所示的"替换颜色"对话框。

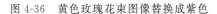

图 4-36　黄色玫瑰花束图像替换成紫色　　　　图 4-37　"替换颜色"对话框

（2）在对话框中设定"颜色容差"值,以确定所选颜色的近似程度。

（3）选择"选区"或"图像"单选按钮中的一个。选择"选区"时,将在预览框中显示蒙版,被蒙版区域为黑色,未蒙版区域为白色;选择"图像"时,将在预览框中显示图像。

（4）选用对话框中的吸管工具,在图像或预览框中选择所要替换的颜色。使用带"＋"号的吸管工具,添加某区域;使用带"－"号的吸管工具,去掉某区域。

（5）在"替换"选项组中,拖动"色相"、"饱和度"和"明度"滑块(或在文本框中输入数值),使所选花朵区域的颜色变为紫色。

（6）设置完成后单击"确定"按钮,花朵颜色即成为紫色。

4.4.7　滤镜特效的应用

Photoshop 的滤镜专门用于对图像进行各种特殊效果处理,使得 Photoshop 更具迷人魅力。图像特殊效果是通过计算机的运算来模拟摄影时使用的偏光镜、柔焦镜及暗房中的曝光和镜头旋转等技术,并加入美学艺术创作的效果而发展起来的。

Photoshop 自带的滤镜效果包括 15 组别,其中 9 个组别又有多种类型。此外,除了 Adobe 公司提供的若干特技效果外,还可使用第三方提供的特技效果。图 4-38 给出了几种滤镜效果。

虽然各种滤镜效果不同,但其用法基本相同。在"滤镜"菜单中选择相应的滤镜组,在其子菜单中选择所需的滤镜命令,会弹出相应的对话框(有些滤镜没有对话框)。适当地

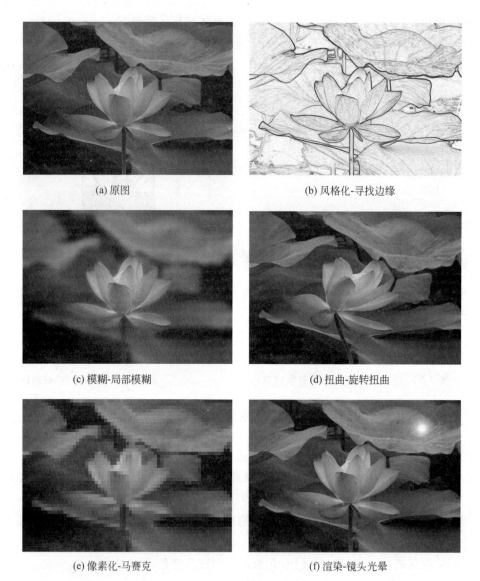

(a) 原图   (b) 风格化-寻找边缘

(c) 模糊-局部模糊   (d) 扭曲-旋转扭曲

(e) 像素化-马赛克   (f) 渲染-镜头光晕

图 4-38　滤镜效果

改变滤镜参数可得到不同程度的效果。

　　滤镜使用没有次数限制,可对一幅图像多次应用滤镜。这里需要注意的是,"滤镜"命令对当前可见工作图层有效。如果不设定选区,则滤镜效果会对全图产生影响;如果设置了选区,则仅对选区图像施加效果。另外,滤镜的使用还有图像颜色模式方面的限制。它不能应用于位图模式、索引模式或 16 位通道图像,某些滤镜功能只能用于 RGB 图像。

　　"扭曲"滤镜组可以模拟各种不同的扭曲效果。这里介绍"旋转扭曲""极坐标""置换扭曲"滤镜的用法。

1. 旋转扭曲

"旋转扭曲"(Twirl)滤镜可使图像产生旋转扭曲的效果,如图 4-39 所示。

图 4-39 "旋转扭曲"对话框及图像效果

"旋转扭曲"滤镜参数调节方法为:"角度"用来设置调节旋转的角度,范围是-999~999 度。参数绝对值越大,旋转扭曲效果越强。

2. 极坐标

"极坐标"(Polar Coordinates)滤镜可将图像的坐标从平面坐标转换为极坐标或从极坐标转换为平面坐标,产生图像极端变形效果,如图 4-40 所示

(a) 原图　　　　　　　　　　(b)从平面坐标到极坐标变换及图像效果

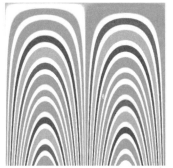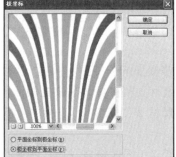

(c) 从极坐标到平面坐标变换及图像效果

图 4-40 "极坐标"对话框及图像效果

。

3. 置换

"置换"(Displace)滤镜使用名为"置换图"的图像确定如何扭曲当前编辑的图像文件。"置换"对话框如图4-41所示。

"置换"滤镜调节参数说明如下。

水平比例：用于设定像素在水平方向的移动距离。

垂直比例：用于设定像素在垂直方向的移动距离。

置换图：如果置换图的大小与选区的大小不同，则指定置换图适合图像的方式，选择"伸展以适合"单选按钮调整置换图的大小，以匹配图像的尺寸；或者选择"拼贴"单选按钮，通过在图案中重复使用置换图来填充选区。

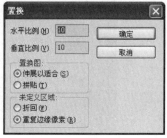

图 4-41　"置换"对话框

未定义区域：用于设置未扭曲区域的处理方法。其中，"折回"单选按钮可将图像中未变形的部分反卷到图像的对边；"重复边缘像素"单选按钮可将图像中未变形的部分分布到图像的边界上。

设置好"置换"对话框参数后，将打开"选择一个置换图"对话框。这时，可选择一个Photoshop格式的图片文件，再单击"打开"按钮，即可对图像进行置换。

下面介绍"置换"滤镜特效应用实例。

使用"置换"滤镜合成图像，如图4-42所示。

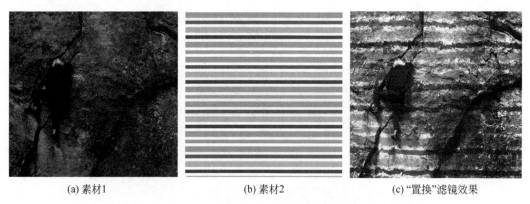

(a)素材1　　　　　　　　　　(b)素材2　　　　　　　　　　(c)"置换"滤镜效果

图 4-42　素材及"置换"滤镜应用效果

具体操作步骤如下。

(1)打开素材1和素材2图像文件。

(2)激活素材2图像窗口，选择"选择"→"全选"命令，然后执行"图像"→"复制"命令。

(3)激活素材1图像窗口，执行"图像"→"粘贴"命令，粘贴来自剪贴板中的图像到当前窗口。

(4)在"图层"面板中设置图层关系为"叠加"，"图层"面板及图像显示效果如图4-43

所示。

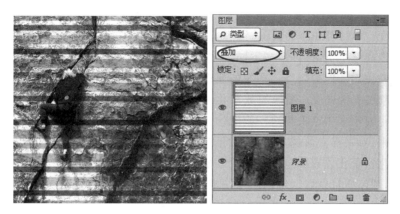

图 4-43　素材叠加效果及"图层"面板

（5）对图层 1 执行"滤镜"→"扭曲"→"置换"命令，打开"置换"对话框，设定参数（本例使用默认值），单击"确定"按钮。

（6）在图 4-44 所示的"选取一个置换图"对话框中，选择素材 1 复制形成的灰度图像文件，打开该文件后置换扭曲效果即可产生。

图 4-44　"选取一个置换图"对话框及置换扭曲效果

4.5　本章小结

本章主要介绍了多媒体图像处理技术的相关内容，涉及到的知识点如下。

（1）多媒体图像处理的概念。多媒体图像处理又称为数字图像处理或计算机图像处理，它是指将图像信号转换成数字格式，并利用计算机对其进行处理的过程。

（2）色彩的基本要素及色彩模型。色彩的基本要素是色相、明度和纯度。色彩模型包括位图颜色模式、灰度颜色模式、索引色彩模式、RGB 颜色模式、CMYK 颜色模式、Lab 颜色模式、HSB 颜色模式等。

（3）图像的基本概念及基本属性。在计算机中，表达生成的图形、图像可以有两种常用的方法：一种是矢量图，另一种是位图。位图又称为点阵图像，它是连续色调图像最常用的电子媒介。在计算机中，位图将图像分成若干点阵（像素），每个像素都被分配一个特定的位置参数和颜色值，许许多多不同色彩的像素组合在一起，便构成了一幅图像。描述一幅图像需要使用图像的属性。图像的属性包含分辨率、像素深度、真/伪彩色。

（4）图像数字化过程。图像的数字化过程主要分为采样、量化与编码3个步骤。采样的实质就是要用多少点来描述一幅图像。采样的密度就是通常所说的图像分辨率。对于一幅图像来说，采样点数越多，图像质量越好。量化是把采样后所得的各像素的灰度或色彩值离散化。量化位数决定了图像阶调层次级数的多少。图像的采样点数一定时，量化级数越多，图像质量越好。编码压缩技术是实现图像存储与传输的关键。

（5）图像文件的格式。常见的位图文件格式有 GIF、JPEG、PNG、TIFF、BMP、PSD等，常见的矢量图文件格式有 WMF、EMF、EPS、AI、DXF 等。

（6）Photoshop 图像处理。包括图像文件的基本操作、图像基本编辑操作、图层及效果、色彩调整、滤镜特效应用等操作。

思考与练习

一、选择题

1. 在"颜色"面板中选择颜色时出现"！"说明（　　）。

    A. 所选择的颜色超出了 Lab 色域

    B. 所选择的颜色超出了 HSB 色域

    C. 所选择的颜色超出了 RGB 色域

    D. CMYK 中无法再出现此颜色

2. 在 Photoshop 中，如果想绘制直线的画笔效果，应该按住（　　）键。

    A. Ctrl   B. Shift   C. Alt   D. Alt＋Shift

3. 创建矩形选区时，如果弹出警示对话框并提示"任何像素都不大于50％选择，选区边将不可见"，其原因可能是（　　）。

    A. 创建矩形选区前没有将固定长宽值设定为 1∶2

    B. 创建选区前在工具选项栏中羽化值设置小于选区宽度的50％

    C. 创建选区前没有设置羽化值

    D. 创建选区前在工具选项栏中设置了较大的羽化值，但创建的选区范围不够大

4. Photoshop 中为了确定磁性套索工具（Magnetic Lasso Tool）对图像边缘的敏感程度，应调整下列哪个数值？（　　）

    A. 容差（Tolerance）   B. 边对比度（EdgeContrast）

    C. 频率（Frequency）   D. 宽度（Width）

5. 下面关于图层的描述哪项是错误的？（　　）

A. 背景图层不可以设置图层样式和图层蒙版

B. 背景图层可以移动

C. 不能改变其"不透明度"

D. 背景图层可以转化为普通的图像图层

6. Alpha 通道最主要的用途是什么？（　　）

    A. 保存图像色彩信息　　　　　　B. 创建新通道

    C. 用来存储和建立选择范围　　　D. 为路径提供的通道

7. 在实际工作中,常常采用哪种方式来制作复杂及琐碎图像的选区？（　　）

    A. 钢笔工具　　　B. 套索工具　　　C. 通道选取　　　D. 魔棒工具

8. 下列哪个色彩调整命令可提供最精确的调整？（　　）

    A. 色阶(Levels)

    B. 亮度/对比度(Brightness/Contrast)

    C. 曲线(Curves)

    D. 色彩平衡(Color Balance)

9. 下面哪个工具可以减少图像的饱和度？（　　）

    A. 加深工具　　　　　　　　　　B. 锐化工具(正常模式)

    C. 海绵工具　　　　　　　　　　D. 模糊工具(正常模式)

10. 下面哪种文件格式是 Photoshop 的固有格式,它体现了 Photoshop 独特的功能和对功能的优化,例如,它可以很好地保存图层、蒙版,压缩方案不会导致数据丢失等。（　　）

    A. EPS　　　　　B. JPEG　　　　　C. TIFF　　　　　D. PSD

二、简答题

1. 对某图像进行数字化处理,如果分别按 1bit、2bit、4bit、8bit 进行量化,则最大量化误差分别是多少？

2. 简述图层的类型及其特点。

3. 简述图层蒙版的作用。如何创建与编辑蒙版？

4. Photoshop 中有哪些主要的色彩调节方式？它们各自的优缺点是什么？对于一个彩色图像,你认为应该在扫描的时候进行色彩调整,还是扫描到电脑中之后,通过 Photoshop 进行色彩调整？为什么？

5. 在 Photoshop 中什么是滤镜？说明扭曲、模糊等滤镜的作用。

第**5**章

视频处理技术

学习目标

（1）掌握数字视频的概念和数字视频的特点。

（2）了解数字视频信息获取的基本原理和方法。

（3）掌握数字视频的编辑和处理方法。

（4）了解视频编辑软件的工作流程。

（5）知道常见的视频编辑技巧。

视频就是一组随时间连续变化的图像。当连续的图像变化每秒超过 24 幅画面以上时，根据视觉暂留原理，人眼无法辨别出单幅的静态画面，会产生平滑连续的视觉效果，这种连续变化的画面组称为视频或者动态图像等。

视频是通过摄像直接从现实世界中获取的，能够使人们感性地认识和理解多媒体信息所表达的含义。视频分为模拟视频和数字视频。本章主要介绍数字视频的基本概念、视频采集、输出和压缩标准、视频处理软件 Premiere 的基本功能与应用方法。

5.1 视频处理技术概述

5.1.1 模拟视频与数字视频

视频（Video）这个术语来源于拉丁语的"我能看见的"，通常指不同种类的活动画面，又称影片、录像、动态影像等，泛指将一系列静态图像以电信号方式加以捕捉、记录、存储、传送与重现的各种技术。按照视频的存储方式与处理方式的不同，视频可分为模拟视频和数字视频两大类。

1. 模拟视频

模拟视频（Analog Video）属于传统的电视视频信号范畴，指每一帧图像是实时获取的自然景物的真实图像信号。模拟视频信号是基于模拟技术以及图像显示的国际标准来产生视频画面的，具有成本低、还原性好等优点，视频画面往往会给人一种身临其境的感觉。它的缺点是，不论被记录的图像信号有多好，经长时间的存储或多次复制之后，信号和画面的质量将会明显地降低。

电视信号是视频处理的重要信息源。电视信号的标准也称为电视的制式。目前各国的电视制式不尽相同。不同制式之间的主要区别在于不同的刷新速度、颜色编码系统和传送频率等。目前世界上最常用的模拟广播视频标准（制式）有中国、欧洲使用的 PAL 制，美国、日本使用的 NTSC 制及法国等国家所使用的 SECAM 制。

NTSC 标准是 1952 年美国国家电视标准委员会（National Television Standard Committee）制定的一项标准。其基本内容为：视频信号的帧由 525 条水平扫描线构成，水平扫描线采用隔行扫描方式，每隔 1/30 秒在显像管表面刷新一次，每一帧画面由两次扫描完成，每一次扫描画出一个场，需要 1/60 秒完成，两个场构成一帧。美国、加拿大、墨西哥、日本和其他许多国家都采用该标准。

PAL（Phase Alternate Lock）标准是联邦德国 1962 年制定的一种兼容电视制式。PAL 意指"相位逐行交变"，主要用于欧洲大部分国家、澳大利亚、南非、中国和南美洲。屏幕分辨率增加到 625 条线，扫描速率降到了 25 帧/秒，采用隔行扫描方式。

SECAM 标准是 Sequential Color and Memory 的缩写，该标准主要用于法国、东欧、前苏联和其他一些国家，是一种 625 线、50Hz 的系统。

模拟视频信号主要包括亮度信号、色度信号、复合同步信号和伴音信号。在 PAL 彩色电视制式中采用 YUV 模型来表示彩色图像。其中，Y 表示亮度，U、V 表示色差，是构成彩色的两个分量。与此类似，在 NTSC 彩色电视制式中使用 YIQ 模型，其中的 Y 表示亮度，I、Q 是两个彩色分量。YUV 表示法的重要性是它的亮度信号（Y）和色度信号（U、V）是相互独立的，也就是 Y 信号分量构成的黑白灰度图与用 U、V 信号构成的另外两幅单色图是相互独立的。由于 Y、U、V 是独立的，所以可以对这些单色图分别进行编码。

2. 数字视频

数字视频（Digital Video）是相对于模拟信号而言的，指以数字形式记录的视频。数字视频有不同的产生方式、存储方式和播出方式。模拟视频可以通过视频采集卡将模拟视频信号进行 A/D（模/数）转换，这个转换过程就是视频捕捉（或采集过程），再将转换后的信号采用数字压缩技术存入计算机磁盘中就成为了数字视频。

相对于模拟视频而言，数字视频具有如下特点。

（1）数字视频可以不失真的进行无数次复制。

（2）数字视频便于长时间存放而不会有任何的质量降低。

（3）可以对数字视频进行非线性编辑，并可增加特技效果等。

（4）数字视频数据量大，在存储与传输的过程中必须进行压缩编码。

5.1.2 线性编辑与非线性编辑

1. 线性编辑

线性编辑是视频的传统编辑方式。视频信号顺序记录在磁带上。在进行视频编辑时，编辑人员通过放像机播放磁带选择一段合适的素材，把它记录到录像机中的一个磁带上，然后再顺序寻找所需要的视频画面，并进行记录。如此反复操作，直至把所有合适的素材按照节目要求全部顺序记录下来。这种按顺序进行视频编辑的方式称为线性编辑。

2. 非线性编辑

非线性视频编辑是针对数字视频文件的编辑。在计算机的软件编辑环境中进行视频后期编辑制作，能实现对原素材任意部分的随机存取、修改和处理。这种非顺序结构的编辑方式称为非线性编辑。

非线性编辑具有如下几个特点。

（1）非线性编辑的素材以数字信号的形式存储在计算机硬盘中，可以随调随用，完成快速搜索，精确定位，图像的质量可以控制。

（2）非线性编辑具备强大的编辑功能。一套完整的非线性编辑系统往往集成了录制、编辑、特技、字幕、动画等功能，这是线性编辑无法比拟的。

（3）非线性编辑系统的投入相对较少，设备维护、维修及工作运行成本都较线性编辑大为降低。

非线性视频编辑的这些特点已使它成为电视节目编辑的主要方式。

5.2 视频信号数字化

5.2.1 数字视频的采集

获取数字视频信息主要有两种方式：一种是利用数码摄像机拍摄的景物，可以直接获得无失真的数字视频；另一种是通过视频采集卡把模拟视频转换成数字视频，并按数字视频文件的格式保存下来。

一个数字视频采集系统由三部分组成：一台配置较高的多媒体计算机系统，一块视频采集卡和视频信号源，如图 5-1 所示。

1. 视频采集卡的功能

在计算机上通过视频采集卡可以接收来自视频输入端（录像机、摄像机和其他视频信号源）的模拟视频信号，对该信号进行采集、量化，使之成为数字信号，然后将其压缩编码

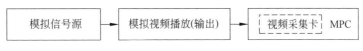

图 5-1　数字视频采集系统

成数字视频序列。大多数视频采集卡都具备硬件压缩的功能。在采集视频信号时,首先在卡上对视频信号进行压缩,然后通过 PCI 接口把压缩的视频数据传送到主机上。一般的视频采集卡采用帧内压缩的算法把数字化的视频存储成 AVI 文件,高档一些的视频采集卡还能直接把采集到的数字视频数据实时压缩成 MPEG-1 格式的文件。

　　由于模拟视频输入端可以提供不间断的信息源,视频采集卡要采集模拟视频序列中的每帧图像,并在采集下一帧图像之前把这些数据传入计算机系统,因此,实现实时采集的关键是每一帧所需的处理时间。如果每帧视频图像的处理时间超过相邻两帧之间的相隔时间,就会出现数据的丢失,即丢帧现象。采集卡都是把获取的视频序列先进行压缩处理,然后再存入硬盘。也就是说,视频序列的获取和压缩是在一起完成的,这样免除了再次进行压缩处理的不便。

2. 视频采集卡的工作原理

　　视频采集卡的结构如图 5-2 所示。多通道的视频输入用来接收视频输入信号,视频信号源首先经 A/D(模拟/数字)转换器将模拟信号转换成数字信号,然后由视频采集控制器对其进行剪裁、改变比例后压缩存入帧存储器。输出模拟视频时,帧存储器的内容经 D/A(数字/模拟)转换器把数字信号转换成模拟信号并输出到电视机或录像机中。

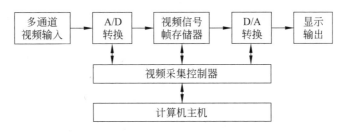

图 5-2　视频采集卡的结构

3. 视频采集卡与外部设备的连接

　　视频采集卡一般不具备电视天线接口和音频输入接口,不能用视频采集卡直接采集电视射频信号,也不能直接采集模拟视频中的伴音信号。要采集伴音,计算机必须安装声卡。视频采集卡通过计算机上的声卡获取数字化的伴音,并把伴音与采集到的数字视频同步到一起。

　　外部设备与视频采集卡的连接包括模拟设备视频输出端口与采集卡视频输入端口的连接,以及模拟设备的音频输出端口与多媒体计算机声卡的音频输入端口的连接。利用录像机(摄像机)来提供模拟信号源,用电视机来监视录像机输出信号。连接关系如图 5-3 所示。

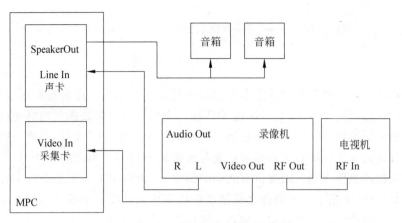

图 5-3　视频采集卡与外部设备的连接

设 VHS 录像机具有 Video Out、Audio Out(R、L)和 RF Out 输出端口,则把录像机的 Video Out 与采集卡的 Video In 相连,录像机的 Audio Out 与声卡的 Line In 相连,录像机的 RF Out 与电视机的 RF In 相连,声卡的 Speaker Out 与音箱相连。按照这种连接关系,如果软件设置正确,则通过多媒体计算机的音箱可以监视采集的伴音情况,而采集的视频序列将直接显示在多媒体计算机显示器上。

5.2.2　数字视频的输出

数字视频的输出是数字视频采集的逆过程,即把数字视频文件转换成模拟视频信号输出到电视机上进行显示,或输出到录像机记录到磁带上。与视频采集类似,这需要使用专门的设备来把数字视频进行解压缩及 D/A 变换,完成数字数据到模拟信号之间的转换。根据不同的应用和需要,这种转换设备也分很多种。集模拟视频采集与输出于一体的高档视频采集卡插在 PC 的扩充槽中。可以将其与较专业的录像机相连,提供高质量的模拟视频信号采集和输出。这种设备可以用于专业级的视频采集、编辑及输出。

另外,还有一种称为 TV 编码器(TV Coder)的设备,它的功能是,把计算机显示器上显示的所有内容转换为模拟视频信号并输出到电视机或录像机上。这种设备的功能较为有限,适合于普通的多媒体应用。

5.3　数字视频压缩标准与文件格式

5.3.1　数字视频数据压缩标准

未压缩的数字视频数据量是非常大的,因而需要采用有效的途径对其进行压缩。人们从视频数据的冗余可能出发,分析研究出了一系列编码压缩算法。其方法可分为帧内压缩和帧间压缩两种。

帧内压缩：当压缩一帧图像时，仅考虑本帧的数据而不考虑相邻帧之间的冗余信息，帧内一般采用有损压缩算法，达不到很高的压缩比。

帧间压缩：是基于许多视频或动画连续两帧具有很大的相关性（即连续视频的相邻帧之间具有冗余信息）的特点来实现的。通过比较时间轴上不同帧之间的数据实施压缩，能够进一步提高压缩比。

与音频压缩编码类似，为了使图像信息系统及设备具有普遍的互操作性，一些相关的国际化组织先后审议制定了一系列有关图像编码的标准。其中，MPEG 系列标准由运动图像专家组（Moving Picture Experts Group）制定。

MPEG 系列标准包含 MPEG-1、MPEG-2、MPEG-4、MPEG-7 和 MPEG-21 5 个具体标准，每种编码都有各自的目标问题和特点。

MPEG-1 标准的目标是以大约 1.5Mb/s 的速率传输电视质量的视频信号，亮度信号的分辨率为 360×240，色度信号的分辨率为 180×120，每秒传输 30 帧。这是世界上第一个用于运动图像及其伴音的编码标准，主要应用于 VCD。其音频第 3 层即 MP3 是目前十分流行的编码标准。该标准于 1988 年 5 月提出，1992 年 11 月形成国际标准。

MPEG-2 标准于 1990 年 6 月提出，1994 年 11 月形成国际标准。该标准的视频分量的位速率范围为 $2\sim15$Mb/s，分辨率有低（350×288）、中（720×480）、次高（1440×1080）、高（1920×1080）等不同档次，压缩编码方法也从简单到复杂分为很多不同等级。该标准广泛应用于数字机顶盒、DVD 和数字电视。

MPEG-4 标准于 1993 年 7 月提出，1999 年 5 月形成国际标准。该标准是一种基于对象的视、音频编码标准。它采用 MPEG-4 技术，一个场景可以实现多个视角、层次、多个音轨以及立体声和 3-D 视角。这些特性使得虚拟现实成为可能。MPEG-4 标准制定了大范围的级别和框架，可广泛应用于各行各业。

MPEG-7 标准于 1997 年 7 月提出，在 2001 年 9 月形成国际标准。该标准是一种多媒体内容描述标准，定义了描述符、描述语言和描述方案，支持对多媒体资源的组织管理、搜索、过滤和检索等，便于用户对其感兴趣的多媒体素材内容进行快速有效的检索。可应用于数字图书馆、各种多媒体目录业务、广播媒体的选择和多媒体编辑等领域。

MPEG-21 标准与 MPEG-7 标准几乎是同步制定的，前者于 2001 年 12 月完成。MPEG-21 标准的重点是建立统一的多媒体框架，为从多媒体内容发布到消费所涉及到的所有标准提供基础体系，支持连接全球网络的各种设备透明地访问各种多媒体资源。

H.264 是一种视频高压缩技术，全称是 MPEG-4 AVC，即活动图像专家组-4 的高等视频编码。它是由国际电信联盟远程通信标准化组织 ITU-T 和规定 MPEG 的国际标准化组织 ISO 及国际电工委员会 IEC 共同制定的一种活动图像编码方式的国际标准格式。H.264 的优势主要在于超高压缩率、高国际标准和公正的无差别许可制度。

5.3.2 数字视频文件格式

数字视频文件格式大致可分为两类：普通视频文件格式和网络流式视频文件格式。

1. 普通视频文件格式

1) AVI 格式

AVI(Audio Video Interleaved)是一种音、视频交叉记录的数字视频文件格式,运动图像和伴音数据是以交替的方式存储的。这种音频和视像的交织组织方式与传统的电影相类似,在电影中包含图像信息的帧顺序显示,同时伴音声道也同步播放。

AVI 文件结构不仅解决了音频和视频的同步问题,而且具有通用和开放的特点。它可以在任何 Windows 环境下工作,而且还具有扩展环境的功能。用户可以开发自己的 AVI 视频文件,在 Windows 环境下可以随时调用它。

AVI 一般采用帧内有损压缩。可以用一般的视频编辑软件(如 Adobe Premiere)对其进行再编辑和处理。这种文件格式的优点是,图像质量好,可以跨平台使用;缺点是,文件体积较大。

2) MEPG 格式

MPEG(Moving Picture Expert Group)/MPG/DAT 格式,具体格式后缀可以是 mpeg、mpg 或 dat,家庭使用的 VCD、SVCD 和 DVD 就是 MPEG 格式文件。

将 MPEG 算法用于压缩全运动视频图像,就可以生成全屏幕活动视频标准文件——MPG 文件。MPG 格式文件在 1024×786 的分辨率下可以用 25 帧/秒(或 30 帧/秒)的速率同步播放全运动视频图像和 CD 音乐伴音,并且其文件大小仅为 AVI 文件的 1/6。MPEG-2 压缩技术采用可变速率(Variable Bit Rate,VBR)技术,能够根据动态画面的复杂程度,适时改变数据传输率,以获得较好的编码效果。目前使用的 DVD 就采用了这种技术。

MPEG 的平均压缩比为 50∶1,最高可达 200∶1。压缩效率之高由此可见一斑。同时,图像和音响的质量也非常好。MPEG 标准包括 MPEG 视频、MPEG 音频和 MPEG 系统(视频、音频同步)3 个部分。MP3 音频文件就是 MPEG 音频的一个典型应用,而 VCD、SVCD、DVD 则是全面采用 MPEG 技术所产生出来的新型消费类电子产品。

3) MOV 格式

MOV(MOvie digital Video technology)是美国 Apple 公司开发的一种视频文件格式,默认的播放器是 QuickTime Player,具有较高的压缩比和较好的视频清晰度,并且可跨平台使用。

2. 网络视频文件格式

1) RM 格式

RM 是 Real Networks 公司开发的一种流媒体文件格式,是目前主流的网络视频文件格式。Real Networks 所制定的音频、视频压缩规范称为 Real Media,相应的播放器为 Real Player。

2) ASF 格式

ASF(Advanced Streaming Format)格式是 Microsoft 公司前期的流媒体格式,采用 MPEG-4 压缩算法。这是一种可以在互联网上实时观看的视频文件格式。

3）WMV 格式

WMV（Windows Media Video）格式是 Microsoft 公司推出的采用独立编码方式的视频文件格式，是目前应用最广泛的流媒体视频格式之一。

5.4 视频编辑软件 Premiere

在一个完整的非线性编辑系统中，硬件能提供的只是对音频、视频数据的输入、输出、压缩、解压缩、存储等工作的处理环境，对于视频、音频的编辑，则要通过非线性编辑应用软件才能实现，即数字视频的后期编辑工作主要依靠视频编辑软件来完成。

目前市场上的非线性编辑软件种类较多，比较流行的是 Adobe 公司的 Premiere 系列和 Ulead 公司的 Video Studio（会声会影）系列。它们可以和大多数的视频采集卡配合使用。在工作原理上，这两款软件基本相似，都采用了时间轴和各种素材轨道的编辑方法。本节主要介绍 Adobe Premiere 数字视频编辑软件的功能和使用方法。Adobe Premiere 软件为剪辑人员提供了非常实用的工具，能让用户得心应手地完成剪辑任务。

5.4.1 Premiere 编辑影片流程

Premiere 非线性编辑的工作流程，可以简单地看成创建项目文件、输入素材、编辑素材和输出影片这几个步骤。

1. 创建 Premiere 项目文件

启动 Premiere CS4 程序时，系统会询问是否新建或者打开项目，如图 5-4 所示。选

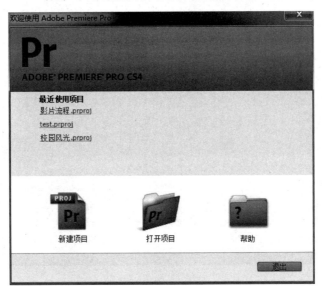

图 5-4 Premiere CS4 启动界面

择"新建项目"后弹出"新建项目"对话框,如图 5-5 所示。单击"确定"按钮后弹出图 5-6
所示的对话框。在"序列预置"选项卡中,选择 DV-PAL 制式标准 48kHz,也可以选择"常
规"选项卡进行自定义,如图 5-7 所示。

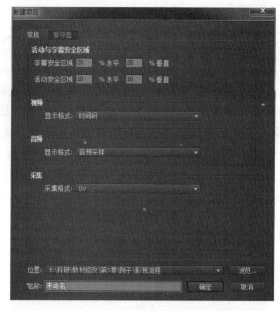

图 5-5 "新建项目"对话框

图 5-6 预设方案

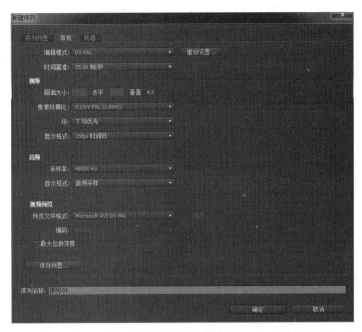

图 5-7　"常规"选项卡

　　每种预设方案中包括文件的压缩类型、视频尺寸、播放速度、音频模式等方面的信息，用户也可以在"常规"选项卡中进行手动调整。单击"确定"按钮，确定所选的预设方案。Premiere CS4 启动后界面主要包括项目窗口、监视器窗口、时间线窗口、特效窗口以及工具面板、效果控制面板、信息面板等，如图 5-8 所示。

监视器窗口，用于预览编辑的影片及片断

项目窗口，用于组织和管理当前影片中所需要的素材

特效窗口，用于添加视频特效

时间线窗口，用于编辑和装配影片　工具面板，用于编辑时间线上的视、音频

图 5-8　Premiere CS4 编辑界面

　　项目窗口的主要功能是对素材进行存放和管理。对视、音频素材进行编辑时，首先要导入这些素材并进行相应的设置与管理，以便分类和安排编辑次序。项目管理还提供了

新建文件夹、创建素材、搜索等功能,方便用户维护和使用素材。

监视器窗口是实时预览影片和剪辑影片的重要窗口。默认的监视器显示为双显示模式,即素材监视器和节目监视器。素材监视器负责存放和显示待编辑的素材,节目监视器用于实时预览已经编辑完成的影片。

时间线窗口是 Premiere 中最核心的窗口之一。在时间线窗口中,可以根据脚本将视频、音频、图像等有组织地剪辑在一起,并加入转场、特效、字幕,制作出精美的影片。

特效窗口为用户提供了丰富的视、音频转场和特效,极大地丰富了画面语言的处理,为影片的创作提供了更为广阔的空间。该部分由预置、音频特效、音频过渡、视频特效、视频过渡等几大块内容组成。在后面的实例学习中,用户可以充分地感受这些特效所带来的丰富体验。

工具面板提供了影片剪辑和动画关键帧设置所需要的一些工具,包括选择、涟漪编辑工具、滚动编辑工具、速度调整工具、剃刀工具、滑动工具、钢笔工具等。

2. 准备素材

1) 导入素材

新建立的节目是没有内容的,因此需要向项目窗口中导入原始素材。素材是后期编辑中必不可少的内容。在视频编辑中,素材通常包括静态图像、视频和音频。Premiere支持多种视频、音频、图像格式的素材。

(1) 视、音频素材的导入。选择"文件"→"导入"命令,或者双击项目窗口空白处,打开"导入"对话框,如图 5-9 所示。选择素材,单击"打开"按钮,素材文件即被输入到项目窗口中,并可显示其名称、媒体类型、持续时间、画面大小等信息,如图 5-10 所示。

图 5-9 "导入"对话框

名称	标签	帧速率	媒体开始点	媒体结束点	媒体持续时间	视频入点	视频出点
序列 01		25.00 fps				00:00:00:00	23:00:00:01
日出风景.avi		25.00 fps	00:00:00:00	00:00:09:24	00:00:10:00	00:00:00:00	00:00:09:24
荷花.avi		25.00 fps	00:00:00:00	00:00:02:24	00:00:03:00	00:00:00:00	00:00:02:24
梅花.mpg		25.00 fps	00:00:00:00	00:00:10:02	00:00:10:03	00:00:00:00	00:00:10:02
水滴.avi		25.00 fps	00:00:00:00	00:00:05:24	00:00:06:00	00:00:00:00	00:00:05:24

图 5-10　项目窗口中的信息显示

（2）PSD 素材的导入。选择"文件"→"导入"命令，或者双击项目窗口空白处，打开"导入"对话框，如图 5-9 所示。选择素材，单击"打开"按钮，会弹出图 5-11 所示的对话框。由于 PSD 文件经常包含多层图像，导入时可以合成所有图层或者选择其中的几层图像，根据需要导入相应的图层。在"导入为"下拉列表框中，可以设置 PSD 素材导入的方式，其中包括"合并所有图层"、"合并图层"、"单个图层"和"序列"等选项。

图 5-11　导入 PSD 素材

① 合并所有图层：选择该选项，则 PSD 的所有图层将合并为一个素材导入，如图 5-12 所示。

② 合并图层：选择该选项，可以自定义导入的图层，导入后各图层将合并为一个素材，如图 5-13 所示。

图 5-12　合并成一个素材

图 5-13　合并图层

第 5 章　视频处理技术　113

③ 单个图层：选择该选项，可以自定义要导入的图层，导入后每个图层作为一个单独的素材存在，如图 5-14 所示。

④ 序列：选择该选项，导入的图层素材会在项目窗口中自动创建一个文件夹，文件夹的名称就是 PSD 文件的文件名。文件夹中包含了所有的图层，每个图层都是独立的文件。同时，还将生成一个与文件夹名称相同的序列素材，如图 5-15 所示。

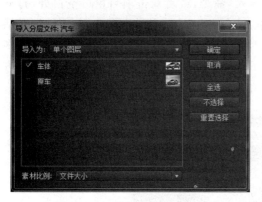

图 5-14　以单个图层方式导入

图 5-15　以序列方式导入

2）素材重命名

将文件输入到项目窗口以后，Premiere CS4 自动依照输入的文件名为建立的素材命名。但有时为了方便，需要重命名。单击素材，即可看到素材名称处于可编辑状态。用户可以输入自己想要的名称，以方便操作。在这里，将所有素材的后缀省略，分别改成荷花、梅花、日出、水滴、配音。

3）管理素材

在剪辑时，会导入大量不同的素材，从而使得项目窗口显得十分零乱。Premiere 提供了新建文件夹的功能，可以帮助用户按类型或按剪辑要求有组织地分开管理各素材。这是一个有效的管理手段。文件夹可以任意更名，以区分不同类型的素材；也可以嵌套使用，使得管理更为灵活。

（1）在项目窗口底部单击 📁（文件夹）按钮，这时会在窗口中出现一个新建文件夹。将其更名为"视频"。

（2）将刚导入的视频素材拖入该文件夹中。以同样的方式再新建"音频"及"图像"文件夹，对素材进行归类管理。最终结果如图 5-16 所示。

3. 编辑素材

1）检查素材内容

素材准备完毕以后，通常要打开并播放它，以便选择其中的部分内容。

图 5-16　文件夹管理

在项目窗口中,双击素材名前面的小图标,这时源监视器窗口被打开,视窗中会显示出素材的首帧画面。单击源监视器视窗下方的"开始"按钮,播放素材内容,如图 5-17 所示。

图 5-17　在源监视器中检查素材

2）剪辑素材

如果只需要将素材的某一部分应用于节目,那么只要截取这部分画面即可,这个过程称为原始素材的剪辑。在剪辑过程中,使用入点和出点是剪辑素材片断最有效的方法之一。从一段素材中截取有效的素材帧,有效素材的起始画面即为入点,有效素材的终止画面即为出点。用户可以通过源监视器设置素材的入点和出点,也可以在时间线窗口中设置。

通过源监视器设置荷花的入点和出点的步骤如下。

（1）拖动帧滑块,将片断定位在 00:00:00:07。若欲精确定位,可使用 ◀ 或 ▶ 单帧跳动按钮。

（2）单击 按钮,则当前帧成为新的入点,"荷花"将从帧所在的位置开始引用。滚动条的相应位置上会显示入点标志,该帧画面的左上侧也同时显示入点标志。

（3）拖动帧滑块到适当的位置,单击 按钮,则当前位置成为新的出点。"荷花"将仅使用到此帧为止。在滚动条的相应位置上会显示出点标志,该帧画面的右上侧也会同时显示出点标志,如图 5-18 所示。

经过上述处理的素材,当在时间线窗口中使用时,将仅使用入点和出点之间的画面。由于同一素材在同一节目中允许反复使用,而每次使用的画面又可能不一样,因此,在此设置中的入点和出点仅仅是每次使用该素材的起止位置,在时间线窗口使用时,还可再做调整。

通过时间序列来设置入点和出点的步骤如下。

将素材直接拖放到时间线轨道上,然后单击节目监视器窗口底部的"播放"按钮。当

图 5-18　设置入点和出点

时间指针定位到需要的起始帧时，单击█按钮。当时间指针定位到需要的结束帧时，单击█按钮，设置序列的出点。图 5-19 显示的就是在序列中设置入点和出点的效果。接下来就可以对入点和出点内的素材进行编辑了。

　　3）时间线上的编辑操作

　　在时间线窗口中，按照时间线顺序组织起来的多个素材片断就是节目。单击视频 1 轨道左侧的三角形按钮可加以展开。

　　（1）加入素材片断至时间线窗口。在项目窗口中，将"荷花"拖动至时间线窗口的视频 1 轨道上。在视频 1 轨道上显示出一小串小图，它代表片断的帧画面。所有小图的持续时间代表了荷花视频的持续时间。移动这些小图的位置，实质上就是改变片

图 5-19　设置序列的入点和出点

断在轨道上的位置。与此同时，监视器窗口中的节目视窗中将自动显示该片断首帧画面。这样，"荷花"就成为最终节目的一个视频片断。重复上述步骤，将"梅花"拖放到时间线窗口中的视频 1 轨道上。移动它的位置，使其左边组接上"荷花"的右边。这样，两段片断就以最简单的切换方式连接在一起，如图 5-20 所示。

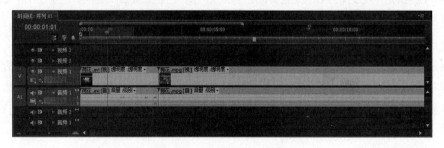

图 5-20　素材片断的组接

（2）调整片断的持续时间。从时间线窗口右侧的工具面板中选择工具 。将光标移向某一片断的右边界，光标将变成左右箭头状。按下鼠标左键并左右拖动，片断持续时间将随之改变。释放鼠标左键确认。然而，不管如何变化，对于非静止图像而言，时间均不能超过其原文件持续时间。时间线窗口的顶部是时间标尺和工作区域。组接到该窗口的素材片断，按时间标尺显示相应的长度。拖动工作区域左右侧的箭头，调整工作区域，使其包含所有片断。

如果导入的素材包含了视、音频信息，编辑时一般先将视、音频分开处理。具体方法是：在该素材上右击，在弹出的快捷菜单中选择"解除视音频链接"命令，将视频和音频分开。选择音频，先将其删除。

4. 添加特效

1）使用视频过渡效果

如果节目的各素材片断间均是简单的首尾相接，即切换，则一定很单调。在很多娱乐节目和科教节目中，各素材片断间大量使用了过渡特效以产生较好的视觉效果。过渡也称为转场，是场景间切换的一种特技方式。常用的过渡效果有淡入淡出、交叉过渡等。具体步骤如下。

图 5-21　视频切换效果列表

（1）选择"特效"→"视频转场"命令，展开"叠化"视频过渡效果文件夹，如图 5-21 所示。

（2）选择"交叉叠化"过渡效果，按住鼠标左键，将其拖放到视频 1 轨道上的两段视频中间。释放鼠标，它们将自动调节自身的持续时间，以适应重叠时间，如图 5-22 所示。

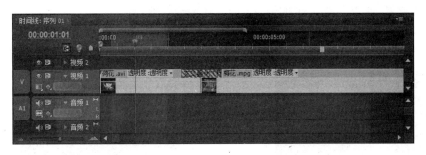

图 5-22　使用视频切换效果

（3）在视频 1 轨道上的交叉过渡图标上单击，打开"特效控制台"对话框，如图 5-23 所示。可以调整其设置，如过渡持续时间、对齐方式、反转等。

2）改变素材片断的播放速度

在电视节目中经常会出现快、慢镜头，这也可以利用 Premiere CS4 来制作。具体步骤如下。

（1）从时间线窗口右侧的工具面板中选择工具 ，选中"待处理的素材"。

（2）选择"素材"→"速度/持续时间"命令，或在片断上右击，在弹出的快捷菜单中选择"速度/持续时间"命令,打开"素材速度/持续时间"对话框,如图 5-24 所示。在"速度"文本框中键入 50,单击"确定"按钮,确认退出。此时,片断持续时间将自动增加,以适应新的播放速度。

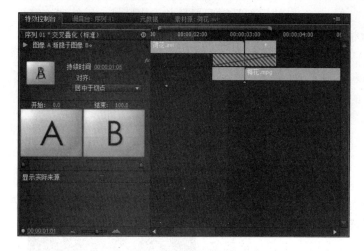

图 5-23　"特效控制台"对话框　　　　　　图 5-24　"速度/持续时间"
对话框

3) 使用视频特效

在 Premiere CS4 中,可使用滤镜对片断进行特效处理,这与 Photoshop 非常类似。这里,采用视频特效,对"荷花"采用"模糊入",对"梅花"采用"模糊出"的动态设置,从而实现模拟光圈变化的效果。

(1) 选择"效果"→"模糊与锐化"→"快速模糊",将其拖放到"荷花"视频上,如图 5-25 所示。将时间指针放置于 0 帧位置或按键盘上的 Home 键,选择"荷花"视频,此时在"视频效果"面板上可以看到刚拖入的快速模糊特效。

(2) 在指针位于 0 帧位置的时候,将"模糊量"设为 20,并按下前面的 图标,如图 5-26 所示。这样,后面对该值产生的操作就都会被记录下来,从而产生动画效果。

图 5-25　选择快速模糊特效　　　　　　　图 5-26　视频效果窗口

(3) 拖动时间指针到第 15 帧的位置,用户也可以在时间线窗口的左上角单击上面的时间值,输入"15",即可精确定位到第 15 帧的位置,如图 5-27 所示。在"视频效果"面板中将"模糊量"值还原成 0，如图 5-28 所示。

图 5-27　精确定位时间指针

图 5-28　第 15 帧的参数

（4）若想停用已经设置好的滤镜效果，可单击滤镜名前边的"fx"取消显示效果。

5．添加字幕

字幕是影视作品中必不可少的重要元素，例如，片头字幕、解说词、演员的名单等都会用到字幕。字幕作为一种基本的素材，跟静态图像一样，可以被裁剪、拉伸，也可以对其添加过渡、特效等。使用"文件"→"新建"→"字幕"命令，可以创建标题文件，其中可包含图形及文字等。打开的字幕窗口，如图 5-29 所示。

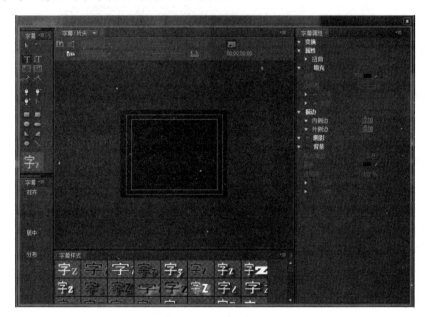

图 5-29　字幕窗口

1）建立电影片名

单击文字工具图标 T，然后单击字幕窗口中的安全区域（内部点划线）中部，在出现的文本框中输入片名"请您欣赏"，在右侧的字幕属性中设置文字字型为 SimHei、文字颜色为橙色等。关闭字幕并将字幕放于视频 2 轨道上即可。

2）建立电影滚动字幕

单击区块文字工具图标，在字幕窗口中的安全区域单击并拖曳设定文本框的大小、位置,然后在文本框中输入文本,文本内容为本片的出品人、导演、演职员表等信息。

选择这段文字,在窗口左上角单击█按钮,弹出图5-30所示的对话框。设定"字幕类型"为"滚动",选中"开始于屏幕外"复选框,"后卷"设为60(以帧为单位,这里相当于2s)。该操作将使字幕沿从下向上方向滚动并停止在画面中间2s,然后消失。

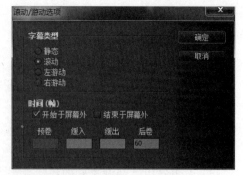

图5-30 建立滚动字幕文本

可以看到,动态文字的图标和静态文字的图标是不一样的,如图5-31所示。将片尾字幕拖放到视频2轨道上的相应位置,并调整其长短,如图5-32所示。

图5-31 静态和动态字幕图标

图5-32 时间轴上的显示

6. 保存输出

1) 保存节目

保存节目,即将对各片断所做的有效编辑操作以及现有各片断的信息全部保存在节目文件中,同时还将保存屏幕中各窗口的位置和大小。节目的扩展名为prproj。在编辑过程中,应定时保存节目。

选择"文件"→"另存为"命令,打开"保存项目"对话框,选择保存节目文件的驱动器及文件夹,并键入文件名,单击"保存"按钮,节目即被保存。保存节目时,并未保存节目中所使用到的原始片断,所以片断文件一经使用,在没有生成最终影片之前切勿将其删除。

2) 渲染输出

这是影视节目制作过程的最后一步,它将前面编辑好的节目生成一个可单独使用的影片文件,或者录制到录像带上。Premiere CS4可生成的影片文件格式有很多种,使用较多的是AVI文件。这种类型的文件不仅可以在Premiere中播放,而且在许多多媒体应用程序中都能使用。具体步骤如下。

(1)激活时间线窗口,选择"文件"→"导出"→"媒体"命令,打开"导出设置"对话框,进行相应的设置,如图5-33所示。

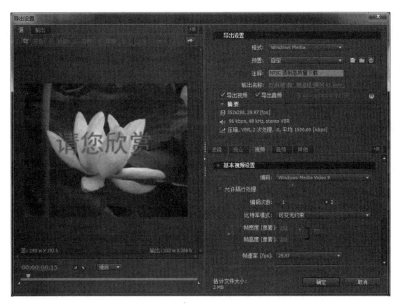

图 5-33　"导出设置"对话框

（2）在"导出设置"对话框中，"格式"选择 Windows Media、勾选"导出视频"和"导出音频"复选框，单击"确定"按钮。

（3）Adobe Premiere CS4 以后的版本都提供 Adobe Media Encoder 进行渲染输出。Adobe Media Encoder 是个独立运行的程序，它既可用于视、音频格式之间的转换，又是 Premiere 渲染输出必不可少的组成部分。此时可以看到，刚导出的视频就在 Adobe Media Encoder 中，用户只需单击 Start Queue 就可以将视频输出，如图 5-34 所示。

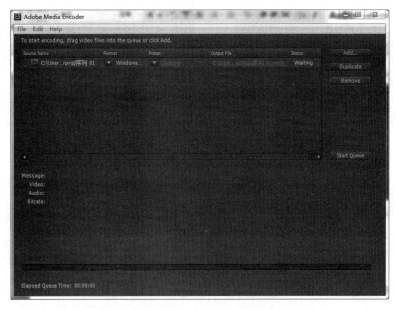

图 5-34　Adobe Media Encoder 窗口

5.4.2　Premiere 编辑实例

1. 多层转场特效

多层转场特效可用来动态展示多张图片，使画面显得较为丰满。下面以一个实例展示多层转场的实现。

（1）新建工程文件。启动 Premiere CS4 程序时，选择"新建项目"后弹出"新建项目"对话框，将文件命名为"多层转场"。单击"确定"按钮。在弹出选项卡中选择 DV-PAL 制式，设置音频采样为标准 48kHz。

（2）导入素材。全选 footage 文件夹中的 15 幅风景图片，导入素材。

（3）单层转场制作。在项目窗口中，选中 5 幅图片，将其拖放到时间线窗口的视频 1 轨道上，这 5 幅图片会依次排开。接下来改变这 5 幅图片的"运动"属性值，其中"位置"为(160,288)，"缩放比例"修改为原来的 30%，使其缩小并位于画面的左侧，如图 5-35 所示。

完成该操作后，从"滑动"转场特效（见图 5-36）里依次拖放任意 4 种转场特效到图像切点，如图 5-37 所示。

图 5-35　"运动"属性设置

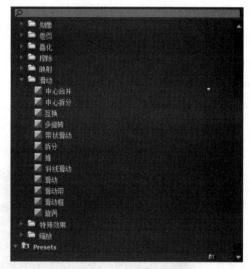

图 5-36　"滑动"转场特效

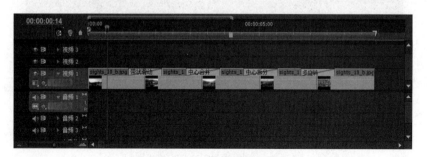

图 5-37　单层转场的实现

（4）多层转场的实现。用同样的方式,在视频 2 轨道上拖入 5 幅图片,保持"位置"值,改变"缩放比例"为原来的 30%。在视频 3 轨道上拖入剩下的 5 幅图片,改变"位置"为(560,288),"缩放比例"为原来的 30%。在所有的切点上拖入"滑动"转场特效,呈现的效果如图 5-38 所示。最终效果如图 5-39 所示。

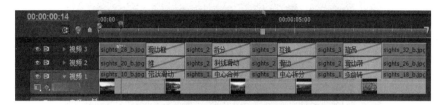

图 5-38　多层转场的实现

图 5-39　多层转场效果

2. 画中画

画中画效果采用的是将"边角固定"特效运用到视频上,对其实施变形操作,并使其叠加在一层静态或动态的素材上。

（1）新建工程项目并导入相应的素材。新建工程文件,将其命名为"画中画",选择 DV-PAL 预设文件。导入素材"电脑"和"向日葵"。

（2）将素材"电脑"拖入视频 1 轨道上,在其属性里取消"等比缩放"复选框的选择,放大该图,使其充满整个屏幕,如图 5-40 和图 5-41 所示。

（3）将素材"向日葵"拖入到视频 2 轨道上,并从视频特效里选择"边角固定"拖入"向日葵"上,如图 5-42 所示。

图 5-40　修改缩放比例

（4）单击"效果"面板上的"边角固定"选项,在画面中会显示左上、右上、左下、右下 4 个控制点。可以用鼠标拖动这 4 个控制点改变当前视频的位置,使其位于视频 1 的电脑屏幕内,如图 5-43 和图 5-44 所示。

（5）播放视频,可以看到最终效果。

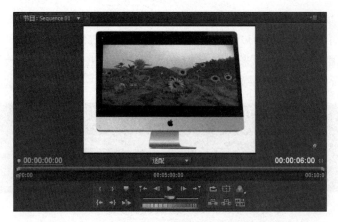

图 5-41　满屏效果

图 5-42　"边角固定"视频特效

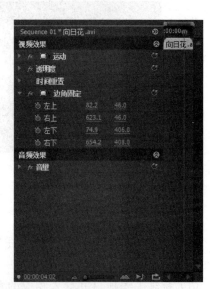

图 5-43　调整参数

图 5-44　最终效果

3. 打字效果

打字效果可以用很多种方法实现,例如裁剪、8 点无用信号遮罩等。这里将采用 8 点无用信号遮罩特效实现打字效果。

(1) 新建工程文件,将其命名为"打字效果",选择 DV-PAL 预设文件。

(2) 选择"文件"→"新建"→"字幕"菜单,在"字幕"面板中输入一段文字,调整文字大小为 40,行距为 22,如图 5-45 所示。

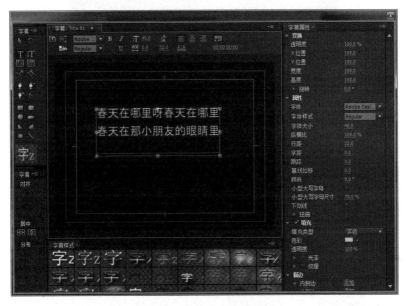

图 5-45　输入文字效果

(3) 关闭字幕,将其拖到视频 1 轨道上,并从"效果"面板中选择"8 点无用信号遮罩",将其拖放到字幕上,如图 5-46 所示。

(4) 在 8 点无用信号遮罩特效上进行参数设置,如图 5-47 所示,使其呈现的控制点如图 5-48 所示,并将中间 4 个参数的码表选中,这样后面所有的操作都将被记录为动画。为了实现整行快速进入到下一行的打字效果,需要将"右上顶点"和"下中切点"两个参数的关键帧设置为保持。右击这两个参数的第一帧关键点,选择"临时内插值"下的"保持",观察关键点的变化,如图 5-49 所示。

(5) 将时间线定位到第 15 帧的位置,将中间的两个参数的 X 坐标都设为 560,这样这两个点都将位于画面的右端,从而实现这一行的打字效果,如图 5-50 所示。

图 5-46　8 点无用信号遮罩

(6) 运用监视器上的"逐帧插放"按钮,使时间轴向后移动一帧。在该帧上,实现第二行的蒙版遮罩的效果。具体参数如图 5-51 所示,具体效果如图 5-52 所示。

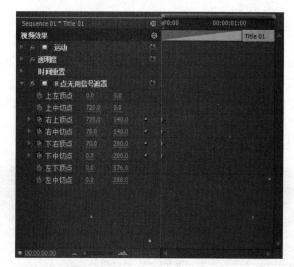

图 5-47　8点无用信号遮罩的参数设置

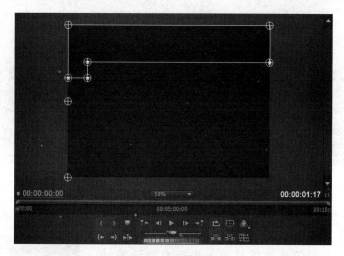

图 5-48　控制点呈现

图 5-49　保持关键点变化规律

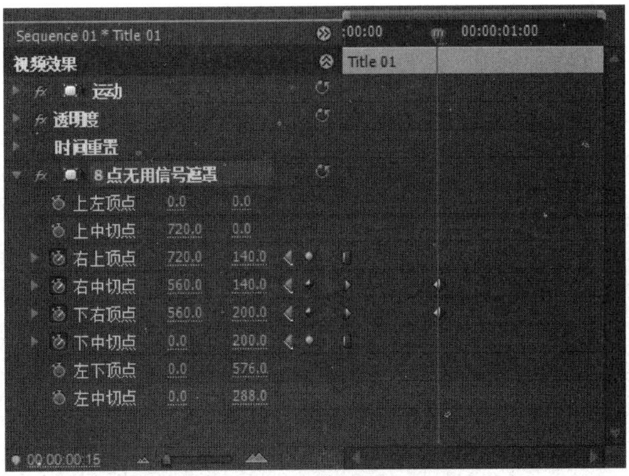

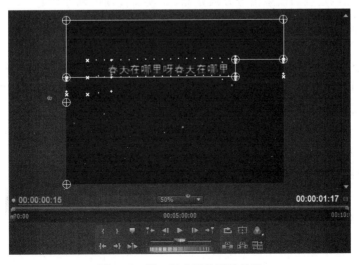

图 5-50　第 15 帧的关键点

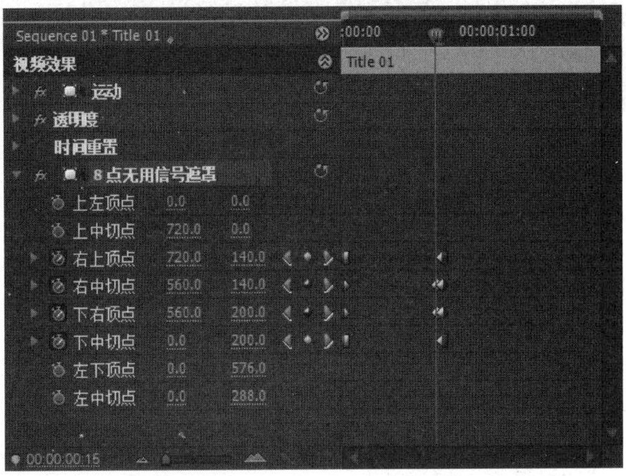

图 5-51　第 16 帧的关键点

图 5-52　第二行动画的开始效果

（7）将时间轴定位到 00：00：01：05 位置，并将中间的两个关键帧的 X 坐标设置为 560，从而实现第二行的动画效果，最终效果如图 5-53 所示。

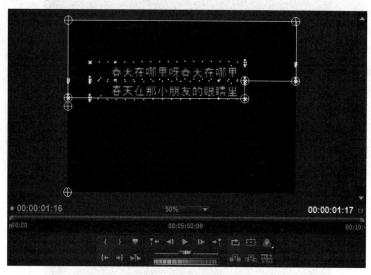

图 5-53　最终效果实现

5.5　本 章 小 结

本章主要介绍了视频的基本知识、视频的数字化方法、数字视频压缩编码标准、数字视频的文件格式、视频采集卡及其工作原理、视频的采集与编辑以及常用的视频编辑工具软件等内容。最后介绍了用 Premiere 编辑处理数字视频的基本技术。

模拟视频是以连续的模拟信号方式存储、处理和传输的视频信息。模拟视频主要包括亮度信号、色度信号、复合同步信号和伴音信号。模拟视频有 NTSC、PAL 和 SECAM 3 种国际标准。

视频压缩可分为帧内压缩和帧间压缩两种。MPEG 是视频压缩的国际标准系列，包含 MPEG-1、MPEG-2、MPEG-4、MPEG-7、MPEG-21 等具体标准。常用的视频文件格式有 AVI、MPG、MOV、ASF 和 RM 等。

视频采集卡是视频采集的重要部件。视频采集时，首先要建立必要的采集环境，将各类视频信号接入多媒体计算机系统。

掌握一种视频编辑软件的使用，在数字视频制作中很有用。本章最后通过视频编辑软件 Adobe Premiere 为原始视频素材的剪辑、修整、组接、添加转场、设置特效等提供了一些常用的基本方法。

思考与练习

一、单选题

1. VCD 中使用的视频图像,是采用(　　　)格式进行压缩的。

    A. AVI　　　　　　　B. MPEG　　　　　　C. QuickTime　　　　D. MP3

2. 在数字视频信息获取与处理过程中,下面哪个处理过程是正确的?(　　　)

    A. A/D 变换、采样、压缩、存储、解压缩、D/A 变换

    B. 采样、压缩、D/A 变换、存储、解压缩、A/D 变换

    C. 采样、A/D 变换、压缩、存储、解压缩、D/A 变换

    D. 采样、D/A 变换、压缩、存储、解压缩、A/D 变换

3. Premiere 视频编辑的最小时间单位是(　　　)。

    A. 帧　　　　　　　B. 秒　　　　　　　C. 毫秒　　　　　　D. 分钟

4. 在 Premiere 的"转场"设置窗口中,"开始"和"结束"右侧的百分比表示(　　　)开始的时间百分比。

        A. 过渡　　　　　B. 上一个素材　　　C. 下一个素材　　　D. 叠化效果

5. (　　　)类型的转场主要通过模拟三维空间中的运动物体来使画面产生过渡。由于是模拟,所以多为简单的三维效果。

    A. 叠化　　　　　　B. 3D 运动　　　　　C. 划像　　　　　　D. 擦除

6. 利用"运动"属性制作动画主要体现在(　　　)上,对话框中的其他选项都是针对其上关键帧进行属性设置。

    A. 时间线　　　　　B. 运动时间线　　　C. 轨迹　　　　　　D. 路径

二、多选题

1. 下列关于 Premiere 软件的描述哪些是正确的?(　　　)

    A. Premiere 软件与 Photoshop 软件是一家公司的产品

    B. Premiere 可以将多种媒体数据综合集成一个视频文件

    C. Premiere 具有多种活动图像的特技处理功能

    D. Premiere 是一个专业化的动画与数字视频处理软件

2. 下列关于 Premiere 中过渡效果的叙述哪些是正确的?(　　　)

    A. 过渡效果是实现视频片断间转换的转场效果的方法

    B. 过渡是指两个视频轨道上的视频片断有重叠时,从一个片断平滑、连续地变化到另一片断的过程

    C. 两视频片断间只能有一种过渡效果

    D. 视频过渡也是一个视频片断

3. Premiere 裁剪素材可以使用的方法有(　　　)。

A. 把素材拖到时间线窗口后,使用入点和出点工具或用鼠标拖移素材的边缘

B. 在节目监视器窗口中,使用入点和出点工具按钮

C. 使用时间线窗口中的剃刀工具

D. 使用"素材"→"持续时间"命令来定义

4.（　　）是影视后期用到的最为普遍的抠像手段,是著名的蓝幕技术的体现。

A. 蓝色键   B. 红色键   C. 绿色键   D. 黄色键

5. 打字效果可以用以下哪种方式实现?（　　）

A. 裁剪   B. 抠像

C. 快速模糊   D. 8 点无用信号遮罩

三、填空题

1. 目前世界上最常用的模拟广播视频标准有_____、_____和_____。

2. 视频压缩方法主要分为_____和_____。

3. 目前比较常用的_____是一种视频高压缩技术,全称为 MPEG-4 AVC。

4. MPEG-2 的主要应用领域包括数字机顶盒、_____和_____。

5. Premiere 非线性编辑一般包括_____、_____、_____及输出影片等几个工作流程。

四、简答题

1. 什么是模拟视频?有何特点?

2. 简述视频的数字化过程。

3. 运用视频编辑软件制作画中画效果有哪些方法?

4. 视频编辑软件 Premiere 有哪些功能?

第**6**章

动画制作技术

学习目标

（1）掌握动画的概念及基本原理。

（2）了解 GIF 动画制作的过程及特点。

（3）熟练使用 Flash 软件。

（4）了解基础动画制作的技术与方法。

（5）能应用 Flash 软件独立制作简单的动画实例。

从"唐老鸭"、"米老鼠"到"冠篮高手"，从"大力水手"、"阿拉丁"到"狮子王"，动画一直陪伴着我们成长，成为生活中津津乐道的一部分。也许很多朋友看到这些动画时都会寻思，这些效果是如何实现的，能否自己动手尝试一下。甚至有些人会因此对动画倍感兴趣进而加入这个行业。不管是作为一名观赏者，还是作为一名实践者，或是一名跃跃欲试的新手，在上阵操刀之前，首先需要了解动画到底是什么。在此前提下，才能使动画真正地"动"起来。与传统的"皮影戏"等动画不同的是，目前的动画已经与计算机多媒体技术紧密地结合在一起，并利用该技术制作出了传统动画无法比拟的效果。本章着重介绍电脑动画（计算机动画）的基本原理、生成及制作的基本方法，使读者在阅读实例与亲身实践的过程中更深入地了解动画。

6.1　动画的基本概念

6.1.1　动画规则

有些朋友可能看过电影胶片。从表面上看，似乎是一系列的画面串在电影胶片上。这里的每一个画面称为一帧，代表电影中的一个时间片断。每一帧的内容都会在前一帧的基础上有所变动，当电影胶片在投影机上放映时，就会产生运动的错觉。如果以 24 帧/秒的速度放映，则会看到连续的画面。19 世纪 20 年代，英国科学家发现了人眼的"视觉暂留"特性，即物体移开后其形象在人眼视网膜上还可停留 0.05～0.2s。这揭示了连续分解的动作在快速闪现时产生活动影像的基本原理。

由此可见,所谓动画,也就是使一幅画面"活"起来的过程。英国动画大师约翰·海勒斯(John Halas)对动画有一个精辟的描述:"动作的变化是动画的本质"。

也许大家有这样的经验,将多幅连续性的静态图片以快速、连续播放的方式翻动,看起来就像连续的动画。有些儿童用书就是利用这样的技巧,将书做成了有趣的翻翻书。读者在浏览的时候,翻动这些书,书中的人物、场景就真"动"起来了。运用动画可以清楚地表现出一个事件的过程,或展现一幅活灵活现的画面。

当然,并不是任意的几幅静止画面都能构成动画。动画的构成需要遵循一定的规则。

(1)动画由多幅静止画面组成,并且画面必须连续。

(2)画面之间的内容必须有所差异。

(3)画面表现的动作必须连续,即后一幅画面是前一幅画面的继续。

此外,在动画的表现手法上也要遵循一定的原则。

(1)在严格遵循运动规律的前提下,可进行适度的夸张和发展。

夸张与拟人,是动画制作中常用的艺术手法。许多优秀的作品,无不在这方面有所建树。因此,发挥你的想象力,赋予非生命以生命力,化抽象为形象,把人们的幻想与现实紧密交织在一起,创造出强烈、奇妙和出人意料的视觉形象,才能引起用户的共鸣和认可。实际上,这也是动画艺术区别其他影视艺术的重要特征。

(2)动画节奏的掌握以符合自然规律为主要标准。适度调节节奏的快慢,以控制动画的夸张程度。

(3)动画的节奏通过画面之间物体相对位移量进行控制。相对位移量大,物体移动的距离长,视觉速度快,节奏也就快;相对位移量小,节奏就慢。

6.1.2　电脑动画

电脑动画(Computer Animation)是一种借助计算机生成一系列可动态实时演播的连续图像的技术,它是计算机图形学和艺术相结合的产物。电脑动画的原理与传统动画基本相同,只是在传统动画的基础上将计算机技术应用于动画的处理和应用中,并可实现传统动画无法达到的效果。

1. 电脑动画的特点

(1)与传统动画相比,在制作以及应用领域上,电脑动画都存在着无比的优越性。电脑动画可用于角色设计、背景绘制、描线上色等常规工作,并具有操作方便、色调一致、定位准确等特点。因此,它的应用领域日益扩大,比如电影业、电视片头、广告、教育、娱乐和因特网等。

(2)电脑动画具有质量高、制作周期短、管理简单等优点。现在很多的重复劳动都可以借助计算机来完成,比如借助关键帧可以实现中间帧的计算,从而减少工艺环节。

(3)有动画制作软件及硬件技术的支持。动画制作软件是由计算机专业人员开发的制作动画的工具,使用这一工具不需要用户编程,通过相当简单的交互界面即可实现各种动画功能。不同的动画效果,取决于不同的计算机动画软、硬件的支撑。

2. 电脑动画的分类

根据不同的分类维度,电脑动画可以有很多种类。例如,根据动画性质的不同,可以分为帧动画和矢量动画两类;根据动画表现形式的不同,可以分为二维动画和三维动画;按电脑软件在动画制作中的作用分类,可分为电脑辅助动画和造型动画,前者属二维动画,其主要用途是辅助动画师制作传统动画,而后者属于三维动画。下面就着重介绍二维动画和三维动画。

1) 二维动画

二维动画是平面上的画面,又叫平面动画。二维动画是对手工传统动画的一个改进,具有非常丰富的表现手段、强烈的表现力和良好的视觉效果。在二维动画的制作过程中,只需要设定关键帧,计算机就会自动计算并生成中间帧。用户可以控制运动路径以及画面声音的同步,等等。

由于二维动画简单小巧,而且制作出来的效果直观、感性,因此,被广泛用于教育教学、MTV、Internet 传播,等等。

2) 三维动画

三维动画,又称 3D 动画,是近年来随着计算机硬件技术的发展而产生的一种新兴技术,主要表现三维的动画主体和背景。三维动画软件首先会建立一个虚拟的空间。设计师在这个虚拟的三维空间中按照对象的形状尺寸建立模型以及场景,再根据要求设定模型的运动轨迹、虚拟摄影机运动和其他动画参数,然后按要求为模型赋上特定的材质,并打上灯光。最后,经计算机自动运算,生成画面。

用三维动画表现内容主题,具有概念清晰、直观性强、视觉效果真实等特点,因此,被广泛用于学校教学、科研、产品介绍、广告设计及军事领域。

除了上述这些分类方法以外,还可以根据动画内容与画面之间的关系,将动画分为全动画和半动画。所谓全动画,即指在动画制作中,为了追求画面完美、细腻和流畅,按照每秒 24 幅画面的数量制作的动画。一些大型的动画片和商业广告用的就是这种动画方式。半动画采用少于每秒 24 幅的绘制画面表现动画,因而在动画处理上需要采用重复动作、延长画面动作停顿时间等方法。

3. 电脑动画的制作方法和技术

在电脑动画制作过程中经常会用到一些基本的技巧,例如逐帧动画、路径动画、关键帧动画、变形动画,等等。

(1) 关键帧动画。关键帧动画是电脑动画中最基本并且应用最广泛的一种方法。几乎所有的动画制作软件中都提供了关键帧动画技术的支持。众所周知,动画是由一系列连续的静态图像组成的,每张静止的图像都是一帧。因此,关键帧制作的基本原理就是,用户设定首帧和尾帧的属性和位置后,中间帧由计算机自动生成。

(2) 逐帧动画。逐帧动画就是在时间帧上逐帧绘制帧内容。由于是一帧一帧地画,所以逐帧动画具有非常大的灵活性,几乎可以表现任何想表现的内容。建立逐帧动画有几种方式,包括:用导入的片建立逐帧动画、绘制矢量逐帧动画、文字逐帧动画和导入序列图像。

（3）路径动画。路径动画就是由用户根据需要设定好一个路径后,使场景中的对象沿着路径进行运动,如人的行走、鱼的游戏、飞机的飞行等。

（4）变形动画。变形动画是通过记录物体的变形过程来制作动画的一种方法。如图 6-1 所示,图形从圆变到方,中间就需要经历一系列的变形。时间越长,变形越缓慢;反之,则越快。

图 6-1　变形动画示例

（5）过程动画。过程动画指的是动画中物体的运动及变形用一个过程来描述。动画的制作及浏览都是过程化管理的。三维动画制作软件中的粒子系统就属于这一动画制作方式。

（6）骨骼动画。骨骼动画可分为正向动力学和反向动力学两种控制方式的动画。正向动力学是指完全遵循父子关系的层级,用父层级带动子层级的运动;反向动力学则是依据某些子关节的最终位置、角度,反求出整个骨架的形态。此类动画技术大量地运用于动物与人的动画建模中。

（7）对象动画。在多媒体制作中,对象动画可以算是最基础最有效的一种动画技术。Flash 是典型的基于对象的动画软件。在用 Flash 制作动画的过程中,最基本的元素就是对象。在编辑区内创建的任何元素都是矢量的对象。为了使用方便,可以将这些对象保存为元件,以备重复使用。

4. 电脑动画的应用领域

随着计算机图形技术的迅速发展,从 20 世纪 60 年代起,计算机动画技术也得到了快速的成长。目前,电脑动画的应用小到一个多媒体软件中的某个对象、物体或字幕的运动,大到一段动画演示、光盘出版物片头、片尾的制作、影视特技,甚至到电影、电视的片头、片尾及商业广告、MTV、游戏等的创作。动画片《狮子王》就是一个很好的实例。

1）电影业

电脑动画应用最早、发展最快的领域是电影业。虽然电影中仍采用人工制作的模型或传统动画实现特技效果,但计算机技术正在逐渐替代它们。计算机生成的动画特别适合用于科幻片的制作。如《终结者(续集)》(Terminator 2)中的爆炸性的效果就是用动画技术实现的,其中的火爆镜头为该片赢得了当时世界上最高的票房纪录。

相信看过《侏罗纪公园》的朋友都会对这部特效逼真,令人胆战心惊的电影记忆犹新,这些恐龙中有一部分是用模型制作而成的,还有一部分是用三维动画制作而成的,两者完美地结合才能达到这么以假乱真的境界。

2）电视片头和电视广告

电视片头和电视广告也是动画使用的主要场所之一。电脑动画能制作出一些神奇的视觉效果，营造出一种奇妙无比、超越现实的夸张浪漫色彩，更易于人们接受，无形中也传达了商品或电视的推销意图。

3）科学计算和工业设计

利用动画技术，可以将计算过程及事物很难呈现的一面完整地暴露在人们面前，以便于进一步地观察分析和交互处理。同时，电脑动画也可以为工业设计创造更好的虚拟环境。借助动画技术，可以将产品的风格、功能仿真、力学分析、性能实验以及最终的产品都呈现出来，并以不同的角度观察它，还可以模拟真实环境，将材质、灯光等赋上去。

4）教育和娱乐

电脑动画在教育中的应用前景非常宽广。教育中的有些概念、原理性的知识点比较抽象，这时可以借助电脑动画把各种现象和实际内容进行直观演示和形象教学。大到宇宙，小到基因结构，都可以淋漓尽致地表现出来。

目前，电脑动画在娱乐领域的广泛应用也充分展示了其无穷的价值空间。电脑动画创造的真实场景、逼真的人物形象以及事件处理，受到了娱乐界的极力推崇。

5）虚拟现实

虚拟现实是利用电脑动画技术模拟产生的一个三维空间的虚拟环境系统。在动画制作的基础上，借助于系统提供的视觉、听觉及触觉的设备，人们可以身临其境地置身于这个虚拟环境中，随心所欲地活动，就像在真实世界中一样。

6.1.3　动画制作软件

不同的动画需要使用不同的制作软件。一般来说，常用的二维动画软件有 Animator Studio、Flash、Rets、Pegs 等；三维动画制作软件主要有 3ds Max、Maya、Cool 3D 等。下面介绍几种比较常见的软件。

1．Animator Studio

Animator Studio 是美国 Autodesk 公司于 1995 年在 Windows 3.2 操作系统上推出的一种集图像处理、动画设计、音乐编辑、音乐合成、脚本编辑和动画播放于一体的二维动画设计软件。本软件要完全安装，大约需要 30MB 的硬盘空间，运行时大约需要 50MB 的自由空间。

2．Flash

Flash 是美国的 Macromedia 公司于 1999 年 6 月推出的优秀网页动画设计软件。它是一种交互式动画设计工具，使用它可以将音乐、声效、动画以及富有新意的界面融合在一起，以制作出高品质的网页动态效果。它的最大特点是：能使用矢量图形和流式播放技术，能通过使用关键帧和图符使得所生成的动画文件非常小，以及它具有动画编辑功能等。其界面如图 6-2 所示。

图 6-2　Flash Professional CS6 界面

3. 3ds Max

3ds Max 由 Autodesk 公司出品，是目前世界上销售量最大的软件之一，作为一种三维建模、动画及渲染的解决方案，至今已获得 65 个业界奖项。一个典型的三维制作过程一般包括建模、材质贴图、灯光、动画以及渲染。3ds Max 被广泛应用于广告、影视、工业设计、建筑设计、多媒体制作、游戏、辅助教学以及工程可视化等领域。其界面如图 6-3 所示。

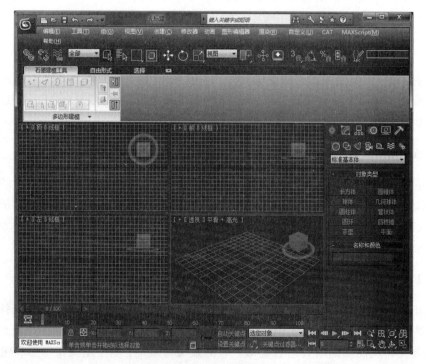

图 6-3　3ds Max 2010 界面

4. Maya

Maya 是世界上应用最广泛的一款三维制作软件，它是 Alias 公司的产品，其界面如图 6-4 所示。作为三维动画软件的后起之秀，Maya 深受业界人士的欢迎和喜爱。Maya 不仅包括一般三维和视觉效果制作的功能，而且还结合了最先进的建模、数字化布料模拟、毛发渲染和运动匹配技术等。它的应用领域主要包括平面图形可视化、网站资源开发、电视特技、游戏设计及开发等。《角斗士》、《星球大战前传》等很多电影的电脑特技镜头的制作都是由它来完成的。

图 6-4　Maya 2013

6.1.4　动画视频格式

动画文件最终可输出成视频文件，也可输出为图片序列文件。下面简单介绍一下目前应用比较广泛的几种动画视频格式。

1. GIF 动画格式

GIF(Graphic Interchange Format)即图形交换格式。GIF 动画可以同时存储若干幅静止图像，进而形成连续的动画。因此，Internet 上大量采用的动画文件多为 GIF 文件格式。由于 GIF 文件容量比较小，因此在网络上深受欢迎。

2. SWF 格式

SWF 是 Macromedia 公司的产品 Flash 的矢量动画格式。这种格式的动画能用比较小的数据量表现丰富的多媒体形式，并且还可以与 HTML 文件达到一种“水乳交融”的境界。事实上，Flash 动画是一种“准”流式文件，即可以边下载边浏览。

3. AVI 格式

AVI(Audio Video Interleaved)即音频视频交错，是对视频、音频采用的一种有损压缩方式。由于该压缩方式的压缩率比较高，并且可以将音频和视频混合到一起，因此尽管画面质量不是太好，但其应用范围仍然十分广泛。AVI 文件主要用在保存电影、电视等各种影像信息以及多媒体光盘上。

4. MOV、QT 格式

MOV、QT 都是 QuickTime 的文件格式。该格式的文件能够通过 Internet 提供实时的数字化信息流、工作流与文件回放。

5. FLV 格式

FLV 是 Flash Video 的缩写。FLV 流媒体格式是随着 Flash MX 的推出发展而来的视频格式。由于它形成的文件极小、加载速度极快,解决了 SWF 文件数据量过大的缺点,已慢慢发展为当前的主流视频格式。

6.2　GIF 动画制作

6.2.1　GIF 动画特点

1. GIF 简介

GIF(Graphics Interchange Format)原义是图形交换格式,是 CompuServe 公司在 1987 年开发的图像文件格式。GIF 文件的数据,是一种基于 LZW 算法的连续色调无损压缩格式,其压缩率一般在 50% 左右。它不属于任何应用程序。目前几乎所有相关软件都支持它,公共领域有大量的软件在使用 GIF 图像文件。

GIF 图像文件的数据是经过压缩的,而且是采用了可变长度等压缩算法。所以 GIF 的图像深度从 1bit 到 8bit,也即 GIF 最多支持 256 种色彩的图像。GIF 格式的另一个特点是:在一个 GIF 文件中可以保存多幅彩色图像。如果把存储于一个文件中的多幅图像数据逐幅读出并显示到屏幕上,就可构成一种最简单的动画。

2. GIF 分类

GIF 分为静态 GIF 和动画 GIF 两种,均支持透明背景图像。GIF 文件的数据量很小,适用于多种操作系统。Internet 上的很多小动画都是 GIF 格式。其实,GIF 就是将多幅图像保存为一个图像文件,从而形成动画。所以归根到底 GIF 仍然是图片文件格式。

3. GIF 动画

精美的图片是网站必不可少的元素,尤其是 GIF 动画,它可以让原本呆板的网站变得栩栩如生。最常见的可能就是那些不断旋转的"Welcome"以及风格各异的广告 Banner。在 Windows 平台上,制作 GIF 动画有许多工具,其中比较著名的有 Adobe 公司的 ImageReady、友立公司的 GIF Animation 等。在 Linux 平台上,同样可以轻松地制作动感十足的 GIF 动画。Linux 中的 GIMP 就是一个与 GIF Animation 或者 ImageReady

一样简单易用并且功能强大的 GIF 动画制作工具。它不仅可以完全胜任 GIF 动画制作，而且可以充分利用其强大的图像处理功能,使 GIF 动画更具感染力和吸引力。

GIF 动画有其独特的优势,即广泛支持 Internet 标准,支持无损耗压缩和透明度。当下,GIF 动画十分流行,可以很方便地使用许多 GIF 动画程序来创建。

但同时 GIF 也存在一定的缺陷:GIF 只支持 256 色调色板,因此,包含很多细节的图片和写实摄影图像会丢失颜色信息,但看上去却是经过调色后的效果。在大多数情况下,无损耗压缩效果不如 JPEG 格式或 PNG 格式。GIF 支持有限的透明度,没有半透明效果或褪色效果(例如 Alpha 通道透明度提供的效果)。

6.2.2　GIF 动画制作过程

对于任何一款 GIF 动画制作软件,其编辑功能都是比较完善的,无须再用其他的图形软件加以辅助。GIF 动画制作软件可以将背景透明化,而且实现方法非常简单。另外,它除了可以把做好的图片保存成 GIF 动画外,还可以保存成 AVI 或 ANI 格式的文件。GIF 动画制作软件比较多,例如 ImageReady、GIFCON 等。下面以 ImageReady 为例,了解 GIF 动画制作的整个过程。

1. GIF 动画制作工具介绍

如果你的计算机中安装着 5.5 以上版本的 Photoshop,那么一定会发现,还有另一个叫作 ImageReady 的软件随同 Photoshop 一起被安装到了计算机中。你知道它是用来做什么的吗?

ImageReady 是一款专门用来编辑动画的软件。它弥补了 Photoshop 在编辑动画及网页素材方面的不足。ImageReady 中包含了大量制作网页图像和动画的工具,甚至可以产生部分 HTML 代码,可以说是功能强大。其界面如图 6-5 所示。

2. 制作过程

在正式开始之前,先来看一段搞笑动画《弹指神功》(http://www.xxhome.com.cn/joke/cartoon/834.html)。将图片的 6 种变化一一抓下来并保存为 JPEG 格式图片。将 6 幅图片大小均调整为244×277 像素,并依次命名为 t1.jpg、t2.jpg……t6.jpg,如图 6-6 所示。

1) 制作 GIF 动画

动画实际上就是一系列连续出现的静态图像,每一幅静态图像称为一帧。当这些帧连续、快速地显示时就会形成动画效果。用 ImageReady 编辑动画其实也就是对帧的操作。

创建新帧。打开 ImageReady,新建一个 244×277 像素的名为"弹指神功"的新文件。在"窗口"菜单中单击"显示图层"和"显示动画"命令,使"图层"面板与"动画"面板出现在软件界面中。打开 t1.jpg,按 Ctrl+A 快捷键将图片内容全部选中并复制、粘贴到新图片中。这是动画的第 1 帧,也是程序默认的图片正常状态。

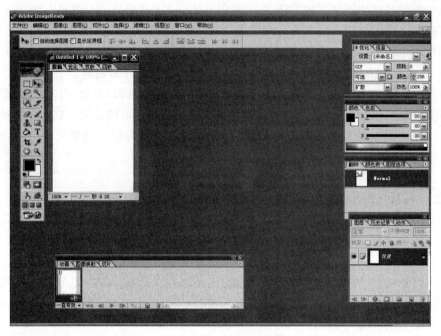

图 6-5　ImageReady 界面

t1.jpg　　　　　t2.jpg　　　　　t3.jpg

t4.jpg　　　　　t5.jpg　　　　　t6.jpg

图 6-6　弹指神功 t1.jpg~t6.jpg

单击"动画"面板下方的"复制当前帧"按钮,建立第 2 帧。同样,将 t2.jpg 的内容全选、复制到新文件"弹指神功"中。

接下来,用上述办法将 t3.jpg、t4.jpg、t5.jpg、t6.jpg 分别粘贴到各自的新帧中,一共建立 6 帧。

2）图层与帧的配合

在"图层"面板中,选中"背景"层,单击"图层"面板右下角的"删除图层"按钮(小垃圾桶符号),将背景层删除。

单击"动画"面板中的第 1 帧,在"图层"面板中隐藏图层 2 至图层 6(就是单击这些图层左侧的"小眼睛"图标)。

然后单击"动画"面板中的第 2 帧,在"图层"面板中隐藏图层 1、图层 3 至图层 6,使之仅显示图层 2 的内容。

同理,再分别将第 3 帧到第 6 帧中的其他图层隐藏,使每一帧仅显示与其相关的图层内容。

处理结果如图 6-7 所示。

图 6-7　"弹指神功"制作过程

3) 预览与存储

在"动画"面板中每一帧的下部单击"秒"字右边的倒三角按钮,选择希望每一帧显示的时间(0~240s,可以自己调整)。最后,单击"动画"面板中的"播放"按钮,就可以直接测试动画效果了。如果满意的话,可以在"文件"菜单中选择"存储优化结果",并保存为"弹指神功.gif",这样动画文件就制作完成了。

还可以用 ImageReady 打开任意一幅 GIF 动画图片,对每一帧进行编辑修改。

6.3　Flash 动画制作

Flash 是美国的 Macromedia 公司于 1999 年 6 月推出的优秀网页动画设计软件。它是一种交互式动画设计工具,用它可以将音乐、声效、动画以及富有新意的界面融合在一起,制作出高品质的网页动态效果。

6.3.1　Flash 窗口界面

对于大多数的 Flash 爱好者来说,动画制作可能是其学习 Flash 的动力。使用 Flash 创建的动画,表现形式多种多样,设计者可以尽情地在动画中表现其丰富、夸张的想象力。下面先来了解一下 Flash CS6 的界面组成,如图 6-8 所示。

图 6-8　Flash CS6 界面

Flash CS6 用户界面由标题栏、菜单栏、工具箱、时间轴、舞台工作区、属性设置面板、调色板、组件面板等构成。

由于屏幕大小的限制,加之 Flash 本身的功能模块又在不断地扩展,因此用户在使用 Flash 时,可以将不需要的一些面板关闭,使整个工作区最大化。需要某些功能时,可直接通过"窗口"菜单调用。

1. 菜单栏

通过菜单命令,用户可以执行相应的操作。Flash 中主要包含如下菜单。

(1)"文件"菜单:主要功能有新建、打开、保存、另存为、导入、导出、发布、打印、页面设置、退出等。

(2)"编辑"菜单:提供一些基本的编辑操作,如复制、剪切、粘贴、撤消、重复、参数选择、查找、自定义面板、快捷键设置以及时间轴的编辑等。

(3)"视图"菜单:提供了对工作区大小的设置、对象的显示状态以及图层、时间轴、网格等的显示状态设置功能。

(4)"插入"菜单:提供插入元件、图层、时间轴特效、场景等功能。

(5)"修改"菜单:提供文档、场景、影片、帧、元件、图层等属性的修改功能。

(6)"文本"菜单:设置文字的字体、大小、风格、排列、间距等属性。

（7）"命令"菜单：包括管理保存的命令、获取命令、运行命令等功能。

（8）"控制"菜单：提供了控制动画的播放、重置、结束、前进、后退，以及调试影片等功能。

（9）"窗口"菜单：提供了指定是否在窗口中显示时间轴、"属性"面板、工具栏等功能。

（10）"帮助"菜单：提供软件使用说明、技术支持中心、范例等。

2. 工具箱

Flash 工具箱提供了用户进行矢量图形绘制和图形处理时所需的大部分工具，如图 6-9 所示。用户可以利用工具箱中的工具创建和编辑对象。例如，绘制矩形、圆，调整图形大小，变换图形颜色等。

Flash 按具体用途又分为 4 类：工具、视图、颜色和选项工具。

1）工具

（1）箭头工具。利用箭头工具可以选择和拖动对象，使对象产生移动或变形，如图 6-10 所示。

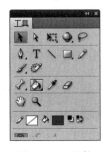

图 6-9　工具箱

图 6-10　箭头工具的移动功能

（2）次级选取工具。利用该工具可以选择线条顶点进行编辑，以改变图形外观，如图 6-11 所示。

（3）自由变形工具。对图形或元件进行任意旋转、缩放和扭曲的工具。

（4）3d 工具。在 Flash CS4 以上的版本中提供了一个 Z 轴的概念，将原来的二维拓展到了一个有限的三维环境中。如，提供 6 张图片将其制作成一个立方体。

（5）套索工具。套索工具主要用于选取不规则区域中的对象，有魔术棒和多边形两种模式。

（6）钢笔工具。钢笔工具利用凡赛尔曲线绘图原理，可绘制出任意复杂的精确路径，如图 6-12 所示。

（7）文本工具。利用文本工具可以进行文字的输入和编辑等。共有静态文本、动态文本和输入文本 3 种文字形式，可以通过"属性"面板进行设置。

（8）直线工具。利用直线工具可以绘制直线。按住 Shift 键，可以画水平、竖直或呈 45°角倾斜的直线。

（9）矩形及椭圆工具。在椭圆工具处于激活状态时，按住 Shift 键，画出来的是圆，如图 6-13 所示。矩形工具可以用来绘制各种形状的矩形，包括圆角矩形，还可以绘制多角星形。按住 Shift 键画出来的是正方形，如图 6-14 所示。

图 6-11 次级选取工具的编辑功能

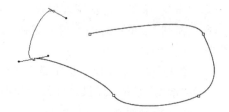

图 6-12 钢笔工具的绘图功能

图 6-13 椭圆工具的功能

图 6-14 矩形工具的功能

(10) 铅笔工具。用来绘制线条的工具。所画线条可以是直线,也可以是曲线,分为 3 种类型:直线、平滑和墨水。

(11) 笔刷工具。用来绘制一些形状随意的对象的工具,包括标准绘图、颜料填充、后面绘画、颜料选择和内部绘画 5 种形式。

(12) Deco 工具。Deco 是 Flash CS4 以上版本新增的一个工具。它更像是一个自定义路径的绘图与动画工具。该工具可以用库中的任何元件作为图案,图案出现的方式有 3 种:平铺、对称和藤蔓。

(13) 骨骼工具。Flash 骨骼工具采用反向动力学的原理,便捷地把符号或物体连接起来,从而实现多个符号或物体的动力学连动状态。

(14) 自由填充工具。该工具可以对打散的图形进行自由填充,而不用拘泥于该图形的其他属性等。

(15) 墨水瓶及颜料桶工具。墨水瓶工具是用来增加或更改矢量对象的边框线形的和样式的,颜料桶工具可以用来更改矢量对象填充区域的颜色,可以选取不同的模式。

(16) 吸管工具。用于精细取色。它可以吸取工作区内的任意颜色,而后用于填充和其他操作。

(17) 橡皮擦工具。橡皮擦工具用于清除工作区内多余的内容,包括标准擦除、擦除颜色、擦除线段、擦除所填色和内部擦除 5 种形式。

2) 视图查看工具

视图查看工具箱中主要包括两种工具:手形工具和放大镜工具。手形工具用于随意移动物体,查看所需要的内容。双击手形工具可以使有效视图和 Flash 的空白区域相吻合。缩放工具则用于编辑对象的放大和缩小。单击放大镜工具可以放大视图比例,按住 Alt 键后再在视图中单击,则可以缩小视图比例。

3) 颜色工具

工具箱中的颜色工具和 Flash 的绘图密切相关。该工具的作用对象包括图形的边界颜色和内部填充颜色。

3. 时间轴

具有时间轴是 Flash 的一大特点。在以往的动画制作中，通常要绘制出每一帧图像，或通过程序来制作，而 Flash 则通过对时间轴上关键帧的操作，自动生成运动中的动画帧，节省了制作人员的大部分时间，如图 6-15 所示。时间轴上有一条红色的线，那是播放的定位磁头。拖动磁头也可以实现对动画制作效果的观察，这在制作过程当中是很重要的步骤。

图 6-15　时间轴

时间轴上的每个栅格就是一帧。读者可以在"属性"面板里设置帧速。

4. 舞台工作区

工作区中间的白色区域就是舞台。舞台是最终能显示出来的工作区。舞台外的灰色区域在动画输出时无法显示。舞台的大小和背景等都可以通过"属性"面板中的属性设置，如图 6-16 所示。

5. "属性"面板

只要单击工作区中的对象，"属性"面板就会显示出当前对象的基本属性，并可以对其属性进行相关操作，如图 6-17 所示。

图 6-16　舞台属性设置

图 6-17　"属性"面板

6.3.2 组件应用技术

在讲组件之前,首先要理解一个概念——元件。元件是 Flash 动画中的主要动画元素,分为影片剪辑、按钮、图形 3 种类型,它们在动画中各自具有不同的特性与功能。Flash 运用元件可以更好地管理对象。要新建一个元件,可以单击"插入"菜单中的"新建元件"命令,将弹出图 6-18 所示的对话框。

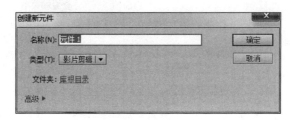

图 6-18 "创建新元件"对话框

在不给图形元件和影片剪辑赋予动作的时候,这两种元件类型是没有什么大的区别的,可以在 Flash 制作中通用,但是每个元件都有自己的特点。将利用图形元件制作的移动渐变动画放到场景中的时间线上,不必执行"文件"→"发布"命令就可以直接按 Enter键进行测试。而影片剪辑是不行的。另外,影片剪辑可以独立于时间轴播放,而图形元件则不可以。综合区分图形元件与影片剪辑可以参考各自的"属性"面板。如图 6-19 和图 6-20 所示。

图 6-19 影片剪辑元件的"属性"面板

图 6-20 图形元件的"属性"面板

按钮元件的时间轴与其他元件不同,只有 4 个帧。分别是弹起、鼠标经过、按下和点击,如图 6-21 所示。

弹起:按钮无任何动作时在舞台中的效果。

鼠标经过:鼠标经过时按钮的效果。

按下:按下按钮时的效果。

点击:按钮对动作的反应区域,在场景中看不到这个帧的内容。

在使用上,按钮元件与其他元件的帧没有区别,可以插入音效,插入关键帧,等等。如图 6-22 所示。

图 6-21 按钮元件的时间轴

图 6-22 编辑按钮上的帧

所有的元件在创建好之后都会出现在库文件中。可以按 Ctrl+L 快捷键或单击"属性"标签旁边的"库"标签调出"库"面板,再对库里的元件进行操作,如图 6-23 所示。

现在再来看什么是组件技术。Flash MX 以上版本的组件概念都是由 Flash 的智能剪辑延伸而来的。组件即被封装好的具备一定功能的对象。因此,若要创建一个组件,必须创建一个影片剪辑元件,并将它链接到该组件的类文件中。图 6-24 所示是 Flash CS6 的"组件"面板。按快捷键 Ctrl+F7 可以打开"组件"面板,按快捷键 Alt+F7 可以打开组件相应的"参数"面板。

图 6-23 "库"面板

图 6-24 "组件"面板

Flash CS6 版本中有许多相关的组件,如复选框组件、组合框组件、列表框组件、普通按钮组件、单选按钮组件、文本滚动条组件,滚动窗口组件等。下面,来看一下组件的一般使用方法。

(1) 选择"窗口"→"组件"命令,或按快捷键 Ctrl+F7,打开"组件"面板。

(2) 选中一个组件,将其拖到场景中,或者双击组件,都能把组件添加到场景中。

(3) 也可以安装其他一些组件,只要在 Flash 的目录下找到 Components 文件夹,然后将其打开。打开后会发现一个 Flash UI Components.fla 文件,这就是 Flash 存放几个内置组件的文件。只要把第三方组件(FLA 格式)放到 Components 文件夹中即可。然后,重新启动 Flash 就可以使用新的组件了。

(4) 选中场景中的组件,打开"属性"面板,可加入实例名,改变标签,等等。也可通过

"窗口"菜单打开"组件检查器",进行更多设置,如是否可见、是否可用,等等,如图 6-25 所示。

下面将在页面上加载进一个 FLVPlayback 组件,这是一个 Flash 视频的播放器。具体方法如下。

① 打开一个新文档,按下 Ctrl+F7 快捷键,打开"组件"面板。然后拖动 FLVPlayback 组件至场景中或元件库中。

② 选中场景中的组件后,在组件的属性面板中命名其实例名称为 myVideo。实例名称可以在 Actionscript 中引用它时使用。

③ 现在,FLVPlayback 组件已经在场景中了。下面为其设置一种皮肤,使它符合整个项目需要的风格。确保选中场景中的 FLVPlayback 组件,打开"属性"面板,然后选择"参数"选项卡。向下滚动"参数"选项卡,打开 skin 项目,设置想要的皮肤,如图 6-26 所示。

图 6-25　组件检查器

单击皮肤后面的按钮,将弹出一个选择皮肤的向导窗口。在窗口中选择所需要的皮肤,然后单击"确定"按钮即可,如图 6-27 所示。

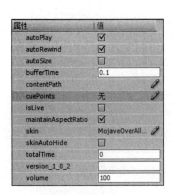

图 6-26　参数设置

图 6-27　播放器外观设置

Flash 提供了许多皮肤,它们在外观和某些功能上有所不同。可以选择适合自己和项目需要的播放器。

选择一种皮肤后,这个皮肤的名称会显示在"属性"面板参数栏中 skin 的右侧。所选中的皮肤将会从 Flash 的 Configuration/Skins 目录复制到文件所保存的目录下。可以打开保存文件的位置查看,此时多了一个 SWF 文件,此文件就是选择了皮肤后的结果。

④ 接下来要设置播放的文件。选中组件,在组件的参数中有一项 content Path 参数。单击右侧的输入按钮,弹出"内容路径"对话框,选择相应的 FLV。如图 6-28 所示。

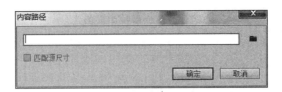

图 6-28　路径设置

6.3.3　图层和帧

图层和帧是 Flash 中很重要的两个概念。前面已经讲到了场景、时间轴、组件,现在来看看 Flash 的图层和帧都有哪些比较特殊的用法。

1. 图层

关于图层(Layer)的概念,学过 Photoshop 的人都不会陌生。形象地说,图层可以看成是叠放在一起的透明胶片。如果当前图层上没有任何东西,就可以透过它直接看到下一层。所以,可以根据需要,在不同图层上编辑不同的动画而互不影响,并且在放映时将得到合成的效果。使用图层并不会增加动画文件的大小,相反,它可以更好地帮助我们安排和组织图形、文字和动画。在"图层"面板中,最下方的左侧有 3 个按钮:插入图层、插入图层文件夹和删除图层按钮。最上方有 3 个控制按钮,分别是"显示/隐藏所有图层"按钮、"锁定/解除锁定所有图层"按钮、"显示所有图层的轮廓"按钮,如图 6-29 所示。一般来说,图层可以分为普通图层、引导层和遮罩层。

图 6-29　图层

1) 普通图层

普通图层是图层的默认状态。图 6-29 是一个典型的图层示例。图层的数量是不做限定的,可以随意添加。其中带有 标志的为当前层。如果该层不能编辑,则会显示 标志。图层后的其他几个标志说明如表 6-1 所示。

2) 引导层

引导层是辅助其他图层中的对象运动或定位的一种图层方式,它所起的作用在于,确定了指定对象的运动路线。例如,让一个球按指定的路线移动,该路径就在引导层上。下面就利用引导层来制作一个简单的运动动画。

表6-1　图层标志说明

标　志	说　明
	该层是否为当前层
	如果该层不能编辑,则显示 标志
👁	控制该层是否被显示
	默认状态为正常显示,在对应位置用 • 表示。单击这个黑点,则会出现 ❌,该层将被隐藏,隐藏的层不能被编辑
🔒	控制是否锁定该层
	被锁定的层可以正常显示,但不能被编辑。这样在编辑其他层时,可以以这一层作参考,而不会误改这一层的内容
⬛	控制是否将该层以轮廓线方式显示
	单击对应位置的黑点,会出现 标志,再单击一次则恢复正常

（1）新建一个圆球元件,属性为"图形"。

（2）回到场景中,将该元件拖入工作区任一位置。

（3）在图层上右击,在弹出的快捷菜单中选择"添加传统运动引导层"命令,完成后图层的状态如图6-30所示。

（4）在引导层上画出一条小球运动的曲线,如图6-31所示。

图6-30　图层效果　　　　　　　　　　　　　　图6-31　引导线

（5）在时间轴上选定打下小球的关键帧。在默认状态下,每秒12帧,如果想要让动画延续2s,就需要24帧。现在要让动画延迟15帧,也就是1s多。在第15帧处按F5键,或者用"插入"→"帧"命令,在导引层的第15帧加入一个过渡帧。回到小球层,在第15帧处插入关键帧。在第15帧处,把圆球从左边位置拖到右边,并让圆球的中心点

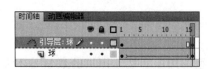

图6-32　时间轴效果图

与引导线的尾端重合。最后,在中间帧处右击,在弹出的快捷菜单中选择"创建传统补间"。结果如图6-32所示。

这里需要注意的是,在实际播放时,引导层中的路径是不会显示出来的,所以可以放心绘制。另外,路径的起点必须与被引导的对象的中心点相重合。

3）遮罩层

也许大家看过类似于探照灯的Flash动画:在黑色的背景上,只有一个探照灯,灯光打到哪里就能将哪里的内容显示出来。这种制作技术就依托于遮罩。探照灯与灯光属于

遮罩层，要显示的信息在被遮罩层上。

下面以一个简单的动画来说明遮罩层的作用。最终效果是"西湖风景"4个字从左向右移动，移到的地方会将下层的西湖风景显示出来。

（1）首先，在图层1中导入一幅西湖风景图，将其更名为"背景"。

（2）新建图层2，并将其更名为"遮罩层"，并在该图层上输入"西湖风景"字样。

（3）让动画延续25帧，因此，在第25帧上打上关键帧。

（4）在背景层上设置图片由左到右的动画。

（5）在遮罩层上右击，并在弹出的快捷菜单中选择"遮罩层"命令。图层和时间轴效果如图6-33所示。

（6）动画效果如图6-34所示。遮罩技术还可以制作打字机、电影字幕等效果。

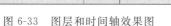

图6-33　图层和时间轴效果图

图6-34　最终效果图

2. 帧

1）帧的基本概念

前面已经提到了时间轴。随着时间轴的推进，动画会沿着时间轴的横轴方向播放，而帧的所有操作也均在时间轴上进行。在时间轴上，每一个小方格就是一个帧。在默认状态下，每隔5帧进行数字标示，如时间轴上1、5、10、15等数字的标示。

帧在时间轴上的排列顺序决定了一个动画的播放顺序。至于每帧有什么具体内容，则需要在相应的帧的工作区域内进行制作。例如，在第1帧绘制了一幅图，那么这幅图就只能作为第1帧的内容，第2帧还是空的。一个动画播放的内容即帧的内容。一般来说，帧可以分为关键帧、过渡帧、空白关键帧3类。

（1）关键帧（Key Frame）。与其他帧不一样的是，关键帧是一段动画的起止的原型，时间轴上所有的动画都是基于关键帧的。关键帧定义了一个过程的起始和结终，它又可以是另外一个过程的开始。例如，图6-35所示的小实心圆点就是关键帧。

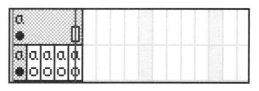

图6-35　关键帧

（2）普通帧（Frame）。两个关键帧之间的部分就是普通帧，它们是起始关键帧动作向结束关键帧动作变化的过渡部分。在进行动画制作的过程中，不必理会普通帧的问题，只要定义好关键帧以及相应的动作就行了。过渡部分的延续时间越长，整个动作变化越流畅，动作前后的联系越自然。但是，中间的过渡部分越长，整个文件的存储容量就会越大。

（3）空白关键帧（Blank Frame）。在一个关键帧里，什么对象也没有时，就称其为空白关键帧。如图 6-35 所示，关键帧后面的空心圆就是空白关键帧。空白关键帧用途很广，特别是那些要进行动作（Action）调用的场合，常常是需要空白关键帧的支持的。

2）帧的基本操作

（1）定义关键帧。将鼠标移到时间轴上表示帧的部分，并单击要定义为关键帧的方格。然后右击，在弹出的快捷菜单中选择"插入关键帧"命令。这时的关键帧没有添加任何对象，因此是空的，只有将组件或其他对象添加进去后才能起作用。添加了对象的关键帧会显示为一个黑点，如图 6-36 所示。

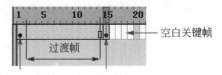

图 6-36　定义关键帧

关键帧具有延续功能，只要定义好了起始关键帧并加入了对象，那么在定义结束关键帧时就不需再添加该对象了，因为起始关键帧中的对象也延续到结束关键帧了。

（2）清除关键帧。选中欲清除的关键帧，右击并在弹出的快捷菜单中选择"Clear Keyframe"（清除关键帧）命令。

（3）插入帧。选中欲插入帧的地方，右击并在弹出的快捷菜单中选择"Insert frame"（插入帧）命令。新添加的帧将出现在被选定的帧后。如果前面的帧有内容，那么新增的帧就跟前面的帧一模一样；如果选定的帧是空白，那么将在这个帧和前面最接近的有内容的帧之间插入和前面帧一样的过渡帧。

在图 6-37 中，灰色部分表示有内容。现在，在白色的空白关键帧处（第 20 帧）插入一个空白关键帧，结果如图 6-38 所示。

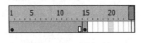

图 6-37　添加帧

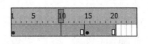

图 6-38　添加空白关键帧

（4）清除帧。选中欲清除的某个帧或者某几个帧（按住 Shift 键可以选择一串连续的帧），然后按 Delete 键即可。

（5）复制帧。选中要复制的某个帧或某几个帧，选择"编辑"→"复制"命令，然后选定粘贴位置，再选择"编辑"→"粘贴"命令即可。

3）帧的属性

帧的属性主要列于"属性"面板上，包括帧标签的设置、声音、效果等，如图 6-39 所示。其中，如果某帧被设置了标签，则该帧处就会自动添加一面"小旗子"，并以标签名标志，如图 6-40 所示。只要库里有声音文件，就可以在"声音"选项组里的"名称"下拉列表框中显示出来。可以选择自己喜欢的声音，并在下面的"效果"下拉列表框中进行编辑，包括声音的淡入淡出、左右声道等。Flash 还提供了编辑封套，让你能更自如地编辑声音文件。另外，还可以设置声音重复的次数以及同步与否等。

图 6-39　帧的属性设置

图 6-40　标签效果

6.3.4　几类简单动画实例

Flash 动画的用途广泛,技术千差万别,但不管动画如何变换,基本的动画设置是不变的。根据其制作的技术,动画一般分为逐帧动画、补间动画、变形动画等。顾名思义,逐帧动画即帧帧动画,实际操作起来并不容易;补间动画是指元素的大小、位置、透明度等的变化;而变形动画是指元素的外形发生了很大的变化。下面通过具体的实例分析这几种动画的区别。

1. 逐帧动画

逐帧动画和前面讲到的 GIF 动画类似,由一系列的相关帧构成。其优点是便于进行精确的操作控制,缺点是需要大量的人工绘图,文件比较大。

下面通过一个"地球自转"的实例来了解一下逐帧动画的内涵和创建方法。本例将一系列的地球各个侧面图导入到 Flash 中,而后生成地球自转的动态效果。

(1) 新建文件。

(2) 选择"文件"→"导入"→"导入到舞台"命令,将目录下的图片导入到场景中。单击"打开"按钮后,Flash 将自动检测到该图片是一系列图片中的第 1 张,所以会出现对话框,提示是否导入所有动画序列。

(3) 单击"是"按钮,允许将整个动画序列导入。此时,按 Enter 键就可以查看结果了,如图 6-41 所示。

逐帧动画看似很简单,但前期工作非常重要,即在导入前需要将每一幅图片绘制好。系列图片越精致,动画越连贯。该实例就绘制了 12 幅地球的侧面图,这样动画看起来就不会有跳跃感。

2. 补间动画

区别于逐帧动画,补间动画(Motion)需要满足以下几个条件。

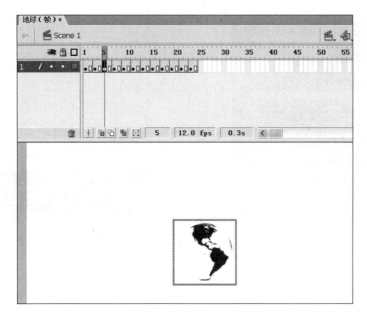

图 6-41　导入后的效果图

（1）至少有两个关键帧。

（2）关键帧中必包含必要的组合实体。

（3）需设定移动渐变的动画方式。

下面以弹性小球为例讲解其制作过程。其最终效果如图 6-42 所示。

① 新建文件。

② 插入两个图形元件、笑脸和哭脸，如图 6-43 所示。

图 6-42　效果图

图 6-43　笑脸和哭脸

③ 回到主场景，将 smile_face 拖放到第 1 帧位置，并置于舞台顶端。延续运动时间，在第 17 帧处将 smile_face 拖到舞台底端，并设定补间动画。在"属性"面板中给小球一个加速度，即设置缓动值。也可以在后面的编辑封套中进行更为灵活的手动编辑，如图 6-44 和图 6-45 所示。

④ 在第 20 帧设定空白关键帧，并将 cry_face 拖入场景中，位置与原图吻合。从第 17 帧到第 19 帧，smile_face 由于碰到地面发生变形，因此，用任意变形工具将圆脸挤成椭圆形，第 20 帧的 cry_face 也被变形至第 19 帧的椭圆状，效果如图 6-46 和图 6-47 所示。

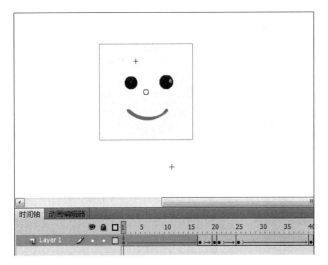

图 6-44　下落动画设置

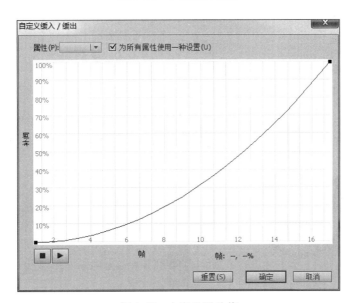

图 6-45　自定义缓动值

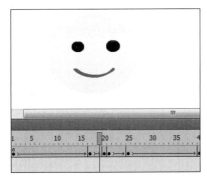

图 6-46　第 19 帧效果图

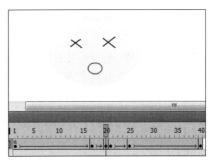

图 6-47　第 20 帧效果图

⑤ 将第 21 帧恢复至第 19 帧的模式，第 25 帧对应第 17 帧的模式，即恢复至原形。从第 25 帧至第 40 帧，smile_face 又跳跃至高处。设定动画的同时给小球一个减速运动的过程。其"属性"面板设置如图 6-48 所示。

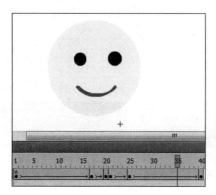 

图 6-48　弹起过程设置

3. 变形动画

这里以一个圆的变形动画为例说明变形动画的效果。

（1）新建文件，在工具箱中选择椭圆工具，并绘制一个圆。其"属性"面板设置如图 6-49 所示。

图 6-49　圆的属性设置

（2）选择第 1 帧，右击，在弹出的快捷菜单中选择"创建补间形状"命令。而后在第 20 帧处插入关键帧，选中所画的圆，执行"修改"→"形状"→"将线条转换为填充"命令。如图 6-50 所示。

（3）在第 40 帧处插入关键帧，绘制和第 1 帧相同的无填充的外框圆形。然后预览效果，可以看到该形状出现了很复杂的变化。最终效果如图 6-51 和图 6-52 所示。

6.3.5　基本的动作语言应用

要使用 ActionScript 的强大功能，最重要的是了解 ActionScript 语言的工作原理。像其他脚本语言一样，ActionScript 也有变量、函数、对象、操作符、保留关键字等语言元

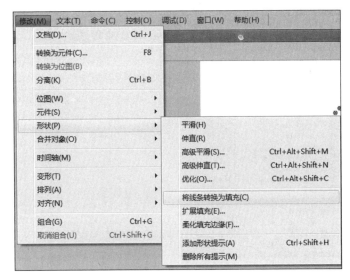

图 6-50　过程设置

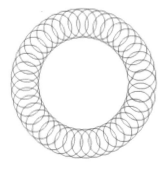

图 6-51　第 17 帧效果图

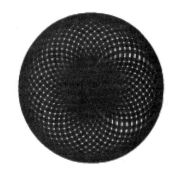

图 6-52　第 30 帧效果图

素,有它自己的语法规则。例如,在英语中用句号结束一个句子,而在 ActionScript 中则用分号结束一个语句。但对于一般用户来说,并不需要对 Flash 的脚本语言了解得非常深入,用户的需求才是真正的目标。

ActionScript 面板可通过"窗口"→"动作"命令调出,如图 6-53 所示。

在"动作"面板中,左侧是动作类型。双击任意一个类型,可以展开其下许多具体动作。面板右侧是具体的参数显示窗口。参数显示窗口中的参数可以随意地复制、粘贴、增删。

1. 一些常用的动作

(1) Play(播放):从设定的帧开始播放。本动作常常用于帧跳转的场合,如鼠标点击后才能跳到某一帧并开始播放该帧的内容。本动作不需要参数(No Parameters),直接设定就行了。

(2) Stop(停止):动画放到此帧时自动停止播放。本动作不需要参数。

(3) Go to and Play(跳至并播放):通过它可以控制影片的播放顺序,从一帧跳转到

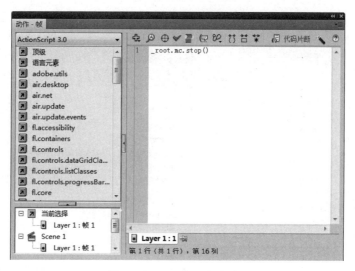

图 6-53 ActionScript 面板

另一帧进行播放。

（4）Get URL（获取 URL）：可以利用它在影片播放到预定地方时自动跳转到指定的网页或文件上去。

（5）Load Movie（载入影片）：利用此动作可以在预定帧装载另外一个影片文件，前提是必须在 URL 栏中输入该影片文件的地址。

（6）Unload Movie（影片卸载）：将装载的影片文件卸载。

（7）Tell Target（告知目标）：Flash 中经常会用到的一个动作，其功能是 Go To（跳转）、Play（播放）以及 Stop（停止）等动作的综合。但在告知目标前应首先为被告知的目标确定一个实体名称，然后就可以在 Target 输入框中输入实体名称并进行告知。

（8）If Frame Is Loaded（如果帧已经装入）：常常在制作片头 Loading 时使用。为了避免受到网速的影响，可以为放在网上的 Flash 动画先做个 Loading（下载中），表示动画正在下载，让访问者耐心等待。当最后一帧也下载完毕时就开始播放动画。这时，最后一帧就是 If Frame Is Loaded 的对象帧，即当此帧已经装入后才开始播放动画。

（9）On Mouse Event（鼠标事件）：响应鼠标事件的动作集合，常常与按钮组件关联。

Press：按下鼠标。

Release：激活，而非 Press 动作。

Roll Over：鼠标移入引发的事件。

Roll Out：鼠标移出引发的事件。

另外，还有其他很多 Action，这里不做一一介绍。大家可以打开帮助文件仔细查看每组 Action 的语法。

2. 简单的 Action 实例

下面以一个简单的能够控制播放、暂停、前进、后退、停止的影片为例，熟悉一下 Action Script 的语法。

（1）打开上面的补间动画。按 Ctrl＋Enter 快捷键测试效果，可以看到补间动画在不断地重复播放。为了便于操作，这里将动画做成一个影片剪辑，并命名为 mc。

（2）进入 mc 影片剪辑，在时间轴开始处添加不自动播放的脚本。选中时间轴的第 1 帧，如图 6-54 所示。按 F9 键打开"动作"面板，输入"stop()；"。

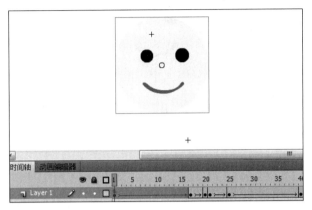

图 6-54　第 1 帧的动作设置

（3）制作一个简单的按钮，用来控制影片的播放与暂停，并将其置于 button 层上。关于按钮的制作方法，请参考上文按钮元件的制作的相关内容。同时，添加一新层 action，用于编写代码。如图 6-55 所示。

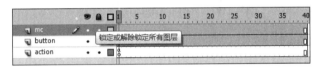

图 6-55　层的叠放

（4）现在要添加控制影片的脚本，在 action 的第 1 帧处右击，在弹出的快捷菜单中选择 action 命令，弹出脚本输入框，写下如下代码。

```
var isStarting:Boolean                               //定义布尔值
forwardbutton.addEventListener(MouseEvent.CLICK,onClick)//注册单击事件的接收者
function  onClick(e:MouseEvent)                      //定义事件的接收者
{
        isStarting=!isStarting                       //布尔值取反
         if(isStarting)                              //假如布尔值为 true
          {
         mc.play()                                   //播放影片剪辑实例
           }else                                     //假如布尔值为 false
          {
         mc.stop()                                   //停止播放影片剪辑实例
          }
    }
```

最终的效果如图 6-56 所示。

图 6-56　脚本控制的补间动画

6.4　本章小结

本章主要介绍了多媒体动画制作过程中的一些基本概念与技术,涉及到以下几个知识点。

(1) 电脑动画的相关概念。电脑动画(Computer Animation)是一种借助计算机生成一系列可动态实时演播的连续图像的技术,它是计算机图形学和艺术相结合的产物。根据不同的分类维度,电脑动画可以有很多种类型。例如,根据动画性质的不同,可以分为帧动画和矢量动画两类;根据动画的表现形式,可以分为二维动画和三维动画;按电脑软件在动画制作中的作用分类,可分为电脑辅助动画和造型动画,前者属二维动画,其主要用途是辅助动画师制作传统动画,而后者属于三维动画。

(2) 动画的基本原理。视觉暂留原理,即物体移开后其形象在人眼视网膜上还可停留 0.05～0.2s,因此,当以 24 帧/秒的速度播放静止的单独画面时,就会看到连续的画面。

(3) GIF 动画的概念及特点。GIF(Graphics Interchange Format),原义是"图形交换格式",是 CompuServe 公司在 1987 年开发的图像文件格式。GIF 图像的深度从 1bit 到 8bit,即 GIF 最多支持 256 种颜色的图像。另外,在一个 GIF 文件中可以保存多幅彩色图像,如果把存储于一个文件中的多幅图像数据逐幅读出并显示到屏幕上,就可构成一种最简单的动画。

(4) ImageReady 软件及 Flash 软件的使用。ImageReady 是一款专门用来编辑动画的软件,其中包含了大量制作网页图像和动画的工具,甚至可以产生部分 HTML 代码。Flash 是美国的 Mmacromedia 公司于 1999 年 6 月推出的优秀网页动画设计软件。它是一种交互式动画设计工具,用它可以将音乐、声效、动画以及富有新意的界面融合在一起,制作出高品质的网页动态效果。它的最大特点是,能使用矢量图形和流式播放技术、能通过使用关键帧和图符使得所生成的动画文件非常小,以及它具有动画编辑等功能。

(5) Flash 软件的基本技术,主要介绍元件、组件、图层、帧等。元件是 Flash 动画中的主要动画元素。不同的元件在动画中具有不同的特性与功能。Flash 可以运用元件更好地管理对象。组件即被封装好的具备一定功能的对象。图层可以看成是叠放在一起的透明胶片。如果图层上没有任何内容,就可以透过它直接看到下一层。图层可以分为普通图层、引导层和遮罩层。在时间轴上,每一个小方格就是一个帧。一般来说,帧可以分为关键帧、过渡帧和空白关键帧 3 类。

(6) 几种动画类型的制作,包括逐帧动画、补间动画、变形动画。逐帧动画由一系列的相关帧构成。其优点是便于进行精确地操作控制;缺点是需要大量的人工绘图,文件比较大。有别于逐帧动画,补间动画需要满足以下几个条件:至少要有两个关键帧,关键帧中必须包含必要的组合实体,需设定移动渐变的动画方式。

思考与练习

一、判断题

1. 在 Flash 里绘制的图形是向量图。(　　)

2. 用于动画制作的主要工作场所通常称为舞台。(　　)

3. 若要将某一物体由舞台上的一点移动到另一点,必须将补间动画设定为形状。(　　)

4. 若要将某一图形的背景色改成其他颜色,可先将该图形打散后再用索套工具将背景图改成其他颜色。(　　)

5. 使用者可以将某些物体选择起来并按 Ctrl+G 快捷键或选择"修改"→"群组"命令,将多个物体变成一个单一物体。(　　)

二、单选题

1. 下列动画类型的工作原理非常类似于过去的翻翻书的是(　　)。

　　A. 逐帧动画　　　　B. 角色动画　　　　C. 关键帧动画　　　　D. 路径动画

2. 下列图像格式中,支持透明输出的是(　　)。

　　A. GIF　　　　　　B. JPEG　　　　　　C. TIFF　　　　　　D. BMP

3. 下列选项中不可存储动画格式的是(　　)。

　　A. GIF　　　　　　B. SWF　　　　　　C. FLV　　　　　　D. PNG

4. 在动画制作中,帧速一般选择为(　　)。

A. 30 帧/秒　　　　B. 60 帧/秒　　　　C. 120 帧/秒　　　　D. 90 帧/秒

5. Flash 文档中的库存储了在 Flash 中创建的(　　)以及导入的文件。

A. 图形　　　　　　B. 按钮　　　　　　C. 电影剪辑　　　　D. 元件

三、填空题

1. Flash 动画的源文件格式是_____。

2. 若要创建动画,必须将所在帧设定为_____。

3. Flash 文件用于播放的文件扩展名是_____。

4. 每秒所显示的静止帧格数称为_____。

5. 要改变某一物体大小时,可以选择_____工具。

四、操作题

1. 请任意选择一张风景画,利用遮罩制作一段探照灯动画。

2. 请利用工具栏的刷子工具绘制火柴人的不同形态,制作一段简单的火柴人走路效果。

第7章

多媒体制作工具 Authorware

学习目标

(1) 掌握 Authorware 动画的基本制作方法。

(2) 熟练掌握 Authorware 交互控制的实现方法。

(3) 掌握 Authorware 作品的调试与发布。

Authorware 是一款功能强大的多媒体制作软件。它是以图标为基础、流程图为结构的编辑平台,能够将图形、声音、图像和动画有机地组合起来,形成一套完善的多媒体系统。它的出现使不具备高水平编程能力的用户创作出高质量的多媒体应用软件成为可能,同时也大大降低了多媒体软件制作的成本。另外,Authorware 还提供了大量的变量、函数以及编程语言的相关功能,使其功能得到了大大增强。当你使用 Authorware 时,就会感觉到像搭积木一样简单,比学习其他编程语言要容易得多。大家一定从计算机上看过一些多媒体教学光盘吧,比如学拼音、学英语、学电脑等软件,是不是被它的图文、声音、视频动画等五彩缤纷的表现形式所吸引? 其实,这些软件大部分都是用 Authorware 制作的。

7.1 Authorware 概述

Authorware 是美国 Marcromedia 公司推出的一款优秀的交互式多媒体制作工具。该软件功能强大,应用范围涉及教育、娱乐、科学等各个领域,已被全球大多数多媒体开发商采用。目前主要应用版本有 Authorware 6.0、Authorware 6.5 和 Authorware 7.0。本章以 Authorware 7.0 中文版为工具来详细介绍多媒体应用程序的开发。

同许多 Windows 应用软件一样,Authorware 也具有友好的用户界面。Authorware 的安装、启动、退出以及文件的打开和保存等操作都和 Windows 其他应用软件类似,本节仅介绍其特有的一些基本功能。

7.1.1 主界面屏幕组成

启动 Authorware,进入 Authorware 7.0 的主界面,如图 7-1 所示。窗口顶端为标题栏,标题栏下方为菜单栏,菜单栏下面的一行图标是工具栏。窗口左侧有"图标"面板,其其内容如图 7-2 所示。在图标中可集成文字、图形、图像、声音、动画和视频等媒体素材。Authorware 提供了 16 个图标,它们是构成应用系统的基本元素,是 Authorware 的核心,后面再做具体介绍。

设计窗口　　工具栏　　　　　　菜单栏　　　　　标题栏

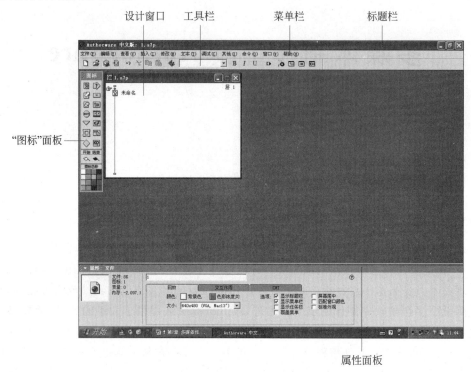

"图标"面板

属性面板

图 7-1　Authorware 7.0 的主界面

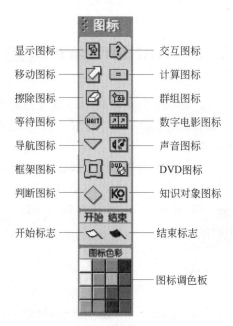

显示图标 —— —— 交互图标
移动图标 —— —— 计算图标
擦除图标 —— —— 群组图标
等待图标 —— —— 数字电影图标
导航图标 —— —— 声音图标
框架图标 —— —— DVD图标
判断图标 —— —— 知识对象图标
开始标志 —— —— 结束标志
—— 图标调色板

图 7-2　"图标"面板

屏幕中央的白色窗口是设计窗口。设计窗口左侧的竖直线是程序主流程线。程序主流程线上方的手形标志为程序指针,它的位置随着操作位置的改变而改变。

7.1.2　图标及常用功能介绍

（1）▨ 显示（Display）图标：用于显示文字、图形、图像等。显示图标是 Authorware 中使用最频繁的图标,它不仅能展示文本和图像,而且具有十分丰富的过渡效果。

（2）▧ 交互（Interactive）图标：用于实现各种交互功能,共有 11 种交互方式。这是 Authorware 7.0 中最有特色也最复杂的一个图标,用来给课件增加交互功能,比如按钮、按键、下拉菜单、热区、热对象等。交互图标是 Authorware 交互能力最主要的体现。

（3）▨ 移动（Motion）图标：使选定图标中的内容（文字、图片、数字电影等）实现简单的路径动画。在 Authorware 7.0 中提供了 5 种类型的动画效果。

（4）▣ 计算（Calculate）图标：是存放程序的场所,用于执行函数、给变量赋值等。计算图标也是 Authorware 的特色之一。通过计算图标可以实现变量、函数以及简单的语言设计功能。

（5）▨ 擦除（Erase）图标：用来擦除流程线上位于当前擦除图标前面的带有显示功能的图标中的内容,并且带有擦除效果。

（6）▦ 群组（Map）图标：可以将多个图标组合成一个图标,以便于管理。这一点类似于结构化程序设计思想,能够使整个作品结构清晰,便于分工协作和修改。

（7）▨ 等待（Wait）图标：使程序运行中产生暂停,可以根据需要选择单击按钮继续、按任意键继续或等待几秒自动继续。

（8）▦ 数字电影（Digital Movie）图标：用于在程序中导入 AVI、MPG 等格式（如各种动画、视频和位图序列）的数字电影文件,并对电影文件进行播放控制。

（9）▽ 导航（Navigate）图标：本图标不能单独使用,必须与框架图标相结合,用来制作具有跳转功能的作品。用于建立超级链接,实现框架中指定页的跳转。

（10）▩ 声音（Sound）图标：用于导入 WAV、MP3、SWA 等格式的声音文件,作为多媒体作品的背景音乐或解说词。

（11）▨ 框架（Frame）图标：框架图标上可以下挂许多图标,如显示图标、群组图标,甚至是其他的框架图标等。主要用来制作多媒体作品的总体框架,配合导航图标,实现跳转、上下翻页浏览、查找等功能。

（12）◇ 判断（Decision）图标：用于设置一种选择判断结构,当程序执行到该图标时,根据不同的条件确定沿着哪个分支执行。可以用来制作具有分支功能或循环功能的作品。

（13）▩ 知识对象（Knowledge Objects）图标：用来在作品中插入知识对象模块,可以提高开发的进程并压缩作品的大小。

（14）▩ DVD 图标：用于控制计算机外接的视频媒体播放器播放视频剪辑,利用此图标可以在作品中导入 DVD 视频。

（15）🔍开始（Start）和🔖结束（Stop）标志：用于设定调试程序时程序运行的起始和结束位置。

（16）▦图标调色板（Icon Palate）：图标调色板用于更改流程线上的图标的显示颜色，以区分不同区域的图标，便于检查调试。

7.1.3 菜单栏

Authorware 7.0 的菜单栏如图 7-3 所示，共包含 11 个菜单。

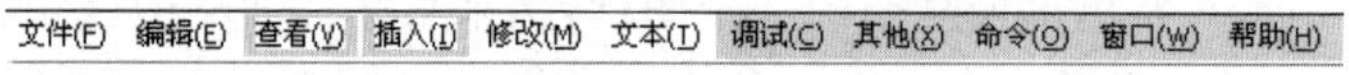

文件(F) 编辑(E) 查看(V) 插入(I) 修改(M) 文本(T) 调试(C) 其他(X) 命令(O) 窗口(W) 帮助(H)

图 7-3 Authorware 7.0 的菜单栏

（1）文件：用来完成文件的新建、打开、关闭、保存，以及素材的导入与导出、作品的打包与发布、系统的设置等功能。

（2）编辑：用来完成撤销、复制、剪切、粘贴、清除、全选、查找等功能。

（3）查看：用来完成菜单栏、工具栏、属性面板、网格的显示和隐藏等功能。

（4）插入：用来在作品中插入图标、图片、知识对象、ActiveX 控件、Flash 动画、GIF 动画、QuickTime 动画等。

（5）修改：用来对文件、图标和对象的相关属性进行修改，对多个图标进行群组和解组，以及设置对象的图层等。

（6）文本：用来对文本进行格式化，如对文本设置字体、字号、字形、对齐模式、滚动条、抗锯齿等。

（7）调试：用来运行、暂停、停止作品和对作品进行调试等。

（8）其他：该菜单提供了一些辅助功能，有库链接、文本拼写检查、生成图标大小报告、WAV 文件转 SWA 文件。

（9）命令：用来完成 SCO 编辑、RTF 对象编辑、查找作品中所使用的 Xtras 等功能。

（10）窗口：用来打开或关闭 Authorware 7.0 中的各种窗口和面板。

（11）帮助：用来显示 Authorware 7.0 的版本信息和提供帮助服务。

Authorware 7.0 的菜单命令很多，这里只做简单介绍，后续章节中将结合实例对其做进一步的讲解。

7.1.4 Authorware 程序设计和运行的主要流程

在 Authorware 中，程序设计和运行的流程主要包括设计、调试及修改、发布等过程，其详细流程如下。

（1）添加图标。从图标面板中选择相应的图标，用鼠标将其拖动到设计窗口中流程线上的合适位置。

（2）编辑图标。对流程线上的各个图标进行内容的添加和相关属性的设置。

（3）保存文件。保存程序文件，Authorware 7.0 程序文件的扩展名为 a7p。

（4）调试及修改。程序设计完成以后，或在程序设计过程中，都可以通过演示窗口来观看程序的最终效果。如果不满意，可以随时关闭演示窗口，回到设计窗口中，对程序进行修改和调整。

（5）发布。为了使 Authorware 设计的程序能够在脱离 Authorware 的环境中独立地运行，应该在作品设计完成以后，将作品所有涉及到的程序文件以及各种素材和系统文件通过打包的形式进行发布。经过正确发布的作品将不再由单独的一个文件所组成，而是会包含许多相关的文件。但是，其中会有一个主程序文件。运行这个主程序文件就相当于运行整个作品。

7.2　Authorware 的基本操作

7.2.1　显示图标的使用

显示图标是 Authorware 中使用频率最高的一个图标，也是 Authorware 中最重要的图标之一。熟练掌握显示图标的使用方法是设计一个多媒作品的基础。

1. 显示图标的打开与关闭

显示图标圖是"图标"面板中的第一个图标。它的主要功能是在演示窗口中显示文本、图形、图像等信息。几乎所有的 Authorware 程序都会包含一个或多个显示图标。

在 Authorware 程序设计中，如果已经将显示图标拖动到流程线上，则用鼠标双击之，就可以打开此显示图标，即自动弹出演示窗口，同时弹出一个绘图工具箱，且窗口下方的属性面板会自动切换为显示图标的属性面板，如图 7-4 所示。接下来，就可以在演示窗口中为此显示图标添加内容了，如绘制图形、输入文本信息，或导入文本、图形、图像，等等。

2. 导入外部图形/图像

将显示图标拖动到流程线上之后，就可以在显示图标中导入外部图形/图像了。Authorware 7.0 支持的图形/图像文件的类型比较丰富，如 WMF、PICT、GIF、JPEG、PNG、TIFF、EMF、BMP，等等。导入外部图形/图像的具体方法如下。

（1）在流程线上双击需要导入图形/图像的显示图标，弹出演示窗口。

（2）执行菜单命令"文件"→"导入或导出"→"导入媒体"（或按 Ctrl＋Shift＋R 快捷键），则弹出一个"导入哪个文件？"对话框，如图 7-5 所示。如果在此对话框中选中复选框"显示预览"，则可以对图形/图像进行预览。如果选中复选框"链接到文件"，则表示图形/图像文件将以链接的方式导入。

（3）从"导入哪个文件？"对话框中选择合适的路径以及需要导入的图形/图像文件，然后单击"导入"按钮即可。

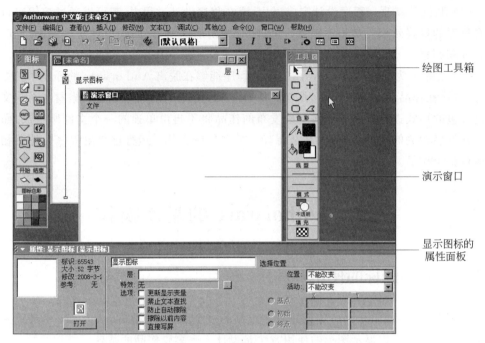

图 7-4　显示图标的演示窗口

图 7-5　带预览功能的"导入哪个文件？"对话框

3. 绘制图形

　　在显示图标中，不仅可以导入外部图形/图像，还可以通过 Authorware 提供的绘图工具箱自行绘制一些比较简便实用的图形。首先了解一下绘图工具箱，如图 7-6 所示。绘图工具箱由选择/移动工具、文本工具、绘图工具、文本和线条颜色设置工具、填充样式前景色设置工具、填充样式背景色设置工具、线型设置工具、覆盖模式设置工具和填充样式设置工具组成。

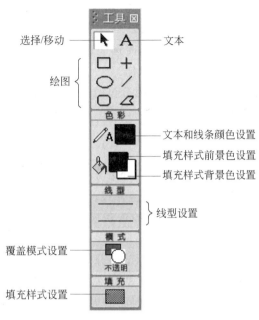

选择/移动 —— 文本

绘图 {

色彩

文本和线条颜色设置

填充样式前景色设置

填充样式背景色设置

线型

线型设置

模式

覆盖模式设置 —— 不透明

填充

填充样式设置 ——

图 7-6　绘图工具箱

4. 编辑图形

绘制完图形以后,有时需要对图形进行一些简单的编辑操作,如移动、放大、缩小、复制、组合/取消组合、排列等。下面详细介绍这些操作的实现方法。

(1) 图形的选择。进行上述操作之前,必须先选择图形。选择图形时只要用"选择/移动"工具 在图形的轮廓线上单击即可。图形处于选中状态时,它的周围会出现 8 个小方块,称之为控制句柄。按下 Shift 键的同时逐个单击对象,可以同时选中多个图形或图像(此方法对于导入的外部图形/图像和文本也适用)。按快捷键 Ctrl+A,可以一次选中显示图标中的全部对象。

(2) 图形的移动。首先选择需要移动的一个或多个图形,然后将其拖动到合适的位置释放即可。执行菜单命令"编辑"→"剪切"(或按 Ctrl+X 快捷键),然后将鼠标定位在合适的位置,再执行菜单命令"编辑"→"粘帖"(或按 Ctrl+V 快捷键)。

(3) 图形的放大和缩小。首先选择需要进行放大或缩小的图形,然后拖动图形周围的控制句柄即可。

(4) 图形的复制。选择要复制的一个或多个图形,执行菜单命令"编辑"→"复制"(或按 Ctr+C 快捷键)将图形复制到剪贴板上。然后将鼠标定位在合适的位置,再执行菜单命令"编辑"→"粘帖"(或按 Ctr+V 快捷键)即可。

5. 图形的组合和解组

有时为了移动、复制和修改图形,需要将图形进行组合或将已经组合的图形进行解组。这两种操作的具体方法如下。

（1）组合。通过前面所学的图形选择的方法选中所有需要进行组合的小图形，使它们都处于选中状态，然后执行菜单命令"修改"→"组合"（或按 Ctrl＋G 快捷键）。

图形组合以后，就变成了一个整体。此时选中这个图形，它的周围有 8 个控制句柄，可以进行整体的放大、缩小、移动、复制等操作。

（2）解组。选择需要进行解组且已经组合过的图形，执行菜单命令"修改"→"取消组合"（或按 Ctrl＋Shift＋G 快捷键）。

6. 覆盖模式

覆盖模式是指一个显示图标内部或者多个显示图标之间的多个对象（图形、图像和文本等）发生相互重叠时，这些对象之间的遮盖方式。双击一个显示图标将其打开，然后单击绘图工具箱中的覆盖模式设置工具，弹出图 7-7 所示的"覆盖模式设置"面板。

图 7-7　"覆盖模式设置"面板

Authorware 7.0 中提供 6 种覆盖模式，下面分别进行介绍。

（1）不透明（Opaque）模式。在这种模式下，被设置的对象将完全覆盖后面的对象（即排在流程线上前面的显示图标中的对象，或同一显示图标中先绘制或导入的对象），并且保持其颜色不变。Authorware 默认的覆盖模式就是不透明模式。

（2）遮隐（Matted）模式。在这种模式下，被设置对象主轮廓线之外的白色区域将会变得透明，而对象主轮廓线之内的颜色将保持不变。

（3）透明（Transparent）模式。在这种模式下，被设置对象的白色部分将会全部变为透明，其他部分的颜色则保持不变。

（4）反转（Inverse）模式。在这种模式下，如果被遮盖对象的颜色是白色的，则设置对象的显示模式和不透明模式是一致的。但是，如果被遮盖对象的颜色是其他颜色，则设置对象的白色部分将以被遮盖对象的颜色显示，其他颜色将以其补色显示。

（5）擦除（Erase）模式。在这种模式下，不管被设置对象是何种颜色，它在显示时总是会与演示窗口的背景色保持一致。

（6）阿尔法（Alpha）方式。Alpha 通道是一种特殊的通道，可以用来设置图形/图像整体透明或者局部透明。在 Alpha 通道中，全黑的部分为完全透明的部分，白色的部分为完全不透明的部分，其余部分则为半透明的部分，透明的程度与黑色所占的比例有关。需要说明一点，并不是所有的图形/图像格式都支持 Alpha 通道，比如扩展名为 jpg、bmp的图形/图像就不支持 Alpha 通道的功能，如果要使用 Alpha 通道，可以在 Photoshop 中对图形/图像增加一个 Alpha 通道，并将其存储为 PSD 格式。

7.2.2　等待图标的使用

等待图标的功能是暂停程序的运行。根据需要可以选择单击按钮继续、单击鼠标继续、按键盘任意键继续或等待几秒自动继续。如果要使用等待图标，只需将其拖放到流程线上的合适位置并进行简单的设置即可。

例 7-1 校园风光欣赏。通过 3 个显示图标分别显示 3 幅校园风光图片。

（1）打开 Authorware 7.0 新建一个文件，并且保存为"例 7-1 校园风光欣赏.a7p"。在程序流程线上顺序拖入 3 个显示图标，将其分别命名为"图片 1"、"图片 2"和"图片 3"。

（2）分别在显示图标"图片 1"、"图片 2"、"图片 3"中导入 3 幅校园风光图片，并且调整图像大小，使其与演示窗口的大小一致（即充满演示窗口）。

（3）分别在每两个显示图标之间加入一个等待图标，并且将其分别命名为 wait1 和 wait2，如图 7-8 所示。

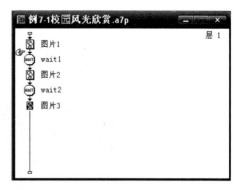

图 7-8　例 7-1 程序流程图

（4）打开 wait1 等待图标的属性面板，如图 7-9 所示。打开方法与显示图标的属性面板的打开方法相同。下面先对等待图标的属性面板进行简单的介绍。

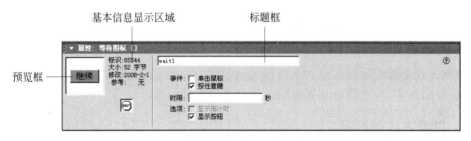

图 7-9　等待图标的属性面板

① 与显示图标的属性面板相同，面板左侧是预览框和基本信息显示区域。

② 标题框：显示和修改等待图标的名称。

③ 单击鼠标：选中该复选框项表示程序暂停时单击鼠标可以继续执行。

④ 按任意键：选中该复选框表示程序暂停时按任意键可以继续执行。

⑤ 时限：可以在该文本框中输入一个正整数，表示等待的时间（单位为秒）。当程序暂停时间为所设定的等待时间时，即使没有单击鼠标或按键盘任意键，程序也会自动继续运行。

⑥ 显示倒计时（Show Countdown）和显示按钮（Show Button）："显示倒计时"复选框只有在"时限"文本框中设定了等待时间时才有效，用来显示一个动态倒计时的模拟时钟。"显示按钮"复选框用来显示一个"继续"按钮，如图 7-10 所示。

在本例中，只设定等待 3 秒自动继续，其他选项均不选择。

（5）对等待图标 wait2 做与 wait1 相同的设置。

（6）运行程序，可以看到显示图标"图片 1"中的图像显示 3 秒钟后自动显示显示图标"图片 2"中的内容，显示 3 秒钟后再显示图标"图片 3"中的内容。

图 7-10　显示按钮和倒计时效果图

左侧标注:
按钮
倒计时时钟

7.2.3　过渡方式的设置与擦除图标的使用

过渡方式是指在运行某个显示图标时,图标中的内容以某种动画的方式显示出来。在 Authorware 中,擦除图标用来擦除不再需要的图标内容。

1. 过渡方式的设置

如图 7-11 所示,在显示图标的属性面板中,通过设置"特效"选项,可以为显示图标中的内容设置显示时的过渡方式,以增加作品的生动性。

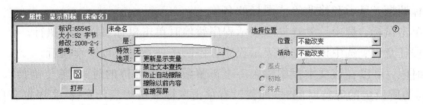

图 7-11　通过属性面板设置过渡方式

在属性面板中单击"特效"选项后面的 按钮,弹出图 7-12 所示的"特效方式"对话框。

(1)"分类"(Category)列表框:列出了 Authorware 提供的过渡方式的种类。

(2)"过渡特效"(Transition)列表框:如果在"分类"列表框中选择了某一过渡种类,则在本列表框中就会列出这一类所包含的所有过渡方式。

(3)Xtras 文件(Xtras Files):显示当前过渡方式所属的 Xtras 文件。在 Authorware 7.0 中,"内部"(Internal)是内置的过渡种类,其他种类的过渡方式均包含在 *.X32、

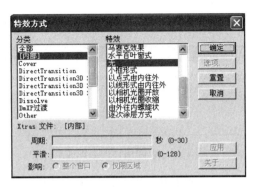

图 7-12　"特效方式"对话框

＊.X16 等外部文件中。

（4）周期(Duration)：用来设置当前过渡方式的持续时间,单位为秒。

（5）平滑(Smoothness)：用来设置当前过渡方式的平滑程度,其值的可取范围是 0~128。

（6）影响(Affect)：用来设置当前过渡方式的影响范围。如果选择"整个窗口"单选按钮(Entire Window),则表示当前过渡方式将作用于整个演示窗口;如果选择"仅限区域"(Changing Area)单选按钮,则表示当前过渡方式只作用于显示图标中有内容的部分。

（7）"选项"按钮：可以对当前的过渡方式进行更进一步的设置,但是有些过渡方式没有这一选项。

（8）"重置"按钮：将当前过渡方式的设置初始化为系统默认值。

（9）"确定"按钮：设置好过渡方式以后,单击此按钮则返回到设计窗口。

（10）"取消"按钮：取消当前所进行的设置。

（11）"应用"按钮：对当前所设置的过渡方式进行预览。

（12）"关于"按钮：对于部分外部过渡方式,单击此按钮可以查看它们的相关信息,如名称、作者、版本号和公司等。

2. 擦除图标的使用

擦除图标 ⊘ (Erase)用来擦除流程线上位于当前擦除图标前面的显示图标中的内容,并且还带有擦除的过渡方式。

为了确保程序的正确运行,在使用擦除图标时,应当将其拖动到流程线上需要擦除的显示图标的下面。擦除图标的属性面板如图 7-13 所示。

（1）类似于显示图标的属性面板,擦除图标属性面板的左边也是预览框和基本信息显示区域。

（2）标题框：用来显示和修改擦除图标的名称。

（3）"预览"按钮：对当前所设置的擦除内容和过渡方式进行预览。

（4）特效：设置擦除时的过渡方式,其设置方法类似于显示图标的过渡方式,在此不再赘述。

（5）"防止重叠部分消失"复选框：对于显示图标,既可以使用显示过渡方式,又可以

预览框　　基本信息显示区域

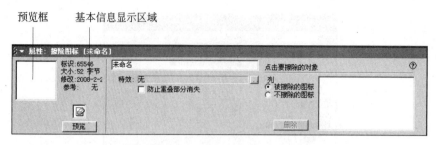

图 7-13　擦除图标的属性面板

使用擦除过渡方式。假如对流程线上某个擦除图标前面的显示图标设置的擦除过渡方式和对擦除图标后面的显示图标设置的显示过渡方式相同，则如果选中了"防止重叠部分消失"复选框，程序运行时前面显示图标中的内容完全擦除以后才会显示后面显示图标中的内容，否则将在擦除前面显示图标中内容的同时显示后面显示图标中的内容，即相当于过渡方式只起了一次作用。

（6）"被擦除的图标"单选按钮：如果选中该单选按钮，则程序运行时右面的列表框中的图标将被擦除。

（7）"不擦除图标"单选按钮：如果选中该单选按钮，则程序运行时右面的列表框中的图标将被保留（不擦除），而其他图标会被擦除。

（8）"删除"按钮：在"列"列表框中选中一个显示图标后，单击此按钮可以将其删除。

下面通过一个实例来介绍显示图标的显示过渡方式和擦除过渡方式的设置及其实际效果。

例 7-2　改进的校园风光欣赏。在本例中，将对"例 7-1 校园风光欣赏.a7p"加以改进，对 3 个显示图标设置显示过渡方式和擦除过渡方式。

（1）打开"例 7-1 校园风光欣赏.a7p"程序，将其另存为"例 7-2 改进的校园风光欣赏.a7p"。在流程线上的 wait1 和 wait2 等待图标的下面各拖入一个擦除图标，并且分别将其命名为 erase1 和 erase2。改进后的程序流程图如图 7-14 所示。

（2）在显示图标"图片 1"的属性面板中，为其设置一种显示过渡方式，比如可以选择"内部"分类中的"以相机光圈开放"过渡方式，其他设置保持默认值不变，如图 7-15 所示。

图 7-14　改进后的程序流程图

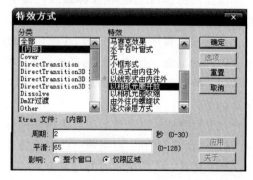

图 7-15　显示图标"图片 1"的显示过渡方式设置

（3）双击打开显示图标"图片 1"的演示窗口,然后在 erase1 擦除图标的属性面板中首先选中"被擦除的图标"单选按钮,然后在显示图标"图片 1"的演示窗口中单击校园风光图像,可以发现显示图标"图片 1"自动添加到了擦除图标属性面板"列"选项组后面的列表框中。为其设置一种擦除过渡方式,比如"内部"分类中的"以点形式由外往内"过渡方式,并且选中"防止重叠部分消失"复选框,如图 7-16 所示。

图 7-16　擦除图标 erase1 的属性面板

（4）用类似的方法设置显示图标"图片 2"、"图片 3"和擦除图标 erase2。

（5）单击"运行"按钮 ▶ ,或执行菜单命令"调试"→"重新开始",或按 Ctrl＋R 快捷键运行程序。可以发现,每幅图像显示时都有显示过渡方式,等待 3 秒钟后又会以擦除过渡方式自动擦除。

7.2.4　在多媒体作品中加入声音、动画和视频

为了让多媒体作品更具生动性和感染力,接下来介绍 Authorware 7.0 中声音图标和 DVD 图标的使用方法,以及怎样导入 GIF 动画和 Flash 动画。

1. 声音图标的使用

声音图标 用来将声音文件导入到课件作品中,用作课件的背景音乐或解说词。

使用声音图标时,首先将声音图标拖动到流程线上,然后在属性面板中进行相关的设置即可。声音图标的属性面板如图 7-17 所示。在默认情况下显示的是"声音"选项卡。

标题框

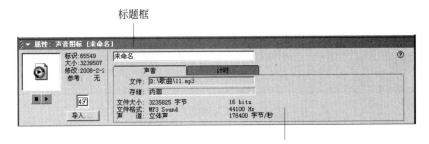

声音文件基本信息

图 7-17　声音图标属性面板

（1）标题框:用来显示和修改声音图标的名称。

（2）"导入"按钮:用来导入声音文件。单击此按钮,则弹出图 7-18 所示的"导入哪个文件"对话框。在对话框中选择合适的路径和文件名,然后单击"导入"（Import）按钮,稍

等片刻就可以将声音文件导入到 Authorware 中了。Authorware 7.0 所支持的声音文件的格式较多，比如 AIFF、MP3、PCM、SWA、VOX 和 WAV 等，其中最为常用的是 MP3 和 WAV 声音文件。

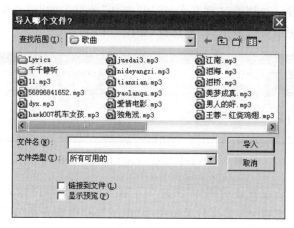

图 7-18　"导入哪个文件？"对话框

（3）■ ▶"停止"按钮和"播放"按钮：将声音文件导入到 Authorware 中以后，利用这一组按钮可以播放和停止声音文件，主要用来对导入的声音文件以及设置的效果进行试听。

（4）文件（File）：用来显示所导入的声音文件的路径和文件名。

（5）存储（Storage）：用来显示所导入的声音文件在 Authorware 中的存储方式。共有内部（Internal）和外部（External）两种存储方式。

（6）声音文件基本信息：用来显示当前所导入的声音文件的基本信息，如格式、是否为立体声、声音的位数和速率等。

在属性面板中单击"计时"（Timing）标签，属性面板就会自动切换到"计时"选项卡，如图 7-19 所示。

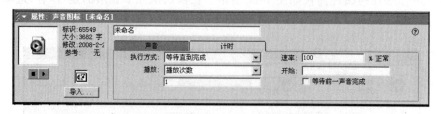

图 7-19　声音图标属性面板的"计时"选项卡

（7）"执行方式"（Concurrency）下拉列表框。

等待直到完成（Wait Until Done）：表示只有当前声音图标中的声音文件播放完以后才可以执行流程线上的下一个图标。

同步（Concurrent）：表示在播放当前声音文件的同时执行流程线上的下面图标。

永久（Perpetual）：表示当声音图标中的声音文件播放完以后，Authorware 系统还会时刻监视"开始"（Begin）文本框中变量或表达式的值。一旦此值为真（TRUE），声音文件就会再次播放,且播放的同时继续执行流程线上的下一个图标。

(8)"播放"(Play)下拉列表框:包含如下两个选项。

播放次数(Fixed Number of Times):选中这个选项以后,可以在其下面的文本框中输入一个正整数,用来控制声音文件的播放次数。默认情况下播放次数为1。

直到为真(Until True):选中这个选项以后,可以在其下面的文本框中输入一个变量或表达式。在执行程序播放声音文件时,Authorware 系统就会时刻监视变量或表达值。一旦此值为真就停止播放声音文件。

(9)速率(Rate):用来设置声音文件播放的速率。其默认值为100%,表示保持原来的速率不变。如果设置的速率值比100%大,则声音文件加速播放;如果设置的速率值比100%小,则声音文件减速播放。

(10)等待前一声音完成(Wait for Pervious Sound):表示只有在播放完流程线上前一个声音图标中的声音文件之后才可以播放当前声音文件。

2. 加入 GIF 动画

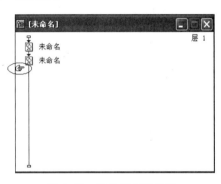

在 Authorware 7.0 中,若以图形/图像或文本的方式导入外部的 GIF 动画,则导入的 GIF 动画不会动,只显示第1帧画面。所以只能使用下面的方法来添加 GIF 动画。

(1)在流程线上想要加入 GIF 动画的位置单击,即将"手形"标识定位于此,如图 7-20 所示。

图 7-20　定位"手形"标识

(2)执行菜单命令"插入"(Insert)→"媒体"(Media)→Animated GIF,则弹出图 7-21 所示的"GIF 动画资源属性"(Animated GIF Asset Properties)对话框。

图 7-21　GIF 动画资源属性对话框

① "浏览"按钮:单击此按钮可以在弹出的"打开 GIF 文件"(Open animated GIF file)对话框中打开一个 GIF 动画文件,同时"GIF 动画资源属性"对话框将变成图 7-22 所示的形式。

② 导入(Import):打开一个 GIF 文件以后,在 Import 下面的文本框中将显示当前

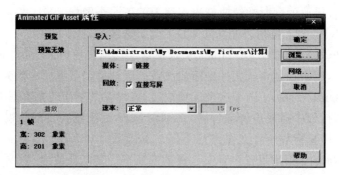

图 7-22　打开 GIF 文件以后的"Animated GIF Asset 属性"对话框

GIF 文件的路径和文件名。如果在打开一个 GIF 文件之前,已经确定 GIF 文件所在的路径和文件名,则可以直接在这里输入路径和文件名来打开 GIF 文件。

③ 基本信息显示区域:显示当前 GIF 动画的帧数、高度和宽度。

④ 媒体(Media):设置 GIF 文件的存储方式。如果选中"链接"(Linked)复选框,则 GIF 文件将以外部方式存储,否则以内部方式存储。

⑤ 回放(Playback):设置 GIF 动画的显示模式。如果选中后面的"直接写屏"(Direct to Screen)复选框,则不管 GIF 动画在流程线上的位置如何,在程序运行时 GIF 动画总在最上面显示,否则以流程线上的顺序或层次设置来显示。

⑥ 速率(Tempo):用来设置 GIF 动画的播放速率,分为以下 3 种。

正常(Normal):以正常速率播放 GIF 动画,这也是 Authorware 的默认选项。

固定帧数(Fixed):选中这个选项以后,将激活其后面的文本框,用来设置播放速率。

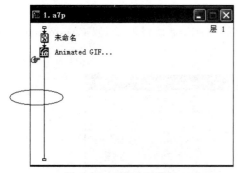

图 7-23　GIF 动画图标

默认设置为 15 帧/秒,如果大于 15 帧/秒将加速播放,小于 15 帧/秒将减速播放。

前后紧接(Lock-Step):如果选中这个选项,则 GIF 动画将以一种系统默认的连续的速度播放。

(3) 在"Animated GIF Asset 属性"对话框中设置好 GIF 动画的各种相关参数以后,单击"确定"按钮返回设计窗口。此时可以发现,在流程线上的"手形"标识处多了一个 GIF 动画图标,如图 7-23 所示。

(4) 在流程线上双击 GIF 动画图标打开 GIF 动画图标的属性面板,如图 7-24 所示。单击"选项"按钮将再次打开"Animated GIF Asset 属性"对话框。属性面板中的其他选项类似于显示图标属性面板中的相关选项,在此不再赘述。

(5) 单击"运行"按钮 ，或执行菜单命令"调试"→"重新开始",或按 Ctrl+R 快捷键,就可以在演示窗口中欣赏到 GIF 动画了。

Flash 动画的加入方法类似于 GIF 动画的加入方法。

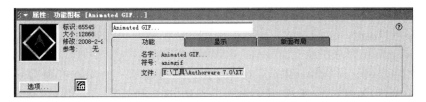

图 7-24　"Animated GIF Asset 属性"面板

3. 加入 QuickTime 视频

QuickTime 视频是 Apple 公司开发的一种视频格式,其扩展名为 mov,是一种流媒体格式,因此在网络和基于网络的多媒体 CAI 课件中得到了广泛的应用。Authorware 7.0 支持 QuickTime 视频的播放。QuickTime 视频的加入方法类似于 Flash 动画的加入方法。

（1）在流程线上想要加入 QuickTime 视频的位置单击鼠标左键,即将"手形"标识定位于此。

（2）执行菜单命令"插入"（Insert）→"媒体"（Media）→QuickTime,然后在弹出的"QuickTime Xtra 属性"（QuickTime Xtra Properties）对话框中,通过单击"浏览"按钮打开一个 QuickTime 视频文件。打开 QuickTime 视频文件以后的"QuickTime Xtra 属性"对话框如图 7-25 所示。

图 7-25　打开 QuickTime 文件以后的"QuickTime Xtra 属性"对话框

（3）"QuickTime 视频属性"对话框中的大部分选项类似于"Animated GIF Asset 属性"对话框中的选项,因此只介绍一些不同的选项。

① 取景（Framing）：用来设置播放 QuickTime 视频时的取景方式,包含如下几个选项。

裁切（Crop）：设置是否对画面进行裁切。如果选中该单选按钮,则会激活后面的"居中"（Center）复选框,表示裁切以后保留画面的中心区域。

比例（Scale）：设置是否对画面按比例缩放。

② 选项(Options)：包含如下两个复选框。

直接写屏(Direct to Screen)：不管 QuickTime 图标在流程线上的位置如何，程序运行时 QuickTime 视频总在最上面显示。

显示控制器(Show Controller)：在程序运行时会显示一个用来控制 QuickTime 视频播放的控制器，如图 7-26 所示，从左到右分别是"音量调节"按钮、"播放"按钮、进度条、"上一帧"按钮和"下一帧"按钮。

图 7-26　QuickTime 视频播放控制面板

③ 视频(Video)：该下拉列表框中共包含如下几个选项。

与音频同步(Sync to Soundtrack)：选中该选项后，播放 QuickTime 视频时会同步播放音频。

播放每一帧(没有声音)(Paly Every Frame(No Sound))：选中该选项后，播放 QuickTime 视频时只播放视频而不播放音频。

④ 速率(Rate)：用来设置播放 QuickTime 视频时的速率。共有 3 个选项：正常(Normal)、最大(Maximum)和固定(Fixed)。

(4) 完成相关设置以后，单击"确定"按钮，返回设计窗口。此时可以发现，在流程线上的"手形"标识处多了一个 QuickTime 图标，如图 7-27 所示。

(5) 在流程线上双击 QuickTime 图标就会打开 QuickTime 图标的属性面板，如图 7-28 所示。单击"选项"按钮会再次打开

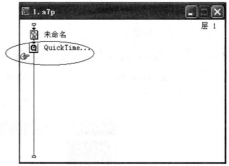

图 7-27　QuickTime 图标

"QuickTime Xtra 属性"对话框。由于属性面板中的其他选项类似于 Flash 动画图标属性面板中的相关选项，所以在此不再赘述。

图 7-28　QuickTime 图标的属性面板

(6) 单击"运行"按钮 ，或执行菜单命令"调试"→"重新开始"，或按 Ctrl＋R 快捷键，就可以在演示窗口中欣赏到精彩的 QuickTime 视频。

4. 数字电影图标的使用

数字电影图标 (Digital Movie)用来将数字电影文件导入作品中，以增强视觉效果。数字电影多用于片头动画、片尾动画以及一些实景视频资料的播放。Authorware 7.0 支持

的数字电影格式较多,如 MPEG、FLC、FLI、Video for Windows、Windows Media Player、
Director 和 Bitmap Sequence 等。下面以一个实
例来介绍数字电影图标的使用方法。

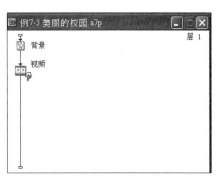

例 7-3 美丽的校园。通过数字电影图标播
放一段校园风光数字电影。

(1)打开 Authorware 7.0,新建一个文件,
并且将其保存为"例 7-3 美丽的校园.a7p"。在设
计窗口中顺序拖入一个显示图标和一个数字电
影图标,并且将其分别命名为"背景"和"视频"。
其程序流程图如图 7-29 所示。

图 7-29　程序流程图

(2)双击打开"背景"显示图标的演示窗口,
导入一幅背景图片。在其正上方输入"美丽的校
园"文本信息,并且进行简单的设置,如图 7-30 所示。

图 7-30　"背景"显示图标的内容

(3)打开"视频"数字电影图标的属性面板,如图 7-31 所示。单击"导入"按钮,在弹
出的"导入哪个文件"对话框中打开需要的数字电影文件。

图 7-31　数字电影图标的属性面板

(4)对"视频"数字电影图标属性面板中的相关选项进行设置,其方法如下。

①"电影"选项卡。

文件(File):显示所导入的数字电影文件所在的路径和文件名。如果在导入之前已

经确定这个数字电影文件的路径和文件名,则可以直接在这里输入路径和文件名,来打开数字电影文件。

存储(Storage):显示数字电影文件在 Authorware 中的存储方式,包括内部(Internal)和外部(External)两种方式。

层(Layer):显示和设置数字电影所在的层次。

模式(Mode):用来设置数字电影的覆盖模式。

选项(Options):有以下几项内容。

同时播放声音(Audio On):只有选中这个复选框,播放数字电影时才会播放数字电影文件中的伴音(数字电影文件中有伴音存在)。

使用电影调色板(Use Movie Palette):程序运行播放数字电影时会使用数字电影的调色板,而不使用 Authorware 默认的调色板。

使用交互作用(Interactivity):程序运行播放 Director 数字电影时,允许用户进行交互性操作。

其他复选框与前面已经介绍的一些图标属性面板中的复选框含义相同,所以在此不再多做介绍。

②"计时"选项卡。

数字电影图标属性面板中的"计时"选项卡的大部分选项与声音图标属性面板"计时"选项卡中的选项相同,因此在这里不再介绍。

(5)设置数字电影播放时画面的大小和位置。单击"运行"按钮 ,或执行菜单命令"调试"→"重新开始",或按 Ctrl+R 快捷键运行程序,当数字电影处于播放状态时,执行菜单命令"调试"→"暂停",或按 Ctrl+P 快捷键暂停程序的运行,然后在演示窗口中像调整图片一样调整数字电影画面的大小和位置,如图 7-32 所示。

图 7-32　调整数字电影画面的大小和位置

(6)再次单击"运行"按钮 ,或执行菜单命令"调试"→"重新开始",或按 Ctrl+R 快捷键运行程序,就可以欣赏我们的作品了。

7.3 Authorware 的动画功能

多媒体程序最大的特征就是以动态的效果来吸引人的注意力。丰富多彩的动画设计往往比静态文字和图片更具有魅力。在 Authorware 中制作动画是由移动图标☑来实现的。利用移动图标可以将显示图标中的对象在不改变其形状、大小和方向的前提下,使其沿着已经设定好的路径运动。被移动的对象可以是文本、静态的图形、图像、动画和视频等。在 Authorware 7.0 中,有指向固定点、指向固定直线上的某点、指向固定区域内的某点、指向固定路径上的终点和指向固定路径上的任意点 5 种动画设计方式。

下面通过几个实例来介绍 Authorware 7.0 中的动画设计功能。

7.3.1 指向固定点的动画

指向固定点的移动方式是指定的对象从原始位置沿直线路径运动到设定的终点。这是 Authorware 中最简单的动画设置类型。

例 7-4 升旗的动画。利用指向固定点的(Direct to Point)方式制作一个升旗的动画。当程序运行时,演示窗口中显示一面红旗沿着旗杆徐徐升起的动画。

要制作升旗的动画效果,应首先加入两个显示图标,分别用于绘制旗杆和红旗两个图形,然后加入移动图标,将红旗从旗杆底端移动到顶端。具体制作过程如下。

(1)单击工具栏上的"新建"按钮,新建一个文件。拖动一个显示图标到程序流程线上,命名为"杆"。双击该显示图标,打开其演示窗口,利用绘图工具绘制旗杆和底座。绘图完成后,关闭演示窗口。

(2)在程序流程线上添加一个显示图标,并将其命名为"旗"。利用矩形工具画一个适当大小的矩形,将其填充为红色以表示红旗。也可以在 Word 中使用插入自选图形功能绘制一个五星红旗,然后复制、粘贴到"旗"图标的演示窗口中。

(3)单击工具栏中的"运行"按钮运行程序,演示窗口中同时出现了红旗与旗杆。调整它们的位置。

(4)拖动一个移动图标到程序流程线上,将其命名为"升旗",同时打开"杆"和"旗"两个显示图标,然后双击程序流程线上的移动图标,显示其属性面板。单击演示窗口中的红旗图形,指定要移动的对象为红旗。此时在"Object"框中显示移动对象的图标名称为"红旗"。

(5)在"类型"下拉列表框中保持默认的"指向固定点"选项,在提示栏中显示的信息则在其上面的提示栏中会显示"拖动对象到目的地"。拖动红旗到旗杆的顶部。"目标"表示运动终点的绝对坐标,在其文本框中可输入目的位置的坐标。

(6)单击属性-运动图标的升旗标签,显示"运动图标"选项卡,如图 7-33 所示。在"定时"下拉列表框中选择"时间"选项,在其下面的文本框内输入数字 6,表示红旗升起所用时间为 6 秒。也可以选择"速率"选项,设置移动的速率(秒/英寸)。

图 7-33　直接到终点"属性-运动图标"选项卡设置

（7）至此，程序完成。将程序以文件名"例 7-4 升旗"存盘。整个程序流程如图 7-34 所示。单击工具栏中的"运行"按钮运行程序，可以看到一面红旗沿旗杆徐徐升起。

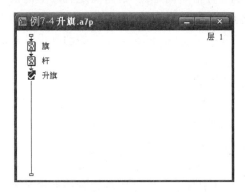

图 7-34　"升旗"程序流程图

7.3.2　指向固定直线上的某点的动画

指向固定直线上的某点的移动方式是基于常量、变量或表达式的返回值确定运动终点的移动方式。运动的终点局限于一条直线，不像指向固定点的方式那样，其终点就很随意。

例 7-5　打靶。本节通过一个打靶的例子说明指向固定直线上的某点的移动方式的制作及应用。当程序运行时，将看到一支箭沿直线移动到指定靶子的位置。

（1）新建文件，在流程线上加入一个显示图标并命名为"靶子"。打开其演示窗口，利用椭圆工具和直线工具绘制一个靶子。

（2）再加入一个显示图标，将其命名为"箭"。在其演示窗口中，利用直线工具制作一水平带箭头的直线当作箭。

（3）单击工具栏上的"运行"按钮运行程序，使箭和靶子在同一演示窗口中。调整箭和靶子的位置。

（4）在流程线上增加一个移动图标，并将其命名为"射击"，此时程序流程结构如图 7-35 所示。

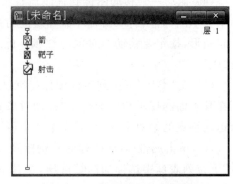

图 7-35　"打靶"程序流程图

再次运行程序,会显示出移动图标属性面板。在演示窗口中单击箭,完成移动对象的载入。在"类型"(Type)下拉列表框中选择"指向固定直线上的某点"(Direct to Line)选项,如图7-36所示。

图7-36　移动图标属性

（5）单击移动图标属性面板,使其激活。选中"基点"单选按钮,然后拖动箭到基点位置,作为移动目标直线的起始位置。选中"终点"单选按钮,拖动箭到终点位置,作为移动目标直线的终止位置。此时在基点和终点之间会出现一条线段,即移动对象的目标范围（程序运行时,不显示此线段）。

（6）"目标"文本框中的值可以确定移动终点在直线上的相对位置,基点和终点的默认值分别为0和100。默认情况下,若"目标"值为60,则箭将射到距基点处60%的目标直线上。若将"基点"和"终点"的值分别改为30和80,"目标"值改为60,则箭将射到直线上距基点处(60-30)/(80-30)=60%的目标位置。在此,设定"基点"和"终点"的值分别为0和100,在"目标"文本框中输入Random(0,100,1),表示让计算机随机在0～100之间取一个数,间隔为1,这样可以使打靶结果更具随机性。

（7）在"定时"下面的文本框中输入0.5,表示箭头运动的时间为0.5秒。设置好的移动图标属性面板如图7-37所示。

图7-37　完成设置的移动图标属性面板

（8）设置完毕,关闭"属性:移动图标"对话框。将程序以文件名"例7-5 射箭"存盘。多次运行程序查看效果。可以看到,每次运行时箭头击中的目标都是不确定的。

7.3.3　指向固定区域内的某点的动画

指向固定区域内的某点（Direct to Grid）的移动方式与沿直线定位移动的区别在于:前者类似于建立一个一维坐标系,后者则建立一个二维坐标系。沿平面定位移动会使被移动对象从演示窗口中的显示位置,移动到指定区域内的二维坐标位置点。

例7-6　台球运动。本节将通过一个台球运动的实例说明如何使用指向固定区域内的某点的移动方式。当程序运行时,球将按照设置的值,进入不同的"球洞"。

要制作台球移动的动画效果,首先应加入两个显示图标,分别用来绘制球桌和球两个图形。然后加入移动图标,确定移动目标终点所在的区域为 6 个球洞组成的矩形框,还要设定目标的相对位置表达式。具体制作过程如下。

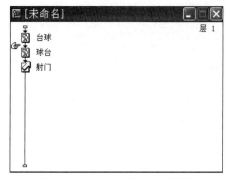

图 7-38 "台球运动"程序流程图

（1）新建文件,在程序流程线上加入一个显示图标并将其命名为"球台"。在该图标的演示窗口中制作带 6 个球洞的球台。

（2）增加一个显示图标,将其命名为"台球"。在图标的演示窗口中央,利用椭圆工具绘制一个黑色的台球。

（3）在"球台"图标之后加入一个移动图标,并将其命名为"射门"。此时程序总体结构已制作完毕,如图 7-38 所示。

（4）单击工具栏上的"运行"按钮运行程序,演示窗口将同时显示"球台"、"台球"图形,并激活移动图标属性对话框。单击演示窗口中的台球,将其设定为移动对象。设置"类型"为"指向固定区域内的某点",移动的时间设置为 0.5 秒,"远端范围"设置为"在终点停止",如图 7-39 所示。

图 7-39 "射门"移动图标属性设置

（5）单击流程线上的"射门"移动图标,显示"移动图标"选项卡。执行步骤 5 和步骤 6 后的"属性-移动图标"选项卡,如图 7-40 所示。选中"基点"单选按钮,将移动对象台球拖到左上角的球洞中,来定义二维空间的左上角。选中"终点"单选按钮,将台球拖到右下角的球洞中,定义二维空间的右下角。此时在显示区域内会显示一个矩形方框,以标识台球移动的范围。该矩形方框在程序运行时不出现。

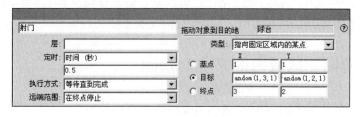

图 7-40 沿平面定位移动的选项卡设置

（6）设定目标位置。因为球台中包含 2 行 3 列球洞,所以设置"基点"的 X、Y 值都为 1,"终点"的 X、Y 值分别为 3 和 2。然后,设定"目标"的 X、Y 分别为 Random(1、3、1)和

Random(1、2、1)。则每次运行程序台球都会移动到球洞中,但是具体位置不确定。

（7）参数设置过程中随时可以单击属性面板左下角的"预览"按钮预览移动效果,如有不满意的地方可以重新设定。

（8）程序制作完成,将程序以文件名"例7-6台球运动"存盘。

7.3.4 指向固定路径的终点的动画

指向固定路径上的终点的动画是指沿着一条路径,将对象从当前位置移动到路径的终点。路径可以由直线段或曲线段组成。

例7-7 小球弹跳运动。本程序包含两个图标:一个是显示图标,用于绘制小球;另一个是移动图标,用于控制小球沿设定的路径移动。具体制作步骤如下。

（1）单击工具栏上的"新建"按钮新建一个程序文件,在流程线上加入一个显示图标并将其命名为"小球"。

（2）打开显示图标的演示窗口,使用工具箱中的椭圆工具绘制一个小球或者导入一个小球的图片。

（3）在流程线上增加一个移动图标,并将其命名为"跳动"。此时的程序结构如图7-41所示。

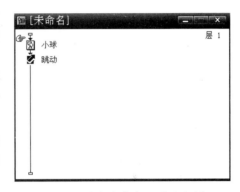

图7-41 "小球弹跳"程序流程图

（4）双击移动图标,显示移动图标属性面板。将移动"类型"设置为"指向固定路径的终点"。

（5）为建立小球弹跳的路径,单击演示窗口中的小球。在小球中间会出现一个黑色三角形,表示路径的起始点。拖动黑色三角形到一个合适的起始位置,然后拖动小球(不要拖动三角形)到一个合适的位置建立路径的一个关键点。按照同样的方法拉出图7-42所示的折线。

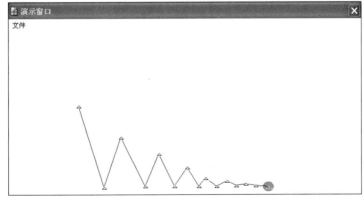

图7-42 路径设置

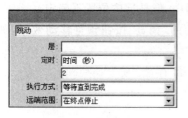

图 7-43 沿任意路径到终点
"Motion"选项卡

（6）为了使小球的跳动路径平滑一些,可以双击折线顶部的三角符号,使折线变为弧线,此时三角符号将变为圆形符号。如果不满意,可以双击圆形符号,使弧线还原为折线。

（7）"时间"和"执行方式"的设置如图 7-43 所示,在其中设定移动的"时间"为 2 秒,"执行方式"为默认值。

（8）设置完成后,关闭移动图标属性对话框。

（9）制作完成,将程序以文件名"例 7-7 小球弹跳"存盘。单击工具栏上的"运行"按钮运行程序,可以看到小球下落后跳动的动画。

7.3.5 指向固定路径上的任意点的动画

此移动方式是基于常量、变量或表达式的返回值确定运动终点的移动方式。该方式也需定义一段路径,并在其"目标"文本框中输入一个表达式,确定移动对象的终点位置。本节通过制作一个"时钟"程序,来介绍该移动方式的操作方法。

例 7-8 钟表秒针移动。本示例只包含两个显示图标和一个移动图标。两个显示图标分别用来展示表盘和秒针,移动图标用来控制秒针沿表盘永久运动。具体制作步骤如下。

（1）选择"文件"→"新建"→"文件"命令,创建一个文件。然后,添加一个显示图标,并将其命名为"表盘"。打开该显示图标的演示窗口,绘制图 7-44 所示的表盘。在表盘内,按图 7-44 所示的格式加入文本"北京时间{FullTime}",其中 FullTime 是返回当前计算机系统时间的系统变量,{FullTime}表示在该处显示 FullTime 变量当前的值。

（2）激活"表盘"显示图标属性面板。在"选项"选项组中选中"更新显示变量"复选框,使表盘中动态显示出当前时间。

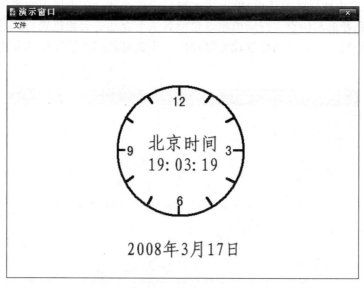

图 7-44 绘制表盘

（3）关闭"表盘"显示图标演示窗口。再增加一个显示图标，并将其命名为"秒针"。在此，为了方便，在该显示图标中绘制一个红色小球当作秒针。

（4）增加一个移动图标到流程线上，将其命名为"移动"。

（5）单击工具栏上的"运行"按钮运行程序，演示窗口中将出现表盘和红色小球。在出现的移动图标属性面板中，选择移动"类型"为"指向固定路径上的任意点"，指定移动对象为红色小球。

（6）按图 7-45 所示的方式设置折线路径，即从 12 位置开始，依次经过 3、6、9 共 3 个路径关键点后返回到 12 位置，形成一个正方形的封闭路径。

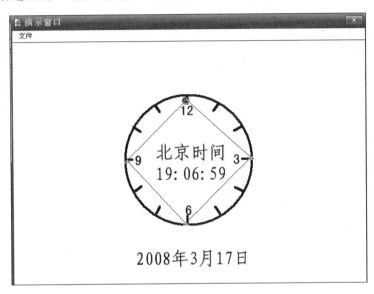

图 7-45　设置折线路径

（7）分别双击 3 和 9 位置的两个三角符号，使方形路径变为圆形，并且与表盘的圆形重合。

（8）在移动图标属性面板中的"定时"下拉列表框中设定移动的"时间"为 0 秒，"执行方式"选择为"永久"。

（9）分别设定"基点"、"目标"和"终点"文本框的值为 0、Sec、59。

（10）将程序以文件名"例 7-8 时钟"存盘。运行程序，可以看到表盘中会动态显示当前的时间，而红色小球也将沿着表盘永久运动，且运动的速度及位置同表盘中的秒数完全一致。再在"表盘"显示图标中加入一个新的文本对象{FullDate}，此时动态显示当前的日期。运行程序观看效果。

本例中将移动的路径设定为表盘的圆周。路径的相对值从 0 至 59，正好同系统时钟中秒的变化相对应。运行的并发性设置为永久运动。"目标"值对应的 Sec 变量可以返回计算机系统时间中秒的值。因为 Sec 的值从 0 至 59 不断循环变化，所以作为永久运动方式，红色小球也会不断地循环运动。

7.4 Authorware 的交互功能

人机交互是计算机最主要的特点之一。Authorware 作为一种多媒体设计软件,具有强大的交互功能。该功能主要通过交互图标实现。因此学好交互图标的使用方法,是学会使用 Authorware 的一个重要方面。有效准确地利用交互图标可以制作出界面友好、控制灵活的多媒体软件。

7.4.1 认识交互图标

1. 交互响应结构的组成

如图 7-46 所示,一个典型的交互响应结构是由交互图标、交互类型标识和交互响应分支 3 部分所组成的。

(1) 交互图标:交互图标是交互响应结构中最重要的组成部分,是整个交互响应结构的入口。交互图标除了可以实现交互控制的功能以外,同时还具有显示图标的功能,即在交互图标中也可以显示文本、图形和图像等。

(2) 交互类型标识:交互类型是指 Authorware 通过什么方式或手段来实现交互功能,标识就是指这种方式或手段的比较形象的标记。在 Authorware 中有 11 种交互类型,如图 7-47 所示。每一种类型的左面都标出了该交互类型的标识,右面则是交互类型的名称。

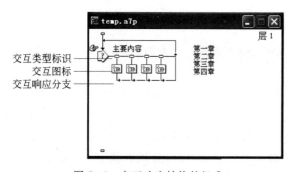

图 7-46　交互响应结构的组成

图 7-47　"交互类型"对话框

(3) 交互响应分支:用来实现交互响应的分支流程。比如,图 7-46 中的交互响应结构就有 4 个交互响应分支。

2. 交互图标的属性面板

交互图标的属性面板如图 7-48 所示。默认情况下显示的是"交互作用"(Interaction)选项卡。

(1) 标题框:用来显示和修改交互图标的名称。

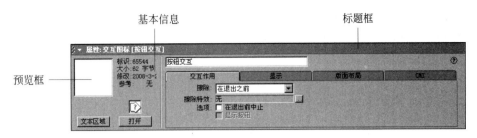

图 7-48　交互图标的属性面板

（2）基本信息：显示当前交互图标的一些基本信息，类似于显示图标。

（3）预览框：对当前交互图标中的内容以缩略图的形式显示。

（4）"打开"按钮：用于打开当前交互图标的演示窗口（交互图标具有显示图标的功能）。

（5）"文本区域"按钮：单击则打开图 7-49 所示的"属性：交互作用文本字段"对话框。在这里可以对交互区域中文本大小、位置、字体、颜色和字型等进行设置。

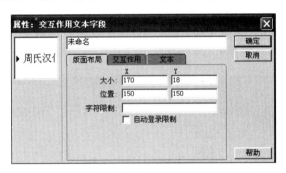

图 7-49　"属性：交互作用文本字段"对话框

1）"交互作用"（Interaction）选项卡

（1）"擦除"（Erase）下拉列表框：用来设置擦除交互图标中内容的方式。共包括以下 3 个选项。

① 在下次输入之后（After Next Entry）：交互响应发生后，在执行相应的交互响应分支内容前擦除。当执行完交互响应分支的内容后，执行下一次交互响应前会继续显示上一次执行完的交互响应分支内容。但是，当退出交互结构后，交互图标中的内容将被自动擦除。

② 在退出之前（Upon Exit）：在整个交互结构的运行期间都不擦除，只有在退出交互结构时才擦除交互图标中的内容。

③ 不擦除（Don't Exit）：不管是在交互结构的运行期间，还是在交互结构退出以后，都不会擦除交互图标中的内容。如果想擦除，只能使用擦除图标。

（2）擦除特效（Erase）：用来设置擦除交互图标中内容时的擦除过渡方式，设置方法类似于显示图标的擦除过渡方式。

（3）选项（Options）：包含以下两个复选框

① 在退出前终止（Pause Before Exit）：在退出交互结构时系统会暂停程序的执行，

单击鼠标或按键盘任意键程序将继续执行(退出交互结构)。

② 显示按钮(Show Button):此复选框只有选中"在退出前终止"(Pause Before Exit)复选框后才有效,表示暂停程序执行时,会在屏幕的左上角显示一个"继续"(Continue)按钮。单击此按钮或按任意键将继续执行程序(退出交互结构)。

2)"显示"(Display)选项卡

交互图标属性面板的"显示"(Display)选项卡如图 7-50 所示。从图中可以看出,它的所有选项均等同于显示图标属性面板中的相应选项,所以在此不再赘述。

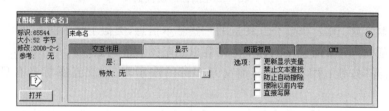

图 7-50　交互图标属性面板的"显示"(Display)选项卡

3)"版面布局"(Layout)选项卡

交互图标属性面板的"版面布局"(Layout)选项卡如图 7-51 所示。从图中可以看出,它的所有选项均等同于显示图标属性面板中的相应选项,所以在此不再赘述。

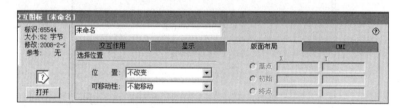

图 7-51　交互图标属性面板的"版面布局"(Layout)选项卡

4) CMI(计算机管理教学)选项卡

交互图标属性面板的 CMI(计算机管理教学)选项卡如图 7-52 所示。顾名思义,此选项卡中的内容主要用来对用户的交互操作进行跟踪,以便即时反馈信息,从而改进优化程序,提高教学质量。

图 7-52　交互图标属性面板的 CMI(计算机管理教学)选项卡

(1)"知识对象轨迹"(Knowledge Track):在程序运行期间 Authorware 系统会自动跟踪用户在交互过程中的各种操作。

(2)"交互标识"(Interaction ID)文本框:用来指定当前交互图标在 CMI(计算机管理教学)中的标识号。值得注意的是,此标识号必须唯一。

（3）"目标标识"（Object ID）文本框：用来指定当前交互图标在 CMI（计算机管理教学）中的对象标识号。

（4）"重要"（Weight）：用来指定当前交互图标在 CMI（计算机管理教学）中的重要性。

（5）"类型"（Type）下拉列表框：用来指定当前交互图标在 CMI（计算机管理教学）中的响应类型。

7.4.2 交互响应应用实例

1. 按钮交互响应

例 7-9 按钮响应。关于按钮（Button）交互响应的设置内容较多,本节将通过制作一道选择题的示例逐步介绍按钮响应的设置和应用方法。本示例的运行效果是,首先在演示窗口中显示一行文本作为问题,在问题下方列有 4 个按钮表示 4 个候选答案。当用户通过按钮回答问题时,机器会给出评判。具体步骤如下。

（1）新建一个程序文件,在程序流程线上加入一个交互图标,将其命名为"选择题 1"。双击该交互图标,在演示窗口中加入以下文本对象"一、以下哪个城市不是中国的直辖市?"作为问题。输入完毕,关闭演示窗口。

（2）拖动一个显示图标到交互图标的右侧,在弹出的"交互类型"（Response Type）对话框中选择"按钮"（Button）类型,单击"确定"按钮关闭"交互类型"（Response Type）对话框。然后,将新加入的显示图标命名为"A 重庆"。

（3）重复步骤（2）,顺序在交互图标右侧加入 3 个显示图标,并分别命名为"B 上海"、"C 广州"、"D 天津"。

（4）双击交互图标,显示其演示窗口。可以看到在演示窗口中又增加了 4 个按钮,标题分别是"A 重庆"、"B 上海"、"C 广州"、"D 天津",即刚刚增加的 4 个响应图标的名称。调整文本对象和 4 个按钮到合适的位置,然后关闭演示窗口。其程序结构如图 7-53 所示。

（5）依次打开 4 个显示图标,在第 3 个图标中加入"恭喜你! 答对了!"文本对象,其他图标中加入"别灰心,再来一次!"文本对象。

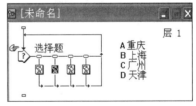

图 7-53 "按钮响应"程序流程图

（6）运行程序,再将程序以文件名"例 7-9 按钮响应"存盘。

2. 热区域交互响应

热区域（Hot Spot）在 Authorware 交互图标的响应类型中是指交互图标演示窗口中经过用户定义的可以响应用户鼠标操作的一个矩形区域。

例 7-10 热区域响应。本节通过"看图识字"的示例介绍热区响应的使用方法。该例程序的基本运行过程为:首先显示一个包含椭圆、矩形和圆形的演示窗口,当用鼠标指向椭圆、矩形或圆形时,屏幕上将显示出对应的汉字及汉语拼音。

单击选择工具栏中的"新建"(New)按钮,新建一个程序文件。然后,按以下步骤操作。

(1) 在程序流程线上添加一个显示图标并命名为"图形",双击"图形"显示图标,打开"演示窗口",利用绘图工具绘制一个椭圆、一个矩形和一个圆。然后关闭"演示窗口"。再在程序流程线上添加一个交互图标,命名为"热区交互",在交互图标的右边添加一个组图标作为响应图标,同时打开"交互类型"对话框,在对话框中选中"热区域"单选按钮。

(2) 单击"确定-OK"按钮关闭"交互类型-Response Type"对话框,将刚加入的图标命名为"椭圆热区响应",显示该图标。向其中增加一个显示图标和一个等待图标及一个计算图标,将这3个图标分别命名为"文字及拼音"、"等待"和"返回"。利用文本工具向显示图标中添加文本对象"椭圆 Tuo Yuan"。在等待图标属性面板中选中"单击鼠标"复选框,其余项都不选中。然后向计算图标中输入"GoTo(IconID@"热区域交互")",其功能是返回到交互图标"热区域交互"处重新执行。程序流程如图 7-54 所示。

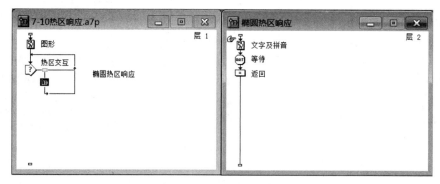

图 7-54　椭圆热区域响应流程图

(3) 按照上述方法,在交互流程中再增加"矩形热区域响应"与"圆热区域响应"两个群组图标,并同样在其中添加对应的显示图标、等待图标、计算图标并设置相应内容。程序流程如图 7-55 所示。

图 7-55　"热区域响应"例子流程图

(4) 双击"椭圆热区域响应"的响应类型标识符号,显示"椭圆热区域"交互图标属性面板",如图 7-56 所示。可以看到,在显示"椭圆热区域"交互图标属性面板的同时,相应

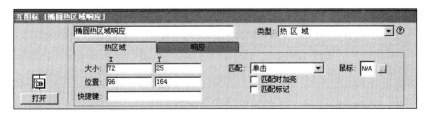

图 7-56　"椭圆热区域响应"交互图标属性面板

的响应图标演示窗口也会被显示出来,并出现热区域虚线框。拖动虚线框调整其位置,拖动虚线框的句柄调整框的大小,使其刚好覆盖住相应的椭圆形。

将"矩形热区域响应"和"圆热区域响应"的响应区域设置为刚好包含演示窗口中对应的图形。

（5）完成以上工作后,将程序以文件名"例 7-10 热区响应"存盘。运行程序,当鼠标移动到演示窗口中某个图形上时,将出现该图形对应的文字和拼音。本例至此制作完毕。

3. 热对象响应

例 7-11　热对象（Hot Object）响应。"热对象"响应和"热区域"响应十分相似,响应方式也基本相同。只不过前者产生的响应对象是一些实实在在的物体,而"热区域"响应是一个区域范围。本示例的功能是运行时屏幕出现"圆"和"三角形",把它们作为热对象。分别单击"圆"和"三角形"时,在"圆"和"三角形"的右边分别显示对应的汉字。简要制作方法如下:

在流程线上分别加入圆形和三角形的图形显示图标,拖动一个交互图标到程序流程线上显示图标的下面,命名为"热对象响应",再拖动两个显示图标到交互图标的右边作为响应图标,在显示的"响应类型-Response Type"对话框中选择"热对象-Hot Object"选项,单击"确定-OK"按钮关闭对话框。将响应图标分别命名为"圆形对象响应"和"三角形对象响应",如图 7-57（a）所示。

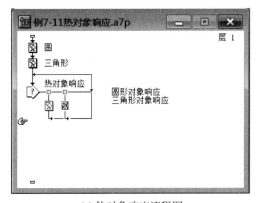

(a) 热对象响应流程图

图 7-57　热对应响应

(b) "属性"对话框

图 7-57 （续）

单击打开显示"圆"显示图标,再关闭该图标,然后双击流程线上的响应类型标记图标,显示热对象响应的"属性"对话框,如图 7-57(b)所示。在显示该对话框的同时,"圆形"显示图标也被显示。单击"圆形"显示图标"演示窗口"中的圆形对象,即指定了该对象为响应的对象。用同样的方法指定"三角形对象响应"的响应对象为"三角形"显示图标的三角形对象。完成以上工作后,即可运行程序。将程序以文件名"例 7-11 热对象响应"存盘。

4. 目标区响应

例 7-12 目标区(Target Area)响应。该示例程序要求操作者将圆形和正方形的文字一起拖动到与名称相对应的图形上,程序根据移动位置是否正确显示相应的提示信息。操作步骤如下。

(1) 在程序流程线上添加一个显示图标,将其命名为"目标区域"。打开演示窗口,利用绘图工具绘制一个圆、一个正方形,并填充一种模式。

(2) 添加两个显示图标,分别命名为"正方形"和"圆",并分别向其演示窗口中添加文本"正方形"和"圆",作为移动对象。

(3) 拖动一个交互图标到程序流程线上,将其命名为"判断"。在交互图标右边添加 4 个群组图标作为响应判断图标,在弹出的"交互类型"对话框中选择"目标区"单选按钮,单击"确定"按钮关闭该对话框。将 4 个群组图标分别命名为"正方形正确"、"正方形错误"、"圆正确"和"圆错误"。分别显示 4 个群组图标,在其二级程序流程线上添加 4 个显示图标,并向其演示窗口中添加"正确"、"移错了"。最后,再加一个显示图标作为结束图标。整个程序流程如图 7-58 所示。

(4) 双击交互图标右边的目标区响应类型标识符号,将显示目标区交互图标属性面板,如图 7-59 所示。同时,还能在演示窗口中看到一个矩形活动区域。在其中心有一个正方形,该区域即是系统默认的目标区。因为目标区在程序运行时不可见,所以只能在编辑或中断程序运行时才能看见。

在此说明"目标区"选项卡的各项功能。

"放下"下拉列表框:对象移动设置,其中包含以下选项。

在目标点放下:当用户放下对象时保持对象放置的位置。若对象中心在目标区域内,则执行响应图标。

返回:当用户放下对象且对象中心在目标区域内时,将对象推回到原处,并执行响应图标。

在中心定位:当用户放下对象且对象中心在目标区域内时,将对象自动拉到目标区

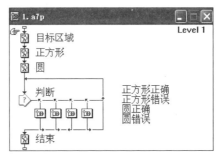

图 7-58 "目标区响应"程序流程图

图 7-59 目标区域"属性：交互图标(正方形正确)"对话框

域中心,并执行响应图标。

目标对象：目标对象的设置。当用户第一次选定对象后,该对象所在的图标标题将自动显示在这个文本框中。

允许任何对象：接受任何对象。一般情况下,一个目标区只接受一个指定的对象。选中该复选框后可使多个对象在同一个目标区中获得响应。但是,只能接受那些可移动(Movable)属性不为"从不"的对象。

以上选项设置完毕后,运行程序,发现并不能实现所想象的功能。这是因为没有设置好目标区域的对应位置。双击"正方形正确"响应类型标识符号,可以看到,在显示演示窗口的同时,将出现目标区域及"正方形正确"的响应虚线框。

调整"正方形正确"虚线框到正方形的位置,并且使其大小恰好覆盖正方形区域。利用同样的方法设置另外 3 个响应。不同的是,圆的正确响应虚线框拖到圆的目标区域上,错误响应的虚线框大小设置为整个运行窗口。

响应图标的属性面板设置如下。

正方形正确："放下"下拉列表框中选择"在目标点放下"。

圆正确："放下"下拉列表框中选择"在中心定位"。

两个错误："放下"下拉列表框中都选择"返回"。

其他保持系统默认值。

(5) 将程序以文件名"例 7-12 目标区响应"存盘。现在可以运行一下程序,看看设置的属性所对应的效果。当然,也可以改变属性设置,设置自己的风格。

5. 下拉菜单响应

菜单命令是大家比较熟悉的,几乎每个 Windows 应用程序的界面上都有若干个下拉菜单(Pull-down Menu)。它是应用程序普遍采用的一种交互形式。使用 Authorware 可以很容易地在应用程序中创建下拉菜单,实现菜单交互功能。

例 7-13　下拉菜单响应。为简单起见,这里通过制作显示风景的实例来介绍下拉菜单响应的实现。

(1) 单击工具栏上的"新建"按钮,创建一个新程序文件,拖动一个交互图标到程序流程线上并将其命名为"风景"。接着,添加一个显示图标到交互图标的右侧,在弹出的"交互类型"对话框中选择"下拉菜单"单选按钮,单击"确定"按钮,关闭"交互类型"对话框。将显示图标命名为"风景一"。

(2) 在"风景一"图标的右方再拖放两个显示图标和一个计算图标,它们将自动被设置为下拉菜单响应类型。分别将这三个图标命名为"风景二"、"风景三"、"结束"。

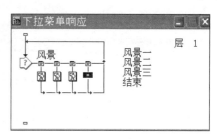

图 7-60　"下拉菜单响应"程序流程图

(3) 分别打开三个显示图标并导入相应风景图片,再打开计算图标,输入 Quit(),其功能是退出该程序。将程序以文件名"例 7-13 下拉菜单响应"存盘。整个程序流程图如图 7-60 所示。

6. 文本输入响应

下面通过创建一个密码输入的示例介绍文本输入响应(Text Entry)的操作方法。

例 7-14　文本响应。

拖动一个交互图标到程序流程线上,再添加一个群组图标到交互图标右侧,在显示的"交互类型"对话框中选择"文本输入"单选按钮,单击"确定"按钮关闭对话框。将该群组图标命名为"密码"双击交互图标,显示其演示窗口,利用文本工具添加文本"请输入密码:",并调整文本对象与交互文本域的大小及位置。关闭演示窗口。然后,双击响应类型标识符号,在显示的属性面板中设置如下属性。

(1)"模式"文本框:位于"文本输入"选项卡中,在该文本框中输入匹配字符"mima",即只有用户输入该字符时程序才向下执行。

(2)"忽略"选项组:位于"文本输入"选项卡中,其下的复选框全部选中。

(3)"擦除"下拉列表框:位于"响应"选项卡中,选择"在退出时"选项。

(4)"分支"下拉列表框:位于"响应"选项卡中,选择"退出交互"选项。

(5)"状态"下拉列表框:位于"响应"选项卡中,选择"不判断"选项。

其他设置项可以取系统的默认值。最后,在主流程线上添加一个显示图标,并在其演示窗口中创建一个内容为"密码正确"的文本对象,作为密码输入正确以后的提示内容。将该显示图标命名为"正确响应"。整个程序流程如图 7-61 所示。

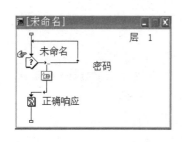

图 7-61　"文本响应"程序流程图

运行程序,演示窗口中会提示用户"请输入密码:"。

用户只有输入字符串"mima"(大小写通用)时程序才结束交互并显示"密码正确"的提示信息,否则将一直等待交互。将程序以文件名"例 7-14 文本响应"存盘。

7. 限次响应

在练习测试类软件中,当测试者没有正确解答问题时,可以再次给他解答的机会,但最多不超过 3 次。许多软件要求用户使用前必须输入密码,并且,如果用户不能在限定的次数内正确输入密码,程序将自动退出。

例 7-15 限次响应。对"例 7-14 文本响应"程序加以改进,将限次响应与文本输入响应相结合,实现输入密码的登录功能。

(1)打开"例 7-14 文本响应"文件,在"密码"图标右边添加一个群组图标,将其命名为"尝试"。双击其响应类型标识符号,在显示的交互图标属性面板中设置"类型"为"重试限制",如图 7-62 所示。

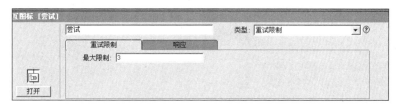

图 7-62　限次响应交互图标属性面板

(2)该属性面板中的"重试限制"选项卡中只有一个可设置项(最大限制:设置最大尝试次数),在此设置为 3 次,其他保持系统默认设置。

(3)双击"密码"显示图标,在其中添加一个擦除图标,用于擦除登录界面中的所有内容,避免程序向下执行时使运行窗口显得凌乱。

(4)双击"尝试"显示图标,在其二级程序设计窗口中添加程序图标,如图 7-63 所示。其中,擦除图标用于擦除登录界面,在其演示窗口输入提示信息为"你无权使用本软件"。使用等待图标设置提示文本显示的时间为 2 秒。使用计算图标退出程序,设置退出程序函数 Quit()。

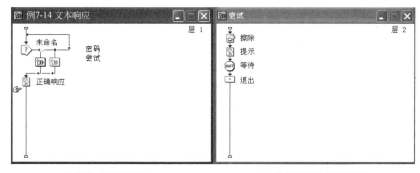

(a)限次响应流程图　　　　　(b)尝试图标中的流程图

图 7-63　"限次响应"程序流程图

（5）将程序另存为"例7-15 限次响应"。运行程序，在提示输入密码时输入密码。如果超过 3 次不正确，将显示"你无权使用本软件"的窗口，2 秒后将退出程序。

8. 限时响应

在设计抢答或密码验证类软件时，一般都有一个时间限制。登录者在规定时间内如果没有完成密码输入过程，系统将自动执行预先设置的程序进行超时处理。此类功能在 Authorware 中可以用限时响应（Time Limit）完成。

在创建"限时响应"程序之前，应该首先关注一下限时响应的属性设置内容。在流程线上双击交互中的响应类型标识符号，在弹出的交互图标属性面板中选择响应"类型"为"时间限制"，则可以看到限时响应的交互图标属性面板，如图 7-64 所示。其中，"时间限制"选项卡中各项参数的功能说明如下。

图 7-64   限时响应交互图标属性面板

（1）"时限"文本框：限定时间的设置，单位为秒。

（2）"中断"下拉列表框：计时中断的设置。当一个程序中同时含有其他的永久性交互，而倒计时正在进行时用户又点了其他永久交互，这将引起计时中断。其中包含以下选项。

①"继续计时"选项：当执行永久交互时继续计时。

②"暂停，在返回时恢复计时"选项：当执行永久交互时计时暂停，执行永久交互的结果图标后继续计时。

③"暂停，在返回时重新开始计时"选项：执行永久交互时计时暂停，执行完永久性的结果图标返回后重新开始倒计时，不管跳到永久交互前的倒计时是否结束。对永久交互的返回要求同"暂停，在返回时恢复计时"。

④"暂停，在运行时重新开始计时"选项：与上一选项的功能相同，区别是，如果跳到永久交互前倒计时已经停止，则返回后不再重新开始倒计时。

例7-16   限时响应。

本例通过完善例7-15的密码验证范例程序来说明限时交互的操作及应用。在现有的交互流程中增加一个名为"退出"的限时响应，设置退出程序函数 Quit（），并按照图 7-64 设置响应属性。

其中，"时限"设置为 15 秒。"中断"设置为"继续计时"。"选项"选择"显示剩余时间"。

目前整个程序流程图如图 7-65 所示。将程序另存为"例 7-16 限时响应"。如果登录者在 15 秒钟的时限内没有完成密码输入,将执行限时响应分支的运算图标退出程序。

9. 条件响应

条件响应(Conditional)与前面的响应有所不同,一般不是由用户直接通过某种操作来实现交互,而是由于某个状态的改变或某个条件变量的值的改变而触发交互的。条件响应的交互图标属性面板如图 7-66 所示。

对该面板中"条件"选项卡中各项功能的说明如下。

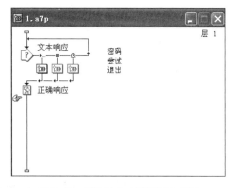

图 7-65 "限时响应"程序流程图

图 7-66 条件响应交互图标属性面板

(1) 条件:用来设置条件。用户可以在此输入变量或条件表达式,只有当变量或表达式的值为真时才有可能执行相应的响应图标。

(2) 自动:自动匹配设置。条件为真时并不一定执行响应图标,还要结合以下选项判定。

关:用户完成本交互图标中的所有交互操作且条件为真时才执行相应的响应图标。

为真:只要条件为真就执行响应图标。

当由假为真:只有当指定条件由假到真变化时才执行响应的图标。

例 7-17 条件响应。

下面继续制作上述密码验证范例程序,利用条件响应为程序增加辨认登录者身份的功能。

① 假设共有超级用户和普通用户两种身份的登录者。这两种用户的身份应该通过密码进行区别。超级用户采用密码 super,而普通用户采用密码 normal。因此,将原有交互流程中的文本输入响应匹配字符串设置为"super"|"normal",以便同时接收两个密码,如图 7-67(a)所示。

② 将文本输入响应的"分支"类型设置为"重试",以便于右边的响应能够继续处理登录者输入的内容。接下来向文本输入响应的右方增加一个条件响应,如图 7-67(b)所示,将响应"条件"设置为"EntryText="super""。变量 EntryText 保存着登录者在文本输入响应中输入的内容,因此当登录者输入 super 并按 Enter 键确认后,此条件响应将自动执行。

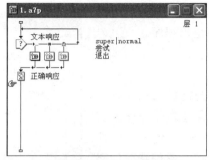

(a) 文本输入响应匹配字符串设置

(b) 条件响应流程图　　　　　　　(c) "EntryText=super"图标窗口设置

图 7-67　条件响应

③ 在"EntryText＝"super""图标中,可以添加根据登录者身份进行不同处理的流程。为简便起见,仅向其中增加图 7-67(c)所示的内容,即向登录者提示该用户当前已经以超级用户身份登录。

④ 仿照前两步的作法,再向交互流程中增加一个名为"EntryText＝"normal""的条件响应,来处理以普通用户身份登录的情况。

⑤ 运行程序,尝试输入不同的密码。可以发现,程序完全能够按照设计意图,根据密码区别两种不同身份的登录者。将程序另存为"例 7-17 条件响应"。

10. 按键响应

利用按键来控制对象移动,是一种十分常用的程序设计方法。下面来尝试一个例子,利用 4 个方向键来控制一幅动画的移动。

例 7-18　按键响应。

(1) 创建一个新文件,拖入一个数字电影画图标,将其命名为"动画"。双击该图标,打开演示窗口,导入一幅动画,其属性设置如图 7-68 所示,允许动画在显示窗口内运动。

(2) 同时,还要在"计时"选项卡中设置"执行方式"为"永久"、"播放"为"重复",以保证动画能够始终有效,循环播放。

(3) 拖入一个移动图标,将其命名为"运动"。双击"移动"打开演示窗口及移动图标属性面板,从"类型"中选择"指向固定区域内的某点"选项,然后选中动画画面,并拖动它

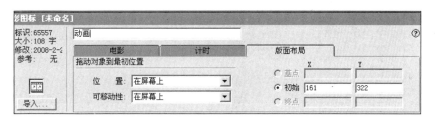

图 7-68 设置动画在显示窗口内运动

来定义运动区域。

（4）设置"目标"为(x,y)，如图 7-69 所示。

图 7-69 运动图标及变量 x、y 的设置

（5）设置移动图标属性面板上的"执行方式"为"永久"。

（6）拖动一个交互图标到"移动"图标之下，将其命名为"移动"。

（7）再拖入一个计算图标到交互图标的右侧，出现"交互类型"对话框，从中选择"按键"单选按钮，关闭该对话框。双击计算图标打开计算窗口，输入图 7-70 所示的内容。

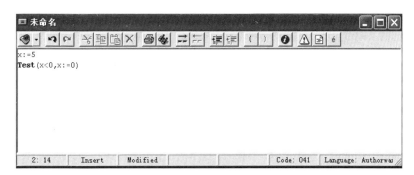

图 7-70 计算窗口

注意：Test 是一个系统函数，作用是判断条件是否成立，若成立就执行后面的表达式。

（8）关闭计算窗口，双击响应类型标识符号，打开其按键响应交互图标属性面板，在"快捷键"文本框中输入 LeftArrow，其他设置保持不变，如图 7-71 所示。

（9）用同样的方法设置其余几个按键响应分支，如图 7-72 所示。

（10）运行程序。可以看到，动画在上、下、左、右 4 个按键的控制下运动自如，且不会超出设定区域。到此为止，该程序段基本创建完成，将程序以文件名"例 7-18 按键响应"

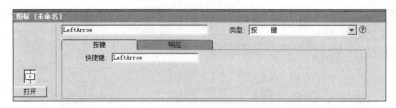

图 7-71　设置按键响应

图 7-72　RightArrow、DownArrow、UpArrow 计算图标的设置

存盘。其程序结构如图 7-73 所示。

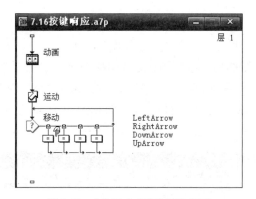

图 7-73　"按键响应"程序流程图

7.5　变量与函数及库和模板的使用

7.5.1　变量和函数的使用

1. 变量

变量是一个值可以改变的量。在 Authorware 7.0 中,变量可以分为两种:系统变量和自定义变量。

系统变量是 Authorware 自身建立的,并且能自动更新这些变量的值。系统变量的名称一般以大写字母开头。有些系统变量后面可以跟一个@字符,然后再加上一个图标标题,这种变量称为引用变量。自定义变量是由用户自己创建的变量,用于完成系统变量

图 7-74　"变量"面板

无法完成的某一特定的功能。

在 Authorware 中,主要通过"变量"面板来使用和监控变量,如图 7-74 所示。可以通过两种方式打开"变量"面板,选择"窗口"→"面板"→"变量"命令,将"变量"面板激活,或者单击工具栏上的"变量"按钮。

1) 变量使用场合

(1) 用于计算图标窗口中。Authorware 在计算图标窗口中使用变量时,常常写成表达式的形式。

(2) 用于对话框中。在对话框中的变量主要用来设置控制程序运行的条件。

2) 系统变量的使用方法

系统变量可分为 11 大类,即 CMI、决策、文件、框架、常规、图形、图标、交互、网络、时间和视频。

将光标定位到要使用系统变量的位置。然后,单击工具栏中的"变量"按钮,打开"变量"面板。在"分类"下拉列表中选择所要使用的系统变量名(如 NumEntry),单击"变量"面板底部的"粘贴"(Paste)按钮粘贴该系统变量。最后单击"完成"按钮关闭"变量"面板。

3) 自定义变量的使用方法

单击工具栏上的"变量"按钮,打开"变量"面板,再单击"新建"按钮,弹出"新建变量"对话框。在其中的"名字"文本框中输入自定义变量名,如 position。在"初始值"文本框中对其进行初始化,例如 0。单击"确定"按钮,关闭"新建变量"对话框。Authorware 能够自动跟踪自定义变量在整个程序运行中值的变化,并将它加到"变量"面板中的变量列表中。

2. 函数

函数,一般可以认为是提供某些特殊功能或者作用的子程序。Authorware 本身带有大量的系统函数。对于 Authorware 系统函数所无法完成的任务,可以由用户自己定义一个函数来完成。由于创建自定义函数需要用到 Windows 编程方面的许多知识,所以在这里就不对自定义函数加以介绍了。

1) "函数"面板

在 Authorware 中使用和监控函数,主要是通过"函数"面板来完成的。可以通过两种方法激活"函数"面板:选择"窗口"→"面板"→"函数"命令即可将"函数"面板激活,或单击工具栏中的"函数"按钮 f() 。"函数"面板如图 7-75 所示。

图 7-75　"函数"面板

2）系统函数的使用方法

将光标定位到要使用系统函数的位置。单击工具栏中的"函数"按钮，打开"函数"面板。在"分类"下拉列表框中选择要使用的函数所属的类别。

如果不能确认所用的函数属于哪一类，则可选择"全部"。在"分类"下拉列表中选择要使用的系统函数名，如 ABS、Quit。此时"描述"组合框中将显示对该系统函数的语法及使用方法的简短描述。单击"函数"面板底部的"粘贴"按钮粘贴该系统函数。最后单击"完成"按钮关闭"函数"面板。

7.5.2 库和模板

1. 库的简单介绍

Authorware 中的库是一个设计图标的集合。这些图标包括显示图标、交互图标、计算图标、数字电影图标及声音图标。一个库文件只能存储其中一个设计图标及其包含的内容。

库文件与应用程序间是一种链接关系，而不是一个图标的副本。因此，使用库文件可以节省存储空间，避免重复操作。当修改库中的一个图标内容时，在程序中用到该图标的地方，将同时得到更新，即有自动更新的优点。

1）创建库文件

选择"文件"→"新建"→"库"命令，弹出"未命名-1"的新库窗口，选择"文件"→"保存"命令，为新库文件命名，并保存库文件。

2）添加和删除库文件

（1）添加库文件。共有如下几种实现方法。

① 将一个图标从图标面板中拖放到库窗口中。

② 将 Authorware 文件中主流程线上的图标拖放到库窗口中。

③ 使用编辑方式。使用"复制"和"粘贴"命令将流程线上的某个设计图标复制到库窗口中。

④ 在不同的库之间移动库文件。

（2）删除不需要的库文件。

除上述几种编辑方式之外，还可以对库文件进行排序、扩展/折叠以及读/写控制操作。

3）查找和更新

（1）查找。一般情况下，当打开 Authorware 程序设计窗口时，与其有链接关系的库窗口也会同时打开。在某些物殊情况下，找不到相应的库文件时，可以进行查找。

在流程线上选择有链接关系的图标，选择"修改"→"图标"→"库链接"命令，打开与该图标标题名相同的对话框，对话框中会显示该链接图标的基本属性。单击"关闭"按钮将关闭链接查找。

（2）更新。对内容的修改，Authorware 会自动予以更新；但若对有链接关系的库文件的设置选项进行修改，Authorware 就不会自动更新它。这时，通过以下方式修改。

图 7-76 "库链接"对话框

打开需要更新的库窗口，然后选择"其他"→"库链接"命令，弹出"库链接"对话框。选择"完整链接"单选按钮，如图 7-76 所示。列表框中将显示链接的库文件。此时选择列表中所要进行更新的图标，单击"更新"按钮，Authorware 将弹出对话框，提示，若单击"更新"按钮将更新有链接关系的图标中的选项设置。

2. 模板

模板是流程线的一段流程结构。它可以是一个图标或包含多个图标的逻辑结构，同时，每一个图标内还要有一定的具体内容。在交互式程序中使用模板时，可以使用已创建的模板，也可以先创建一个新模板，然后再在程序包中引用它。当模板中的内容被移植到 Authorware 的流程线中以后，Authorware 就会复制模板中的内容，但不是链接关系。因此，用户可以在流程线中修改它而不会影响模板中的内容。

1）创建模板

（1）用鼠标选取创建模板的所有图标。

（2）选择"文件"→"存为模板"命令，打开"保存在模板"对话框，输入模板文件名，单击"保存"按钮。Authorware 默认的保存模板的文件夹是 Knowledge Objects。也可以在此文件夹下新建自己的文件夹来存储模板。

图 7-77 "知识对象"面板

（3）选择"窗口"→"面板"→"知识对象"命令，打开"知识对象"面板，在面板中单击"刷新"按钮，系统将对其中的知识对象进行更新，从而新的模板得以加载。此时，在"分类"下拉列表框的"全部"类别中便可以找到刚存储的新模板，如图 7-77 所示。其中的"动画"模板即为新加入的模板。

2）加载模板

有以下两种实现方法。

（1）打开要加载模板的程序，再打开"知识对象"面板，在"分类"下拉列表框中选择"全部"选项，从下面的下拉列表中选中所要加载的模板，比如"动画"模板。双击该模板，模板就被加载到流程线上了。

（2）选择所要加载的模板，比如"动画"模板，用鼠标直接将其拖放到所要加载的位置释放即可。

7.6　决策判断与框架结构设计

7.6.1　分支结构简介

决策判断分支结构主要用于程序控制。它的应用相当灵活,在不使用变量和跳转函数的情况下同样能够实现对程序流程的控制。

Authorware 提供了一个判断图标,用于创建分支路径。在分支路径中,顺序、分支、循环是程序的 3 种基本结构。这 3 种结构的有机组合可以实现任何复杂的程序结构。其中,顺序结构根据设计者在流程线上安排各图标的顺序自然形成。分支结构与循环结构一般由判断图标构成。只要掌握了判断图标的使用方法并加以灵活运用,就能构造出各种分支或循环,从而完成顺序结构所完成不了的功能。

1. 创建分支结构

在创建分支结构时,可以先在流程线上添加一个判断图标,然后再拖动几个群组图标到判断图标的右侧,即可生成一个分支结构,如图 7-78 所示。分支结构与交互结构大致相同,都具有若干个分支,但它们的执行原理却大相径庭。对于交互图标,用户是通过直接与交互循环进行交互来选择分支的。而对于判断图标,用户不能与判断图标的分支进行交互,而是要通过获取路径的参数,并通过参数的匹配来执行相应的分支。

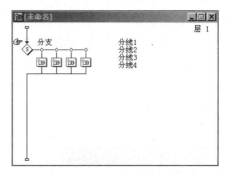

图 7-78　分支结构的创建

2. 设置判断图标属性

双击设计窗口的判断图标,打开判断图标属性面板,如图 7-79 所示。

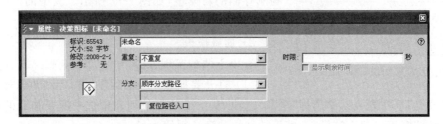

图 7-79　判断图标属性面板

下面对判断图标属性面板中的各个选项进行介绍。

1)"时限"文本框

在该文本框中输入秒数用来限制用户执行分支的时间。在文本框中输入的时间限制条件可以是数值或数值型变量及表达式。当用户判断时间超过时间限制时,Authorware将中断当前的工作并退出判断图标,执行主流程线上的下一个图标。

如果设置了限制时间,则"显示剩余时间"复选框将变为可用。选中该复选框后,屏幕上会出现一个小闹钟,用于显示执行当前分支结构的剩余时间。

2)"重复"下拉列表框

用于设置 Authorware 在执行完多少路径或在什么条件下才能够跳出该分支结构。Authorware 支持下列 5 种方式。

(1)选择"固定的循环次数"选项后,程序将根据下方的文本框中的输入数值,重复执行判断图标固定的次数。如果文本框中的值小于 1,则将退出判断图标,不执行任何分支。

(2)选择"所有的路径"选项后,表示分支将被循环执行,直到各个分支都被执行完毕。

(3)选择"直到单击鼠标或按任意键"选项,表示循环执行判断图标下的所有分支,直到用户单击鼠标或按下任意键为止。

(4)选择"直到判断值为真"选项,可用条件来控制循环。选择该选项后,需要在其下方的文本框内输入条件。条件可以是变量、函数或表达式。Authorware 会自动计算输入的变量或表达式的值。如果该值为假,就继续执行图标;如果该值为真,就退出判断图标。

(5)选择"不重复"选项,Authorware 将只执行判断图标一次,然后就退出判断图标,继续执行主流程线上的下一个图标。

3)" 分支"下拉列表框

"分支"设置中的选项将决定 Authorware 采取何种方式执行分支内容。每种方式都会用一个特定字母来代表,并作为标识反映在分支图标上。

(1)顺序分支路径:选择该选项后,Authorware 第一次执行判断图标时会进入第一个分支去执行,第二次执行判断图标时则进入第二个分支去执行,以此类推,从左至右顺序执行每一个分支。

(2)随机分支路径:选择该选项后,Authorware 进入判断分支结构后要执行的分支路径并不确定,可以执行任意一条分支路径。采取此方式时,Authorware 有可能多次重复执行同一路径。

(3)在未执行过的路径中随机选择:选择此选项后 Authorware 进入判断分支结构,只在未执行过的路径中随意选择,即当 Authorware 执行过某一分支路径后,下次就不会再选择该路径执行。

(4)计算分支结构:选择此选项后,在"分支"下拉列表框下方的文本框中输入数值或数值型函数、表达式来决定执行的分支路径。例如,如果输入值为 3,则直接进入第三分支去执行。

3. 设置路径属性

双击分支结构中的某一个-◇ 图标,将会弹出判断路径属性面板,如图 7-80 所示。其中各选项的含义如下。

图 7-80 判断路径属性面板

1)"擦除内容"下拉列表框

此下拉列表框中的选项用于控制分支信息的擦除效果,其中包括如下 3 个选项。

(1) 在下个选择之前:执行完该分支即擦除。

(2) 在退出之前:选中此项时,Authorware 在分支结构中将不会擦除任何信息,直到要退出整个分支结构时才会擦除这些信息。

(3) 不擦除:选中此项时,Authorware 不擦除分支信息,这些信息会一直保留到用户使用擦除图标将其擦除为止。

2)"执行分支结构前暂停"复选框

选中此复选框,Authorware 运行完一条路径,并在演示窗口内显示分支信息后,程序暂停,出现"继续"按钮。只有用户单击此按钮,程序才会继续执行。

7.6.2 分支结构的创建与设置

在熟悉了判断图标的功能、属性后,下面来介绍如何用判断图标实现分支结构。分支结构可以分为以下 4 种类型,即顺序、随机、条件和循环。接下来讲述不同分支结构的创建与设置。

1. 顺序分支结构的创建

顺序分支结构是指程序顺序执行分支结构中的各个路径。它可以用于说明某个过程的发生顺序,模拟某个连续动作等。下面通过一个实例说明该分支结构的使用方法。该实例实现了一个倒计时显示牌的创建。

例 7-19 用顺序分支结构创建倒计时显示牌。

(1) 新建一个文件,向其中添加一个判断图标、三个群组图标和两个显示图标,并重新将"判断"图标命名为"顺序分支",将两个显示图标命名为"背景"和"结束"。命名后的程序流程图如图 7-81 所示。

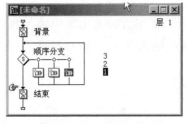

图 7-81 程序流程图

(2) 打开判断图标属性面板,设置判断图标的属性,如图 7-82 所示。设置"重复"属性为"固定的循环次数"。此时,其下面的文本框变为可用状态,向其中输入 3。设置"分支"属性为"顺序分支路径"。

图 7-82　判断图标属性面板

（3）设置各分支路径属性，如图 7-83 所示。其含义在前面已经详细介绍过。

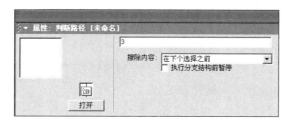

图 7-83　设置分支路径属性

（4）在图 7-81 中的每个群组图标中添加两个图标，如图 7-84 所示。

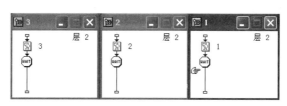

图 7-84　群组图标中的内容

（5）在图 7-84 中的每个显示图标中，添加相应的数字。在名称为"1"的显示图标中添加一个数字"1"，如图 7-84 所示。在名称为"2"的显示图标中添加一个数字"2"。在名称为"3"的显示图标中添加一个数字"3"。群组 3 中的显示图标中的设计内容如图 7-85 所示，群组 2 和群组 1 的设计内容与之类似。

（6）设置等待图标的等待时间为 3 秒。

（7）在图 7-81 中的"结束"图标中添加文字，如图 7-86 所示。

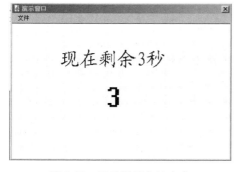

图 7-85　显示图标中的内容

图 7-86　"结束"图标中的内容

（8）运行程序，将会显示倒计时状态，依次显示 3、2、1 三个显示图标的内容，如同倒计时一样。

2. 随机分支结构的创建

随机分支结构的执行过程类似于彩票机出票机制，将随机地选择执行某个分支，选择结果无法预测也无法控制。在 Authorware 的判断图标中，也有一种与此类似的分支路径，这就是下面要介绍的随机分支路径。

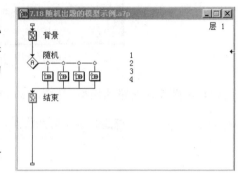

图 7-87　程序流程设计

例 7-20　随机出题的模型示例。

（1）新建一个文件，向其中添加图标并命名，如图 7-87 所示。

（2）向"背景"图标中添加一幅背景图片。

（3）设置判断图标的属性，如图 7-88 所示。设置"分支"为"随机分支路径"，表示以随机的方式访问各分支路径。

图 7-88　设置判断图标的属性

（4）设置分支路径属性，如图 7-89 所示。

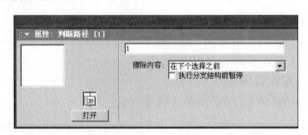

图 7-89　设置分支路径属性

（5）在每个分支路径的群组图标中添加一个显示图标和一个等待图标，如图 7-90 所示。

（6）在名称为"1"的显示图标中添加图 7-91 所示的文字，其余的群组图标中的显示图标内容按此方法设计。

（7）设置等待图标的等待时间为 1 秒。

（8）在图 7-87 中的"结束"图标中添加图 7-92 所示的文字。

图 7-90 群组图标中的内容

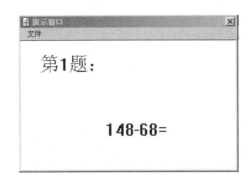

图 7-91 显示图标中的内容

图 7-92 "结束"图标中的内容

（9）运行程序,将会随机地出现 4 个不同的题目,即题目出现的顺序是随机的。

3. 条件分支结构的创建

条件分支路径实际上提供了一种条件响应的方式。它可以根据"分支"文本框中变量的值来决定判断图标要执行哪一条路径。

设置条件分支路径的方法比较简单,只需要在判断图标的属性面板中选择"分支"下的"计算分支结构"选项,然后在下面的文本框中输入相应的变量或表达式即可。但条件分支路径的使用比较麻烦,它需要根据不同的程序要求来设置不同的变量或表达式。下面通过一个实例说明该分支结构的使用方法。

例 7-21 采用条件分支结构出题示例。

（1）新建一个文件,向其中添加图 7-93 所示的图标并命名。

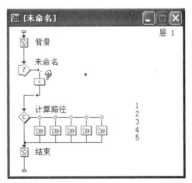

图 7-93 程序的流程设计

（2）设置交互图标的属性，如图 7-94 所示。表示用户输入任何文字都将执行该分支，设置"响应"选项卡中的"分支"为"退出交互"。

图 7-94　交互图标的属性设置

（3）在计算图标中添加代码"question：＝NumEntry"，如图 7-95 所示，表示接受用户输入的数字，并且将其保存到 question 变量中。

（4）设置判断图标的属性，如图 7-96 所示。将其路径属性"分支"设置为"计算分支结构"，表示需要经过计算，得出要执行的路径。在其下面的文本框中输入 question。

图 7-95　计算图标中的内容

图 7-96　判断图标属性设置

（5）运行程序。将出现提示输入问题号的文本框。向其中输入 4，按 Enter 键，将会进入到判断圈标的第 4 个分支。

4. 循环分支结构的创建

循环分支结构就是程序在分支中循环执行，要执行哪一条路径并不确定。下面同样以一个实例来加以说明。

例 7-22　循环分支结构示例。

本例要求不停地随机播放图片，只有在单击鼠标后才退出分支结构。

（1）新建一个文件，向其中添加一个判断图标，在该图标后再拖入三个群组图标，并依次命名为"1"、"2"、"3"，程序设计流程如图7-97 所示。

（2）双击判断图标，弹出其属性面板。在"重复"下拉列表框中选择"直到单击鼠标或按任意键"选项，在"分支"下拉列表框中选择"随机分支路径"选项，如图 7-98 所示。也就是说，程序将随机地进入任何分支，只有当用户单击鼠标或按任意键时，才会停止循环。

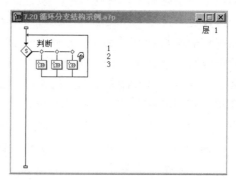

图 7-97　程序流程图

图 7-98　判断图标属性面板

（3）双击群组图标上的分支符号，在弹出的属性面板中，从"擦除内容"下拉列表框中选择"在下个选择之前"选项。

（4）设置 3 个群组图标中的内容。分别向群组图标中放置一个显示图标、一个等待图标一个计算图标。在每个显示图标中导入一幅图片，并设置等待时间为 1 秒。分别在 3 个计算图标中输入"num：＝1"、"num：＝2"、"num：＝3"，如图 7-99 所示。

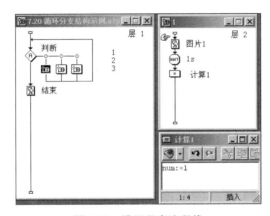

图 7-99　设置程序流程线

（5）在程序最后添加一个显示图标并进行设置，以显示最后的结束画面。

7.6.3　框架结构设计

众所周知，超媒体是以超文本顺序结构为基础的信息网络，其节点可以是文本、图形、声音、视频、动画等多媒体的数据类型所构成的系统。超媒体网状结构的节点可以是文本、图形、声音、视频、动画。如果使用编程语言来实现超媒体制作，则不需要了解超媒体原理及其内部组织结构。这个简单的接口就是框架（Frame）图标和导航（Navigate）图标。

1. 框架图标简介

框架图标的形状如图 7-100 所示，它提供了一种简单实用的跳转方式。框架图标最基本的作用是建立包括分支和结构的内容。

框架图标的右边还有几个附属的图标，这些附属的图标称为"页"。页并不一定是显示图标，也可以是群组图标，还可以是移动图标、擦除图标、等待图标、计算图标等。

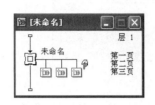

图 7-100　框架图标简介

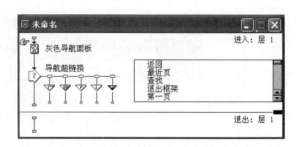

图 7-101　框架图标显示窗口

双击框架图标,可以看到图 7-101 所示的设计窗口,这个窗口中显示的就是框架。框架设计窗口中最上面的是一个显示图标,也称作导航背景面板(Gray Navigation Panel),它的主要功能是在屏幕的右上角显示一个图形,此图形被划分成 8 个部分,分别放置 8 个按钮。显示图标的下面是一个交互响应,包括一个交互图标和 8 个导航图标,构成了 8 种

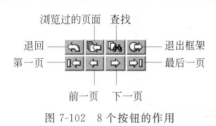

图 7-102　8 个按钮的作用

按钮响应功能。双击显示图标,会发现屏幕右上角的图形。此图形中有 8 个按钮,分别对应于交互图标中的 8 个按钮响应。这 8 个按钮的作用如图 7-102 所示。

框架图标的导航功能是由导航图标所提供的。导航图标的位置非常灵活,它可以放置在流程线上的任何地方,可以放置在群组图标中,可以附属于判断图标和交互图标,也可以放置在框架图标内。使用导航图标的途径有两种:自动导航和用户控制的导航。

(1) 自动导航。所谓自动导航,就是当 Authorware 执行到导航图标时,自动跳转到导航图标中设置的目标页。这里要强调一句,导航图标的目标页必须是框架图标所附属的页,而不能是放置在流程线上的某个图标。

(2) 用户控制的导航。用户控制的导航,是用户通过对按钮(或热区等)的操作来进入相应的页。也要强调一句,导航图标的目标页可以是同一个文件里不同框架中的页,但不能是不同文件框架中的页。

2. 框架结构的建立

创建一个完整的框架结构比较简单,具体步骤如下。

(1) 拖曳一个框架图标到流程线上。

(2) 拖曳另一个图标到流程线上,并且将其放置在框架图标的右边,作为框架的页。这些作为页的图标可以是显示图标、移动图标、等待图标、群组图标、计算图标、数字电影图标、声音图标和 DVD 图标。

(3) 如果需要的页数大于 1,再继续拖曳图标到框架图标的右边。

(4) 为框架图标和每一页命名。

(5) 编辑每一页的内容。

(6) 单击工具栏中的"运行"按钮运行程序。

3. 设置框架中的导航

1）改变控制按钮的位置

Authorware 框架结构中的按钮是系统提供的。按钮样式与位置由系统默认,置于屏幕右上角。如果用户不喜欢这种按钮的样式和位置,可以自行调整。下面仅就按钮位置调整步骤做一简要介绍。

（1）单击"运行"按钮运行程序。

（2）按住 Shift 键的同时双击框架图标,打开其设计窗口。在框架图标设计窗口中可以看到交互图标,再双击交互图标打开其演示窗口,可以看到交互中的所有按钮。

（3）用鼠标拖动各个按钮到用户规划的窗口位置,并使用对齐工具进行位置调整。

2）5 种导航方式

Authorware 中设有以下 5 种导航方式。

（1）最近（Recent）：又称为向前查找,允许用户回到此前的设计图标中。

（2）附近（Nearby）：允许用户在一个页面系统内部跳转或者退出页面系统。

（3）任意位置（Anywhere）：允许用户到任意页面系统的任意页。

（4）计算（Calculate）：设置一个可以返回某个设计图标编号的表达式,当遇到该导航图标后,它将跳转到表达式返回编号所在的设计图标处。

（5）查找（Search）：让用户自己查找名称中含有某一词的页面。

7.7　程序调试与发布

7.7.1　程序调试

程序编制好后一般都可能或多或少存在错误。Authorware 提供了通常只有在专门的编程语言中才提供的跟踪调试手段,由此可以使设计者快速而高效地查出错误,进而排除错误。

一般程序中的错误分为两类：运行错误和逻辑错误。运行错误是指,按照错误的语法格式使用了函数或企图播放一个根本不存在的文件等。在这些情况下,Authorware 会在程序设计期间或程序运行期间自动提示出错。因此,这种类型的错误比较容易被发现。逻辑错误是指,从语法角度来看,程序不存在问题,但是它没有正确地反映出设计者的意图,例如,一个设计成循环 6 次的循环语句在运行时陷入了死循环,或者在平时表现正常的程序在特定情况下运行失常等。这时,Authorare 并不会提示出错。这种类型的错误隐蔽性强,很可能会一直存在到程序被正式打包发行之后。Authorware 提供的调试工具对于发现这类错误提供了很大的帮助。

1. 使用"开始"标志和"结束"标志

通常情况下,单击"运行"按钮,Authorware 会从程序开始处运行程序,直到流程线上最后一个设计图标或者遇到 Quit() 函数。但是，有时所要调试的程序段只是整个程序的一部分，此时可以利用"开始"标志和"结束"标志来调试这段程序。"开始"标志和"结束"标志的用法非常简单，只要从"图标"面板上将"开始"标志拖放到流程线上欲调试程序段的开始位置，而将"结束"标志拖放到流程线上欲调试程序段的结束位置即可。此时，单击"从标志旗开始执行"按钮，就可以只运行两个标志之间的程序段。

"图标"面板中的"开始"标志和"结束"标志与其他设计图标不同，它们只能使用一次。一旦它们被拖放到设计窗口，原来的位置上就形成一个空位。在设计窗口中拖动它们可以重新设置欲调试程序段的起始和结束位置。如果想将它们放回"图标"面板，用鼠标单击"图标"面板上它们留下的空位即可。将"开始"标志或"结束"标志放回"图标"面板之后，就自动撤销了它们对程序的影响。

有时程序可能会很大，包含了上百个设计图标，根据程序运行时出现的错误提示信息不容易判断错误发生的大概位置。使用"开始"标志和"结束"标志，可以最大限度地缩小查错范围。

2. 使用控制面板

利用控制面板，可以控制程序的显示并对程序的运行过程进行跟踪调试。

有时，只依靠设计窗口中的流程图并不能准确地判断出设计图标的真正执行顺序，尤其是在程序中存在很多分支控制、永久性响应、复杂交互作用分支结构的情况下，设计图标可能会以不同的顺序被执行。这时，就可以使用控制面板提供的各种手段对设计图标的执行顺序进行跟踪。"控制面板"窗口中会显示出设计图标真正的执行顺序。

图 7-103　控制面板

单击"控制面板"按钮，将会打开或关闭图 7-103 所示的"控制面板"。

"控制面板"中包含 6 个控制按钮，用于控制程序的执行过程。这些按钮的作用分别描述如下。

（1）"运行"按钮：使程序从头开始运行。此时，Authorware 会首先清除跟踪记录和演示窗口中已有的内容，并将程序中所有的变量设置为初始值，然后开始运行程序。

（2）"复位"按钮：使程序复位。此按钮的作用与"运行"按钮类似，只是程序回到起点后并不开始向下执行。

（3）"停止"按钮：终止程序的运行。

（4）"暂停"按钮：使程序暂停运行。

（5）"播放"按钮：使程序从刚才停止的位置继续运行。

（6）"显示窗口"按钮：单击此按钮则弹出"控制面板"窗口和扩展的控制按钮。此时该按钮变为"关闭窗口"按钮，单击它则会将"控制面板"窗口和扩展控制按钮收回。

"控制面板"中提供的调试手段相当完善，再结合使用"开始"标志和"结束"标志，可以很方便地找到程序中出现错误的地方。但是，使用"控制面板"只能将错误范围定位在某个设计图标上，这时候还需要使用 Trace() 函数找到出错的语句。

Trace() 函数是个专用的调试函数，它使用字符串或变量作为参数。Trace() 函数在

"控制面板"窗口中显示调试信息。调试信息可以是指定的字符串,也可以是变量的值。Authorware 在执行到 Trace()函数时,会自动将字符串或变量的当前值送到"控制面板"窗口中,这对跟踪程序的执行很有用。

3. 其他调试技巧

(1) 从大到小修改错误。那些影响程序正常运行的关键性错误一定要先改。改正完大错误之后再改正小错误。

(2) 修改错误时要少量多次。修改错误时不要贪多求快。要知道,某一次的修改不一定是正确的。如果很着急地全都修改完再运行,可能还是错的,这样很浪费时间。另外,有的错误改正之后可能附带着又会出现新的错误,因此改正错误一定要少量多次。

(3) 在程序调试过程中使用快捷键。

① Ctrl+B:当程序运行到某一个图标时,若想查看这个图标所在的流程图,用这个快捷键就可以打开当前运行的流程图。可以直接修改流程图中的图标属性或内容来修改错误。

② Ctrl+P:当程序运行到某处发现程序有错误时,可用这个快捷键暂停程序的运行,以便程序制作者修改程序中的错误。修改好错误后,再次按下 Ctrl+P 快捷键,可以继续向下运行程序。

③ Ctrl+双击:按住 Ctrl 键,并且在某一图标上双击,就可以打开这个图标的属性面板,来直接修改这个图标的属性。

④ Ctrl+右击:可以对图标的内容进行预览,不用打开演示窗口就能看到图标的内容。这一快捷键只适用于显示图标、交互图标、声音图标和数字电影图标。

7.7.2　程序发布

制作完成的多媒体程序可以交付给用户使用。交付给用户的方式根据实际情况的不同,可以有多种发布形式。Authorware 有"一键发布"功能。无论发布何种文件形式,都可以通过该功能一次性对程序进行各种发布设置和相关操作,省去了许多烦琐的操作步骤,大大提高了开发多媒体程序的效率。

1. "一键发布"的操作步骤

要使用"一键发布"功能发布程序,可以打开要发布的程序文件,选择"文件"→"发布"→"发布设置"命令,将弹出图 7-104 所示的"一键发布"对话框。其中包含以下可设置项。

(1) 指针或库:在该下拉列表框中列出了要打包的程序文件和库文件。单击右侧的 ▦ 按钮,可以重新设定其他文件。

(2) 在"打包为"文本框中列出打包后的程序文件名,系统默认为.a7r 文件,即打包文件中不带 Authorware 运行环境,打包后的程序必须通过 Authorware 7.0 的 runa6w32.exe 程序调用才能运行。若要使打包后的程序完全脱离 Authorware 7.0,可以选中该文

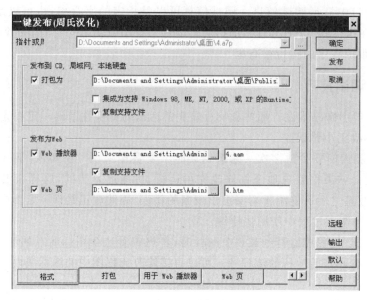

图 7-104　"一键发布"对话框

本框下的"集成为支持 Windows 98，ME，NT，2000 或 XP 的 Runtime"复选框，打包生成扩展名为 exe 的可执行文件。如果有库文件，则库文件打包后的文件扩展名为 a7p。打包后的程序还需要部分插件的支持才能运行。选中"复制支持文件"复选框，自动将该程序所涉及的文件复制到打包程序所在的位置。

（3）在"Web 播放器"文本框中列出了打包为 Web Player 环境播放的程序文件名和位置，文件扩展名为 aam。此类打包程序可以在互联网上发布，用户可以通过互联网浏览器（如 Internet Explorer、Netscape）进行浏览，但要求用户机必须安装 Macromedia 的 Web Player 插件程序。

（4）在"Web 页"文本框中还列出了将程序发布为页面文件的文件名和位置，文件扩展名为 htm。此类打包程序也可以在互联网上发布，用户通过互联网浏览器（如 Internet Explorer、Netscape）进行浏览，但用户的互联网浏览器必须安装 Macromedia 的 Shockwave 插件。

在"一键发布"对话框中的 3 个打包文件名文本框前面都有一个复选框，可以根据情况选择要打包的程序文件类型。其中，EXE 和 A7R 文件适合在局域网或单机环境运行。若要在互联网上发布，可以考虑打包为 AAM 或 HTM 文件。

设置完毕，单击 Publish(发布)按钮，系统开始按设定的方式打包程序。打包结束，将弹出 Information(信息)对话框。单击信息框中的 Detail(细节)按钮，可以看到更详细的打包情况信息。单击 Preview(浏览)按钮可以播放打包的程序。

2. "一键发布"的发布设置

在"一键发布"对话框中设置了打包文件的类型后，还可以针对相应类型的程序做进一步的设置。如图 7-104 所示，对应于 3 种打包方式，对话框中分别有对应的 3 个属性设置标签。如果取消某种发布方式,则相应的标签就会自动隐藏。单击某个标签,则会显示出对应的选项卡。下面分别介绍每种选项卡的用法。

(1)"打包"选项卡:包含以下 4 个复选框,如图 7-105 所示。

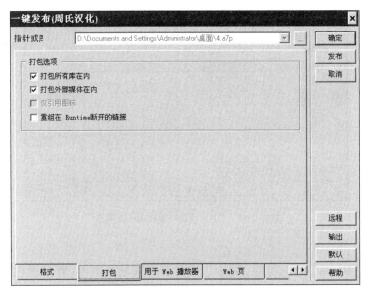

图 7-105 "打包"选项卡

① 打包所有库在内(Package All Libraries):选中该项,Authorware 7.0 会将所有与文件有链接关系的库图标打包成文件的一部分,即将库和文件打包为一个大文件。

② 打包外部媒体在内(Package External Media Internally):选中该项,Authorware 7.0 会将所有外部的媒体(数字化电影除外)打包成文件的一部分。

③ 重组在运行时断开的链接(Resolve Broken Links at Runtime):对于包含库的程序文件,系统将自动对其进行链接调整。因此,为了让程序运行过程中不出现问题,最好选择此项,让 Authorware 7.0 自动处理断链。

④ 仅引用图标(Referenced Icon Only):选中该选项后,可只将库中与当前程序有链接关系的图标打包。

(2)"用于 Web 播放器"(For Web Player)选项卡:该选项卡主要进行网络播放方面的设置,如图 7-106 所示。其中包括以下选项。

① "映射文件"(Map File)选项组:该选项组主要是一些与网络连接相关的设置。根据联网方式的不同,来设定打包的片断大小。

② "高级横幅"(Advanced Streamer)选项组:可以进行高级流信息设置。在 CGI-BIN URL 文本框中可以设置服务器地址。"输入 URL"和"输出 URL"显示的是程序输入、输出文件的地址。

(3)"Web 页"(Web Page)选项卡:其中主要进行与发布网页文件相关的设置,如图 7-107 所示。其中包含以下选项。

① "模版"(Template)选项组:主要用于网页模板(HTML Template)的选择和网页

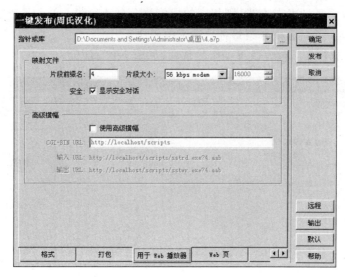

图 7-106 "用于 Web 播放器"选项卡

标题的设定。

②"回放"(Playback)选项组：其中包括对展示画面的大小、背景颜色、播放程序、调色板和窗口风格等的设置。

(4)"文件"选项卡：该选项卡中列出了与当前打包程序相关的插件文件,这些文件将随打包程序一起发布。也可以在此添加或删除文件。因为是系统自动检测出来的相关文件,一般取默认值即可。

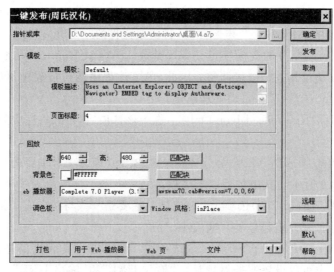

图 7-107 "Web 页"选项卡

7.8　本　章　小　结

　　本章简述了多媒体制作工具 Authorware 的主要功能特点,并通过实例详细讲解了 Authorware 7.0 中的几种常用图标的操作与编程方法,包括文件的创建与设置,显示、等待、擦除、移动、交互、群组和框架图标的使用。

　　Authorware 7.0 的 5 种基本动画类型和 11 种交互方式是 Authorware 的核心内容。本章通过大量实例介绍了其应用要点,读者通过模仿制作可快速上手。但是,这些操作方法的使用是十分灵活的,请读者在学习中一定要多比较,多思考,做到融会贯通,举一反三。

思考与练习

一、选择题

1. 当创建一个新的 Authorware 程序时,其初始用户界面中不包含(　　)。

　　A. 演示窗口　　　　　　　　　　B. 程序设计窗口

　　C. "知识对象"面板　　　　　　　D. "图标"面板

2. 利用绘图工具箱中的椭圆工具或矩形工具绘制图形时,如果要绘制正圆或正方形,需要按住(　　)。

　　A. Tab 键　　　　B. Shift 键　　　　C. Ctrl 键　　　　D. Alt 键

3. 下列哪种方式不属于等待图标的控制方式?(　　)

　　A. 单击鼠标　　　B. 等待按钮　　　C. 等待时间　　　D. 等待条件

4. 下列格式的电影文件,哪个在 Authorware 中是以内嵌格式保存的?(　　)

　　A. AVI　　　　　B. MOV　　　　　C. FLC　　　　　D. MPEG

5. 下列哪种格式的动画文件是矢量动画?(　　)

　　A. FLC　　　　　B. FLASH　　　　C. GIF　　　　　D. QuickTime

6. Flash 动画与 GIF 动画最主要的区别在于(　　)。

　　A. Flash 动画可以透明　　　　　　B. Flash 动画可以设置层次

　　C. Flash 动画是矢量动画　　　　　D. Flash 动画可以设置过渡效果

7. 两个显示图标由两个移动图标控制产生路径动画。当两个路径动画交叉时,两个显示图标对象的遮罩关系是(　　)。

　　A. 由移动图标的层次关系决定

　　B. 由显示图标的层次关系决定

　　C. 由显示图标中对象的大小决定

　　D. 流程线上下面的显示图标中的对象会遮挡住上面的显示图标中的对象

8. 利用计算图标为程序添加注释，需要在语句前面添加（   ）。

    A. //   B. --   C. /*   D. (

9. 在图 7-108 中，交互分支的"分支"属性被设置为（   ）。

    A. 重试   B. 继续   C. 退出交互   D. 返回

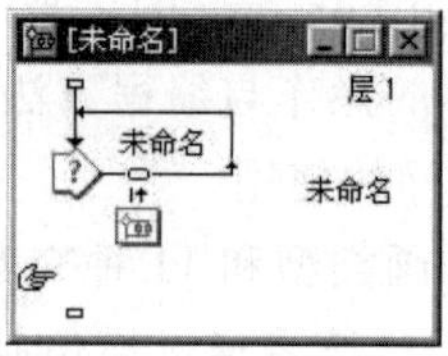

图 7-108　第 9 题图

10. 判断图标有 4 种分支选择方式，下列哪一种方式不是它的分支方式？（   ）

    A. 固定分支路径   B. 顺序分支路径

    C. 随机分支路径   D. 计算分支结构

11. Authorware 的声音图标不能够播放下列哪种类型的声音文件？（   ）

    A. WAV   B. MP3   C. SWA   D. MIDI

12. 按照多媒体制作工具的制作特点进行分类，Authorwaere 属于（   ）。

    A. 基于图标的制作工具

    B. 基于描述语言或描述符号的制作工具

    C. 基于时间序列的制作工具

    D. 基于编程语言的制作工具

13. 下列哪种图像的显示模式能够将图形对象有颜色的边界线之外的所有白色部分变透明（   ）。

    A. 不透明   B. 遮隐   C. 透明   D. 反转

14. Authorware 的数字电影图标不能播放（   ）格式的电影文件。

    A. AVI   B. MPEG   C. RM   D. FLC

二、填空题

1. 利用移动图标可以产生路径动画。共有_____种类型的路径动画。

2. 交互分支上只能放置一个图标。因此，若分支内容需要使用多个图标来表现，就必须使用_____将它们组合起来。

3. 框架图标主要是由_____与_____构成。

4. 使用超文本链接需要定义并应用_____。

5. 库只能保存单个图标，不能存储_____和_____。

6. 一般在流程线上，后面的显示图标的内容会遮挡住前面的显示图标的内容。为了控制这种遮罩关系，可以通过调整显示图标的_____属性来实现。

7. 对象显示或擦除的过渡效果一般包括_____和_____两个主要的参数。

8. 擦除图标可以定义为_____对象或者_____对象而擦除其余对象两种擦除

方式。

9. 将导航图标拖动到流程线上时,Authorware 为它定义的默认名称为_____。

三、简答题

1. 在 Authorware 中,"图标"面板中有哪些图标? 举例说明 5 种图标的主要功能。

2. Authorware 交互程序中的反馈分支类型有哪几种?

3. 试比较交互图标与判断图标、框架图标的异同。

4. 运行一个 Authorware 应用程序需要哪些文件支持?

四、操作题

1. 在显示图标中输入一段文字,要求能产生如下演示效果:从左到右展示,以马赛克效果展示,以逐次涂层方式展示,以相机光圈收缩方式展示,以垂直百叶窗方式展示,以开门方式展示。

2. 创建一个带有滚动字幕的多媒体片尾。

3. 用目标区响应制作一个产品名称与实物图对号入座的小课件。

4. 制作一个课件,共包括 5 道题,每次随机显示一道题。

5. 将本章的实例组成一个大型程序。当在起始窗口中输入某一题名时,则演示该程序。

第 **8** 章

多媒体作品的设计与制作

学习目标

(1) 了解多媒体作品的设计过程和设计原则。

(2) 理解多媒体作品的界面设计原理。

(3) 学会多媒体作品设计与制作的基本方法。

随着多媒体技术的迅猛发展,多媒体的创作也蒸蒸日上。丰富多彩的多媒体作品几乎每天都有上市,其中动感的影像、美妙的音乐、精致的图像、友善的人机交互等总是令人耳目一新。

多媒体作品又称为多媒体应用软件或多媒体应用系统。它是由多种应用领域的专家和开发人员利用多媒体编程语言或多媒体制作工具编制的最终软件产品,主要包括多媒体教学软件、培训软件、电子图书、演示系统、多媒体游戏等。

多媒体作品实质上是一种特殊的计算机应用产品。因此,有关计算机应用系统的开发与设计的基本思想、基本方法与原则,也同样适合于多媒体应用系统的开发与设计。但是,与一般计算机软件应用系统不同之处是:多媒体产品更加强调人性化和视听美感,需要开发者具备更广博的知识和能力,还要有自己独特的工程化设计特点,既需要创意,更强调表现方法的运用。本章主要介绍多媒体应用系统的设计原则以及创作多媒体作品的基本方法。

8.1　多媒体作品设计

8.1.1　多媒体作品的设计过程与设计原则

按照软件工程的思想,多媒体作品(即多媒体应用软件)的设计应遵循"需求分析—设计—编码—测试—运行—维护"的一般过程。实际上,多媒体作品的创作,更类似于电影或电视的创作过程,甚至许多具体的术语(如脚本、编号、剪接、发行等)都可直接从中借鉴过来使用。总体上看,多媒体创作的一般步骤为:策划选题、结构设计、建立设计的标准和细则、素材选取与加工、制作生成多媒体作品、系统的测试与用户评价、系统的维护等,如图 8-1 所示。

1. 策划选题

一个多媒体作品总是从某种想法或需要开始。在开始之前，必须首先定出它的范围和内容，让该应用系统在创作者头脑中大致定形，然后再制订出一个计划。

作品的内容来源往往出于某种应用需要。策划选题是创作一款新软件产品的第一阶段，也是软件产品生命周期的一个重要阶段。该阶段的任务就是对整个作品的需求进行评估，确定用户对应用系统的具体要求和设计目标。

2. 结构设计

策划好选题，确定了设计方案后，就要决定如何构造系统的结构。需要强调的是，多媒体作品的设计过程必须将交互的概念融入其中。在确定系统整体结构设计模型之后，还要

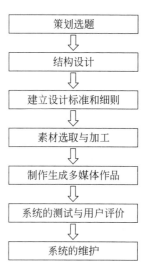

图 8-1　多媒体创作的
　　　　一般流程

确定组织结构是线性、层次、网状链接还是复合型，然后才能着手脚本设计，绘制导向图，并通过脚本与导向图很好地结合确定如下内容。

（1）目录主题：即项目的入口。一旦目录主题选定，即表示同时设定了其他主题内容，就应将整个项目视为一个整体，形成一致而有远见的设计。

（2）层次结构和浏览顺序：许多时候，界面中所显示的可能是前一屏幕的后续部分而不是其他层的信息内容，故需建立各层次浏览顺序，使用户更好地理解内容。

（3）交叉跳转：通常需要把相关主题链接起来。可采用主题词或图标作为跳转区，并指定将要转向的主题。但是，交叉跳转功能需慎重使用。大量跳转可使用户随意浏览信息，但会使查找过于复杂，而且要花费许多时间对跳转进行检测以保证跳转的正确性。

3. 建立设计的标准和细则

在开发应用系统之前必须制定出设计标准，以确保多媒体设计具有一致的内部设计风格。这些标准主要有以下几项。

（1）主题设计标准：当把表现的内容分为多个相互独立的主题或屏幕时，应当使声音、内容和信息保持统一的形式。例如，是要用户在一个主题中用移动屏幕的方法来阅读信息，还是限制每个主题的信息量，使其在标准窗口中显示。

（2）字体使用标准：利用 Windows 提供的字型、字体大小和字体颜色来选择文本字体，使项目易读而美观。

（3）声音使用标准：声音的运用要注意内容易懂、音量不可过大或过小，并与其他采样声音在质量上保持一致。

（4）图像和动画的使用：选用图像时，要在设计标准中说明它的用途，同时要说明图像的显示方式及位置，是否需要边框，图像的颜色数、尺寸大小及其他因素。若采用动画，则一定要突出动画效果。

在开发应用系统之前指定高质量的设计标准,需要花费一定时间。但按照精心制定的标准工作,不仅会使项目的外观更好,也会使它更易于使用和推广。

4. 素材选取与加工

多媒体素材的选取与加工是一项十分重要的基础工作。在一般的多媒体系统中,文字的加工工作比较简单,所占的存储量也很少。因此在一个多媒体系统中,基本可以不考虑文字所占用的存储空间。但另外几种媒体信息,例如声音、动画和图像等,占用的存储空间就比较大,准备工作也较复杂。对于图像来说,其处理过程十分关键,不仅要进行剪裁处理,而且还要在这个过程中进行修饰,拼接合并,以便能得到更好的效果。对于声音来说,音乐的选择,配音的录制也要事先做好,必要时也可以通过合适的编辑,进行特殊处理,如回声、放大、混声等。其他的媒体准备与之类似,如动画的制作、动态视频的录入等。最后,这些媒体都必须转换为系统开发环境下所要求的存储大小和表示形式。

5. 制作生成多媒体作品

在完全确定产品的内容、功能、设计标准和用户使用需求后,要选择适宜的创作工具和方法进行制作。目前的多媒体应用系统开发工具可分为两大类:基于语言的编程开发平台和基于集成制作的制作工具。

在生成应用系统时,如果采用程序编码设计,首先要选择功能强、可灵活进行多媒体应用设计的编程语言和编程环境,如 VB、VC++ 和 Java 等。这需要经过编程学习和训练之后才能胜任。有经验的编程人员可较好地完成设计要求,精确地达到设计目标。若采用工程化设计方法,还可缩短开发周期。

由于进行多媒体作品制作时需要很好地解决多媒体压缩、集成、交互及同步等问题,编程设计不仅复杂,而且工作量大,从而使得无编程经验的人对此望而却步,因此多媒体制作工具应运而生。各种制作工具的功能和操作方法虽然不同,但都有操作多媒体信息进行全屏幕动态综合处理的能力。根据现有的多媒体硬件环境和应用系统设计要求选择适宜的制作工具,可高效、方便地进行多媒体编辑集成和系统生成工作。

具体的多媒体作品制作任务可分为两个方面:一是素材制作,二是集成制作。素材制作是各种媒体文件的制作。由于多媒体创作不仅媒体形式多,而且数据量大,制作的工具和方法也多种多样,因此素材的采集与制作需多人分工合作。如,美工人员设计动画,程序设计人员实现制作,摄像人员拍摄视频影像,专业人员配音等。但无论是文本录入,还是图像扫描,抑或是声音和视频信号的采集处理,都要经过多道工序才可能进行集成制作。

集成制作是应用系统最后生成的过程。许多多媒体/超媒体制作工具实际上就是对已加工好的素材进行最后的处理与合成,即为集成制作工具。设计者必须对所选用的制作工具或开发环境有充分的了解并能熟练操作,才能高效地完成多媒体/超媒体应用系统的制作。

集成制作应尽量采用"原型"并逐渐使之"丰满"起来,即在创意的同时或在创意基本完成之时,就先采用少量最典型的素材对少量的交互性进行"模板"制作。因为多媒体产品的制作会受到多种因素的影响,大规模的正式批量生产必须是在"模板"获得确认之后方可进行。而在"模板"的制作过程中,实际上也已经同时解决了将来可能会碰到的各种各样的问题。

一般在多媒体创作中,素材准备会占用大部分工作时间,而集成制作的工作量仅占整个工作量的 1/3 左右。在素材编辑量大的情况下,由于集成制作工具提供了高效方便的平台,使集成工作量只占整个工作量的 1/10 左右。目前,绝大部分制作工具软件都是基于 Windows 环境下的。其中许多制作工具还为多媒体应用程序提供了创作模式,这些模式直接影响到用其开发的多媒体应用程序的特征。

6. 系统的测试与用户评价

当完成一个多媒体系统之后,一定要进行系统测试。系统测试的工作是烦琐的。测试的目的是发现程序中的错误。测试工作实际上从系统设计一开始就可以进行。开发周期的每个阶段,每个模板都要经过单元测试和功能测试,并不断加以改进。模板链接后要进行总体功能测试。

对可执行的版本测试、修改后,形成一个可用的版本,便可将软件投入试用。然后在应用中不断地排除错误,强化软件的可用性、可靠性及功能。经过一段时间的试用、完善后,便可将软件进行商品化包装及上市发行。

软件发行后,测试还应继续进行。测试范围应包括可靠性、可维护性、可修改性、效率及可用性等。其中,可靠性是指程序所执行的和所预期的结果一致,而且前一次执行与后一次执行的结果相同;可维护性是指如果其中某一部分有错误发生,可以容易地将之更改过来;可修改性是指系统可以适应新的环境,随时增、减、改变其中的功能;效率高则是程序执行时不会占用过多的资源或时间;可用性是指一项产品可以满足用户想要完成的全部工作。

经过上述应用测试后,再进行用户满意度分析,进而详细整理并除去影响用户满意的因素,完成开发过程。

7. 系统的维护

软件交付使用后,可能由于在开发初期需求分析的不彻底或测试与纠错的不彻底,使之仍存在一些潜藏的错误,某些功能需要进一步的完善和扩充,还要进行维护、修改工作,从而延长软件的生命周期。软件维护的内容有:改正性(纠错性)维护、适应性维护、完善性维护和预防性维护等。

8.1.2 人机界面设计

人机界面是指用户与多媒体应用系统交互的接口,人机界面设计是多媒体设计中需要详细设计的内容。由于多媒体系统最终是以一幅幅界面的形式呈现的,所以人机界面设计在多媒体系统的开发与实现中占有非常重要的地位。

1. 界面设计的一般原则

一般来说,人机界面设计应遵循下列基本原则。

(1)用户为中心的原则。界面设计应该适合用户需要。用户有各种类型。例如,按照使用计算机的熟练程度,可以分为专家、初学者和几乎未接触过计算机的外行;按照用户的特点,可划分为青少年、学生和其他不同的人群,等等。在设计界面时,需要对用户做基本的分析,了解他们的思维、生理和技能方面的特点。

(2)最佳媒体组合的原则。多媒体界面的优点之一就是能运用各种不同的媒体,以恰如其分的组合有效地呈现需要表达的内容。一个界面的表述形式是否最佳,不在于它使用的媒体种类有多丰富,而在于选择的媒体是否恰当、内容的表达是相辅相成还是互相干扰。

(3)减少用户负担的原则。一个设计良好的人机界面不仅赏心悦目,而且能使用户在操作中减少疲劳,轻松操作。为此,窗口布局、控件设置、菜单选项、"帮助"、"提示"都要一目了然,并尽可能采用人们熟悉的与常用平台一致的功能键和屏幕标志,以减少用户的记忆负担。恰到好处的超级链接为用户检索相关的信息提供了捷径,也可以减轻用户的操作负担。

2. 界面设计的指导规则

在多媒体作品中,多媒体教学软件占有重要地位。这类软件多属于内容驱动软件。其中,出现最多的是内容显示界面,此外还可能包含数据输入界面以及各类控制界面。这里介绍在实现内容显示界面时对屏幕布局、使用消息和颜色等方面应该遵守的指导规则。

1)屏幕的布局

无论是何种界面,屏幕布局必须均衡、顺序、经济、规范。具体要求如下。

(1)均衡:画面要整齐协调、均匀对称、错落有致,而不是杂乱无章。

(2)顺序:屏幕上的信息应由上而下、自左至右地依序显示,整个系统的信息应按照逐步细化的原则一屏屏地显示。

(3)经济:力求以最少的数据显示最多的信息,避免信息冗余和媒体冗余。

(4)规范:窗口、菜单、按钮、图标呈现格式和操作方法应尽量标准化,使对象的执行结果可以预测;各类标题、各种提示行应尽可能采用统一的规范,等等。

2)文字的表示

文字是一种重要的语言表达形式。在显示内容时,文本仍然是显示消息的重要手段。文字与其他的媒体相配合,会形成一种可反映多媒体作品的结构、强化多媒体作品的内容、说明多媒体作品过程的独特语言形态。文字不是多媒体作品的重复,而是对多媒体作品要点的强调。其一般规则主要有以下几点。

(1)简洁明了,多用短句。

(2)关键词采用加亮、变色、改变字体等强化效果,以吸引用户注意。

(3)对于长文字,可分组分页,避免阅读时滚动屏幕(尤其是左右滚屏)。

（4）英文标注宜用小写字母。

3）颜色的选用

颜色的搭配可美化屏幕，使用户减轻疲劳感。但过分使用颜色也会产生对用户不必要的刺激。在页面设计中常遇到的媒体主要有文字、图形、图像、动画、视频5种，每一种媒体都与色彩有关。在设计多媒体作品的页面时，对色彩的处理必须谨慎，不能只凭个人对色彩感觉的好恶来表现，而要根据内容的主次、风格及面向对象来选择合适的色彩作为主体色调。如，内容活泼的常以鲜艳、亮丽的色调来表现，政治、文化类的以暖色、绿色来衬托，一些科技类及专业的内容则以蓝色、灰色来定调。

一般来说，一部多媒体作品要有一个整体基调。不管层次多么复杂，多媒体作品的整体基调都不能变。否则，多媒体作品的内容首先从页面上就失去了整体感，从而显得杂乱无章，基调和风格都不统一了。

通常情况下，对于颜色的使用要注意以下几点。

（1）熟悉彩色与单色各自的特点。彩色悦目，但单色能更好地分辨细节，不要一律排斥单色。

（2）同一屏幕上使用的色彩不宜过多，同一段文字一般用同一种颜色。

（3）前景与活动对象的颜色宜鲜艳，背景与非活动对象的颜色宜暗淡。

（4）除非想突出对比，否则不要把不兼容的颜色对（例如红与绿、黄与蓝等）放在一起使用。

（5）提示信息宜采用日常生活中惯用的颜色。例如，用红色代表警告，用绿色表示通行，提醒注意可用白、黄或红色的"!"号等。

3. 界面设计的评价

良好的界面设计不仅能产生良好的视觉效果，而且能使问题表达更加形象化，同时还能增加系统的产品价值。因此，在多媒体作品的开发设计中，必须重视界面设计。要遵循上述原则，还要进行界面评价或评审，并且这个评价或评审在系统开发的各个阶段均要进行。评价或评审界面设计时，主要从以下几个方面开展工作。

（1）界面设计是否有利于完成系统目标。

（2）用户对界面的操作和使用是否方便、容易。

（3）界面使用效率是否高。

（4）界面是否美观、简洁。

（5）界面设计是否违背了上述某条原则。

（6）用户是否满意界面设计，不满意的具体地方有哪些。

（7）界面设计还存在哪些潜在问题。

通过长时间和多人次的使用，统计界面设计的稳定性指标、出错率、响应时间、环境及各设备的使用率等数据，以此判断界面设计的优劣。

8.1.3　多媒体制作工具

多媒体制作工具是多媒体应用系统开发的基础。随着对多媒体应用系统需求的日益增长，多媒体制作工具越来越受到重视，许多知名公司集中人力进行多媒体制作工具的开发，进而使多媒体制作工具发展得十分迅速。

多媒体制作工具是在系统集成阶段广泛使用的一种多媒体工具软件，其目的是简化多媒体系统的编码过程。作为一种支持可视化程序设计的开发平台，它一般能在输入多种媒体元素（即多媒体素材）的基础上，为软件工程师提供一个自动生成程序代码的基本环境。由于其命令通常被设计成图标或菜单命令等形式，所以易学易用，用户不需要或很少需要自己编程，从而大大简化了多媒体系统的实现过程。

1．多媒体制作工具的功能

一个理想的多媒体制作工具要具备以下功能。

（1）提供良好的编程环境。多媒体制作工具除应具有一般编程工具所具有的流程控制能力以外，还应具有对多媒体数据流的编排与控制的能力，包括控制它们的空间分布、呈现顺序和动态文件输入和输出的能力等。

（2）输入和处理各种媒体素材的能力。一般地说，媒体素材通常是由单一媒体的素材准备软件完成的，制作工具主要负责将它们进行整合和集成。因此，对于各种不同格式的媒体数据文件，制作工具应具有对它们进行输入/输出的能力，并能通过键盘、剪贴板等工具，在制作工具和单个媒体编辑软件之间实现数据交换。

正确处理相关媒体（例如动画文件及其配音文件）之间的同步关系，也是制作工具的一项重要功能。为此，制作工具通常都具有设定各种媒体的位置和播放顺序的能力，以使集成后的整个节目能够按照同步信息正确地播放。

（3）支持超级链接。超级链接是帮助多媒体系统实现网状结构的关键技术。能够向用户提供快速灵活的检索和查询信息，其中，数据节点可以包括正文、图形、图像、声音和其他种类的媒体信息。多数制作工具均支持这一技术，支持数据流从一个数据节点（例如按钮、图标或屏幕上的一个区域）跳转到另一个相关的数据节点，从而实现有效的超媒体导航。

（4）支持应用程序的动态链接。除了上述数据之间的链接外，许多制作工具还应支持把外部的应用程序与用户自己创作的应用程序相链接。换句话说，它们允许用户将外部的多媒体应用程序接入自己开发的多媒体系统，向外部程序加载数据，然后返回自己的程序。通过这种动态链接，可以方便地扩充所开发系统的功能。

（5）标准的人机界面。既然制作工具的用户主要是不熟悉程序设计的非专业人员，所以一个良好的制作工具总是会把界面友好性放在第一位。只有易学易用，才能让用户把主要精力集中到脚本的创意和设计上。为此，制作工具的人机界面都十分重视对交互功能的支持。制作工具必须便于操作，尽可能为用户提供一个标准的所见即所得的可视化开发环境。综上所述，多媒体制作工具的特点可以归纳为突出集成性、交互性和标准化等几个方面。

2. 多媒体制作工具类型

每一种多媒体制作工具都提供了不同的应用开发环境,都具有各自的功能和特点,并适用于不同的应用范围。目前,市场上流行的大多数制作工具一般仅具备上述要求的一部分功能,而且各有所长。以下介绍几种常见的类型及其主要优、缺点,以便用户选择。

(1) 基于流程图的制作工具。在这类工具中,集成的作品是按照流程图的方式进行编排的。它将流程图作为作品的主线,把各种数据或事件元素(例如图像、声音或控制按钮)以图标的形式逐个接入流程线中,并集成为完整的系统。打开每个图标,将显示一个对话框来让用户输入相应的内容。在这里,图标所代表的数据元素可以预先用素材编辑工具来制作;也可以先从系统提供的图标库中选择,然后用鼠标拖至工作区中适当位置。

这类工具的优点是,集成的作品具有清晰的框架,流程一目了然。整个工具采用可视化创作的方式,易学易用,无须编程,常用于制作教学软件。缺点是,当多媒体应用软件规模很大时,图标及分支会增多,进而复杂性增大。属于这类制作工具的有 Authomre、IconAuthor 等。Authorware 是这类工具的典型代表,它以能创作交互功能极强的作品而闻名。

(2) 以时间线为基础的制作工具。基于时基的多媒体制作工具所制作出来的节目,是以可视的时间轴来决定事件的顺序和对象上演的时间的。这种时间轴包括许多行道或频道,以便安排多种对象同时展现。它还可以通过编程控制转向一个序列中任意位置的节目,从而为作品增加了导航功能和交互控制。通常,基于时基的多媒体制作工具中都具有一个控制播放的面板,它与一般录音机的控制面板类似。在这些制作系统中,各种成分和事件按时间路线组织。

这类工具的优点是,把抽象的时间转化为了看得见的时间线,使用户能在这些时间线上确定各种数据媒体的出现时间,并且,其操作简便、形象直观,在一个时间段内,可任意调整多媒体素材的属性,如位置、转向等。但是,它们要对每一素材的展现时间做出精确安排,调试工作量大,并且对作品交互功能的支持不如前一类制作工具,故一般多用于制作对交互性要求不高的影视片与商业广告。这类多媒体制作工具的典型代表有 Director 和 Action 等。

(3) 基于页面或卡片的制作工具。基于页面或卡片的多媒体制作工具提供一种可以将对象链接于页面或卡片的工作环境。一页或一张卡片便是数据结构中的一个节点。它类似于教科书中的一页或数据袋内的一张卡片,只是这种页面或卡片的数据比教科书上的一页或数据袋内一张卡片的数据类型更为多样化。在这类制作工具中,可以将这些页面或卡片链接成有序的序列。

这类多媒体制作工具是以面向对象的方式来处理多媒体元素的。这些元素用属性来定义,用剧本来规范,允许播放声音元素以及动画和数字化视频节目。在结构化的导航模型中,可根据命令跳至所需的任何一页,形成多媒体作品。其优点是,组织和管理多媒体素材方便,通常具有很强的超级链接功能,使设计的系统有比较大的弹性,适于制作各种电子出版物。缺点是,当需要处理非常多的内容时,由于卡片或页面数量过大,不利于维护与修改。这类多媒体制作工具的典型代表有 Asymetrix 公司的 ToolBook 和 Machintosh 公司的 Hypercard 等。

(4) 基于对象的可视化编程语言的多媒体制作工具。以上 3 类制作工具的共同特点就是:由工具代替用户编程来进行多媒体作品的开发。但是,大多数制作工具会限制设计的灵活性和设计者的创新,因为制作工具使用的命令通常是比较高级的"宏"命令,其灵活性不一定能满足系统的全部功能。要在项目设计上得到很高的灵活性和创造性,就应采用编程语言做工具,这需要对语言及开发环境有相当的了解和较丰富的编程经验。从原则上讲,越是低级的语言或软件表达能力越强,但编码工作量也越大。Microsoft 公司的 VB、VC++ 和 Borland 公司的 C++ 等都是其中著名的代表。

8.2 多媒体作品设计与制作案例

本节介绍一个综合多媒体作品"毕业设计作品展示光盘"的设计与制作。首先搜集和整理本届毕业生多媒体作品的有关文档、图像及视、音频资料,并根据评价标准挑选出优秀作品。再根据主题需要设计封面,进行相关素材的加工处理。最后根据设计框架,应用 Authorware 7.0 进行集成制作。

8.2.1 作品规划与设计创意

毕业设计类的多媒体作品,是学生设计水平的直观体现。为了完成一份优秀的毕业设计作品,学生们往往需要花费几个月的时间,从需求分析,到规划设计,再到素材的采集与加工,最后集成为完整的作品,都需要花费不少的心思。所以,每一届的毕业设计作品展都是很精彩的。为此,特设计和制作本多媒体光盘作品。

1. 作品功能及结构设计

类似于一般的大片,故事的开始总有个绚丽的片头,虽然不能做到 20 Century Fox 或 Walt Disney 那么经典,但好的片头总能给光盘增色不少。片头结束后,通过 Authorware 的过渡效果,切换到主场景。为了使光盘呈现轻松愉快的气氛,可以配上和主题比较贴切的校园歌曲。为了满足不同人群的需求,可以设置关闭歌曲、自动切换歌曲、调节音量的大小等功能。主场景提供 5 个导航按钮,也就是作品的 5 个类别。单击导航按钮后,在主场景的前面将呈现半透明的子界面。子界面可以依次预览作品的主题、介绍和截图。子界面又是一个功能相对独立的播放器,可以控制作品的播放。同时,主界面设"退出"按钮,可以结束演示光盘的播放。退出光盘前,通过滚动字幕列出光盘的制作人员等信息。具体的流程和功能如图 8-2 所示。

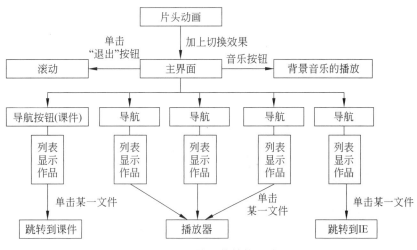

图 8-2　系统功能结构设计

2. 片头与图片素材的制作

（1）使用 Premiere 制作一视频片断作为片头，添加字幕，并配上音乐背景。最终效果如图 8-3 所示。

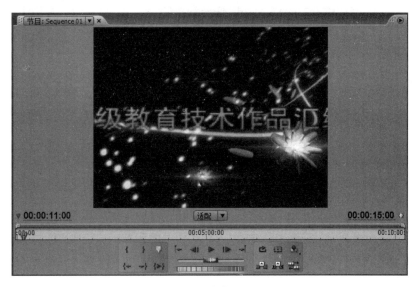

图 8-3　片头界面

（2）使用 Photoshop 制作相关按钮和主题背景及封面，主要用到图像的裁剪、图层、滤镜等操作。最终效果如图 8-4 和图 8-5 所示。

（3）使用 Audition 制作背景音乐，主要用来去噪、剪裁、增减音量等，具体操作方法请参考实验指导部分的实验 1。

图 8-4　播放控制按钮和界面

图 8-5　作品封面最终效果

8.2.2　多媒体作品展示光盘制作

1. Authorware 的扩展功能介绍

1) U32 函数的使用

为了扩展 Authorware 的功能,在计算图标中可以使用 Windows 动态链接库(DLL 文件)中的函数。在 Authorware 中加载 DLL 文件中的函数时,需要告诉 Authorware 详细的函数信息,如图 8-6 所示。但是用户对这些函数的定义和参数可能根本不了解,这会给应用带来很大的困难。考虑到这点,Authorware 把相应的函数封装起来,以便能够十分便捷地提供其编程接口。于是,U32 函数便应运而生。

在 Authorware 中载入 U32 函数非常简单。首先在工具栏中单击 ⏣ 按钮,打开“函数”面板,如图 8-7 所示。然后单击该面板中的“载入”按钮,打开“加载函数”对话框,如图 8-8 所示。选择列表中显示为 ▦ 图标的文件,即可加载 U32 文件中的函数了。选择加载函数来源的 U32 文件,并在图 8-9 所示的对话框中选中需要加载的函数,最后单击“载入”按钮即可完成外部函数的加载。载入后,外部函数的使用和 Authorware 自带的系统函数的使用方法一致。

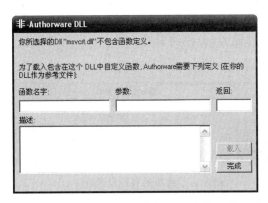

图 8-6 在 Authorware 中载入 DLL 文件中的函数

图 8-7 "函数"面板

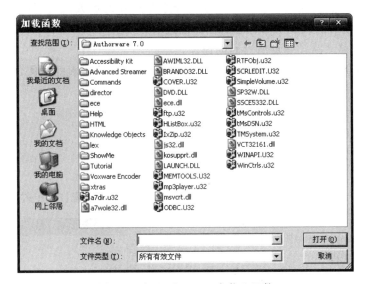

图 8-8 在 Authorware 中载入函数

图 8-9 载入需要的 U32 函数

2）滑块的使用

在多媒体作品中,经常需要调节参数的取值范围,如颜色、音量、速度等。当然,通过文本框的形式可以实现参数值的调节。但是为了便于操作和形象化地表述,一般使用滑块来实现此功能。下面以音量调节为例,讲述具体的使用方法。

(1) 插入背景图片和滑块。分两个文件插入,分别将其命名为"标尺"和"游标",如图 8-10 所示。滑块的属性设置如图 8-11 所示。

图 8-10　插入素材图片

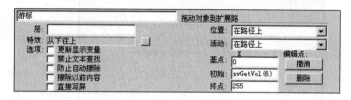

图 8-11　滑块的属性设置

基点:滑块移动路径起始点所返回的值。

初始:滑块最初所在的位置。可以设置介于基点和终点数值之间的常数,也可以设置变量,根据变量的值调节初始状态所在的位置。

终点:滑块移动路径终点所返回的值。

返回值:通过变量 PathPosition 可以返回滑块所在位置代表的数值,如 PathPosition @"游标"。

(2) 插入一计算图标,在计算图标内输入{PathPosition@"游标"}。

(3) 运行程序,拖动滑块的位置,查看输出结果。

2. 制作步骤

根据本作品功能模块图,采用 Authorware 搭建的程序流程图(见图 8-12)进行多媒体作品制作。其具体制作步骤如下。

(1) 在 Authorware 中新建一个文件,以文件名 Start 保存文件。

(2) 拖动一个群组图标到流程线上,并将其命名为"片头"。在片头中插入刚才做好的视频。为了能够实现通过单击鼠标或按任意键退出视频,需要加入热区域交互。其结构如图 8-13所示。

其中,click&key path 群组图标的属性设置如图 8-14 所示。"change cursor=0"图标的内容为 SetCursor(0)。在 TRUE 图标里面插入片头视频,其交互条件设置为 True,将"自动"设置为"为真"。

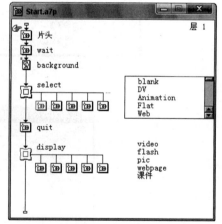

图 8-12　Authorware 流程图

"封 1.jpg"图标的内容为片头结束后切换到主题背景的过渡场景,这里设计成翻开毕业纪念册的效果,所以插入一张 Photoshop 处理后的封面图片。为了防止图片被拖动,右击,在弹出的快捷菜单中选择"计算",在计算图标中输入"Movable:=0"。

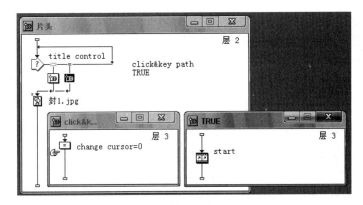

图 8-13　片头群组图标的内部结构

图 8-14　click&key path 图标的属性设置

（3）拖动一群组图标到流程线上，并将其命名为 wait，其功能是，当纪念册的封面被翻开后，模拟数据加载的效果。因此，该群组图标的主要功能是显示"正在载入数据，请稍候……"（information 图标的内容）的提示信息，并且改变鼠标的指针状态。其结构如图 8-15 所示。

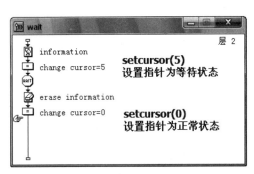

图 8-15　wait 群组图标的内部结构

（4）拖动一显示图标到流程线上，在图标演示窗口中插入主题背景图片。在该图标上右击，在弹出的快捷菜单中选择"计算"命令，在弹出的计算窗口中输入"Movable：＝0"。其效果如图 8-16 所示。

（5）接下来创建框架图标。拖动一框架图标到主流程线上，并将其命名为 select。框架图标可以实现书的章节目录效果。因此，每个类别的作品作为一个章节出现，通过框架图标内部的导航图标在多个类别之间跳转。在框架图标的右侧摆放 6 个群组图标，分别命名为 blank、DV、Animation、Flat、Web 和 Courseware，如图 8-17 所示。

图 8-16　主题背景图效果

图 8-17　框架图标右侧的群组图标

　　注：在框架的右边放置空白的群组图标，是为了使程序执行到主场景的时候除了背景和导航按钮外，不显示和类别相关的信息。只有选择了相应的类别后才显示相关信息。

　　（6）双击框架图标，删除所有的默认图标。拖动一群组图标到 select 框架图标的流程线上，并将其命名为 mp3 control，然后拖动一交互图标到流程线上，并将其命名为 Navigation Hyperlinks。在交互图标的右边拖放 7 个导航图标，交互类型设置为按钮交互，如图 8-18 所示。todv 导航图标的属性设置如图 8-19 所示。跳转到其他 4 个类别的导航图标的属性设置与此类似。end 计算导航图标的属性设置如图 8-20 所示。end 计算图标的代码为 SysAppOpen(FileLocation^"光盘操作提示.doc")。

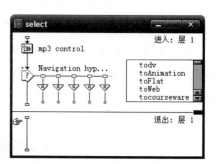

图 8-18　Select 图标的内部结构

图 8-19　todv 导航图标的属性设置

图 8-20　end 图标的属性设置

（7）单击交互图标右边的 todv 导般图标的响应类型标识符号，在属性面板中单击"按钮"按钮，打开图 8-21 所示的按钮设置图，更改默认的按钮样式，移动按钮的位置，使其和背景图片上的位置重合。

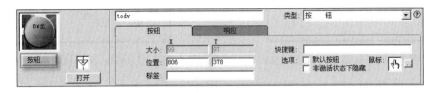

图 8-21　更改按钮样式

（8）框架内部结构设置好后，可以在 5 类作品之间切换显示。每类作品不止一个，需要设置在框架内切换显示内容，即作品的浏览。双击 DV 群组图标，在流程线上拖入一显示图标，将其命名为 dvback，插入 DV 作品预览界面的背景图片，如图 8-22 所示。在 dvcontrol 图标右边下挂属于该类别作品的群组图标。dvcontrol 框架图标的内部结构如图 8-23 所示。群组图标的内容相对简单，只需设置该作品的路径和显示图片的效果截图和内容简介即可，如图 8-24 和图 8-25 所示。

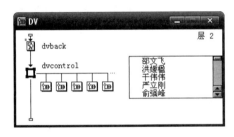

图 8-22　DV 图标的内部结构

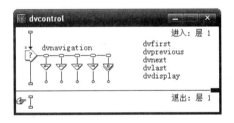

图 8-23　dvcontrol 框架的内部结构

图 8-24　学生作品群组图标的结构

图 8-25　设置作品的路径

（9）通过前面的设置，已经完成了主界面的制作、作品类别的切换和具体类别作品的浏览。当选择某个具体的作品后，需要播放该作品。但是，不能直接在框架图标的后面下挂框架图标，需要在其中间隔退出功能。quit 图标里面下挂带有滚动字幕的显示和具有退出功能的计算图标，其具体结构如图 8-26 所示。

（10）作品播放。display 框架图标只是下挂不同类型作品的播放器，作品播放完之后会跳转回作品浏览界面。因此，display 框架图标本身不需要任何功能。拖动一群组图标到 display 图标的右边，将其命名为 video，其内部结构如图 8-27 所示。

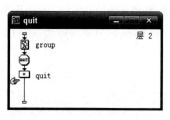

图 8-26　quit 图标的内部结构

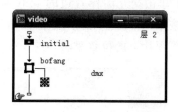

图 8-27　video 图标的内部结构

这里只是介绍了部分的功能,具体的制作效果请浏览素材光盘的源文件。

8.3　本 章 小 结

本章介绍了多媒体作品的创作流程与多媒体开发相关的开发过程和创意设计等内容,并通过一个多媒体演示光盘的设计与制作案例详细讲解了多媒体作品的综合设计与制作过程。

通过本章的学习,读者应了解多媒体作品的创作流程和原则,熟悉多媒体作品的界面设计及交互设计和多媒体素材的获取与处理。能根据内容的特点和信息表达的需要,确定表达意图和作品风格,选择适合的素材和表现形式,并对制作过程进行规划。能根据表达的需要,综合考虑文本、图像、音频、视频动画等不同媒体形式素材的优缺点和适用性,选择合适的素材并形成组合方案,学会使用适当的工具采集必要的图像、音频、视频等多媒体素材。

读者要在学习和制作实践中逐步建立软件工程的思想,按照多媒体作品的创作流程来设计;多浏览优秀的多媒体作品,注意分析、总结,从中汲取经验;平时多留意各种多媒体素材的处理技巧,掌握高效获取和处理所需素材的方法。

思考与练习

一、简答题

1. 简述多媒体作品的制作流程。
2. 多媒体制作工具应具有哪些主要功能?它有哪些常见的类型?
3. 多媒体作品的界面设计应注意哪些问题?

二、操作题

使用 Authorware 设计制作个人求职光盘或公司产品展示光盘等。其中包括如下内容。

1. 光盘的设计,包括内容、结构和流程图的设计,即考虑从哪些方面介绍,使用什么媒体来表现,光盘交互控制的跳转关系有哪些,是否包含背景音乐等。

2. 素材的制作,包括片头动画、音频、背景、按钮的制作。

3. 多媒体素材的集成。

4. 作品的打包输出。

第二部分

实验指导篇

实验 1

声音的处理与制作

【实验目的】

(1) 通过实验理解声音的数字化过程,了解计算机处理和存储声音的原理。

(2) 掌握声音处理工具软件 Adobe Audition 3.0 的基本用法,并能够根据需要编辑声音。

【实验内容】

(1) 使用 Adobe Audition 实现声音文件的格式转换。

(2) 使用 Adobe Audition 录制声音,并提交源文件。

(3) 去除声音文件中的噪声、添加混响效果、制作渐弱效果,提交最终作品。

(4) 根据伴奏带制作带有开场白、结束掌声和结束喝彩声的 MP3 歌曲。

【实验预备】

1. 硬件设备

要搭建一个音频工作室,需要上万元的投入。对于音乐爱好者或者普通应用而言,配备一台符合 Audition 最低要求的电脑,外加一个耳机和麦克风足矣。如果为了方便乐曲创作,还可再加上一个 MIDI 设备,如图 E1-1 所示。

2. Adobe Audition 界面介绍

Adobe Audition 操作界面如图 E1-2 所示。Audition 提供了 3 种专业的工作视图界面:编辑视图(Edit View)、多轨视图(Multitrack View)和 CD 视图(CD View)。这 3 种视图分别针对单轨编辑、多轨合成与刻录音乐 CD。

"编辑"视图:采用破坏性编辑法编辑独立的音频文件,并将更改后的数据保存到源文件中。在编辑视图下,可以处理单个音频文件,并将其应用于音频广播、网络或音频 CD。

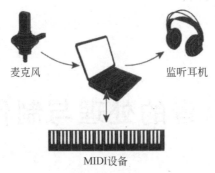

麦克风   监听耳机

MIDI设备

图 E1-1   音频输入、输出硬件设备

视图按钮   快捷工具栏

控制面板

工作区

控制面板   状态栏

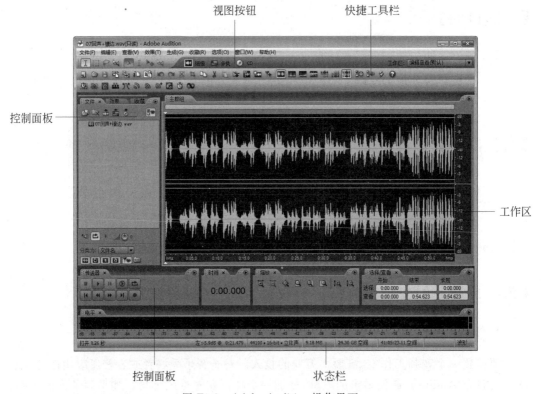

图 E1-2   Adobe Audition 操作界面

"多轨"视图：采用非破坏性编辑法对多轨道音频进行混合，编辑与施加的效果是暂时的，可以撤销，不影响源文件，但是需要更多的处理能力。在多轨视图下，可以对多个音频文件进行混音，以创作复杂的音乐作品或制作视频音轨。

CD 视图：可以集成音频文件，并将其转化为 CD 音轨。

3．Audition 的基本操作

1）显示工具栏

显示工具栏各图标名称如图 E1-3 所示。

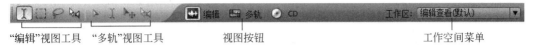

编辑
多轨
CD
工作区: 编辑查看(默认)
“编辑”视图工具
“多轨”视图工具
视图按钮
工作空间菜单

图 E1-3 Adobe Audition 显示工具栏

2）显示快捷方式栏

Audition 的快捷方式栏提供了常用功能的快捷方式。通过“视图”(View)→“快捷栏”(Shortcut Bar)→“显示”(Show)命令，可以显示或隐藏快捷方式栏。在不同的视图模式下，可以显示不同的快捷方式组。

3）显示状态栏

通过“视图”(View)→“状态栏”(Status Bar)→“显示”(Show)命令，可以显示或隐藏状态栏，如图 E1-4 所示。在状态栏上右击，在弹出的快捷菜单中可以选择显示信息的类型。

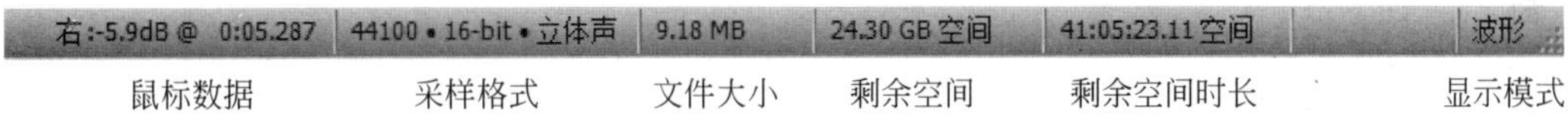
右:-5.9dB @ 0:05.287
44100 • 16-bit • 立体声
9.18 MB
24.30 GB 空间
41:05:23.11 空间
波形
鼠标数据
采样格式
文件大小
剩余空间
剩余空间时长
显示模式

图 E1-4 Adobe Audition 状态栏

4）视图缩放

视图工具面板如图 E1-5 所示。

缩放
水平缩放
垂直缩放

图 E1-5 Adobe Audition 缩放面板

垂直缩放工具可以增加视图中音频波形的纵向显示精度，或减少“多轨”视图中显示的音轨数量。

水平缩放工具可以水平放大可视区域的波形或项目。

在工作区中，将鼠标放置到水平滚动条或者垂直滚动条的两端，当光标变成放大镜标记时进行拖曳，也可以进行相应的缩放。

4. 声音的编辑

在“编辑”视图下，可以对单个音频文件进行编辑与存储，也可以打开或创建一个音频文件，再对其进行编辑，并施加音效，最后保存。

在“多轨”视图下，将多个音频文件分层叠加，以创建立体声或环绕声。编辑和施加的效果是暂时的，还可以通过修改设置，对效果进行调节。其基本工作流程如下。

(1) 打开或创建一个项目。

(2) 插入或录制音频文件。可以向轨道中插入音频、视频或 MIDI 文件。

(3) 在时间线上编排素材。

(4) 施加音效。

(5) 混合轨道。

(6) 输出文件。

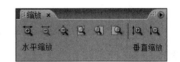

5. 声音的录制

（1）在"编辑"视图模式下，选择"文件"→"新建"命令，新建一音频文件。如图 E1-6 所示。

（2）在录音之前，确保录入设备已经正确地和电脑相连。如果要从磁带等设备中录音，将放音设备的 Line Out 插孔通过音频线与声卡的 Line In 插孔连接；如果从话筒录音，则将话筒与声卡的 Microphone 插孔连接。

图 E1-6　新建音频文件

（3）双击 Windows 任务栏的"音量控制"图标 ，打开"音量控制"窗口。如图 E1-7 所示。在该窗口中设置音量输出大小。

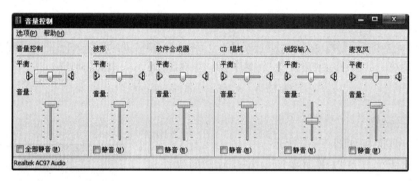

图 E1-7　"音量控制"窗口

（4）在"音量控制"窗口中，单击"选项"菜单，进入"录音控制"窗口，如图 E1-8 所示。在该窗口中设置录音的源设备，即从麦克风录音还是通过线路输入设备录音。同时，将音量和声道比例调节到合适的位置。

（5）按下 Audition 中播放按钮控制面板中的"录音"按钮 ，开始录音。

（6）打开磁带播放机的播放键，开始播放音乐，或者开始唱歌。

（7）录制完毕后，再次按下 Audition 中的"录音"按钮。

（8）按下"播放"按钮 或者"循环播放"按钮 ，对录制好的音乐进行整体预览，听噪声，听细节，听音色。

（9）将录制的音频文件保存。

提示 1：调节录音设备声音大小的方法有如下几种。

（1）在 Audition 的"电平"面板中右击，在弹出的快捷菜单中勾选"监视录音电平"，如图 E1-9 所示。

（2）打开监视录音电平后，"电平"面板如图 E1-10 所示。对着麦克风说话或者播放线路输入设备，如果电平出现过载，则应在图 E1-8 所示的"录音控制"窗口中调低线路输入或麦克风的音量。相反，如果录音监视电平总是在 -20dB 上下或者更低，则应提高线路输入或麦克风的音量。

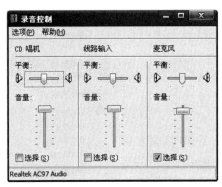

图 E1-8　"录音控制"窗口

图 E1-9　"电平"面板的快捷菜单

图 E1-10　录音监视电平

提示 2：在"多轨"视图模式下，要录制声音，应打开录音音轨的录音开关 R，按下"录音"按钮 ●，戴上监听耳机，用麦克风录制声音。录制完成后，要关闭录音开关 R。录制声音时可以分段、分轨录制，以便编辑和处理。

6. 音频的编辑（选择、复制、粘贴、移动）

在编辑之前，需要导入声音素材。之前录制的声音会自动进入编辑区待编辑。如果需要导入已存在的音频文件，可以选择"文件"→"导入"命令或双击"文件"面板的空白位置，在"打开"或者"导入"对话框中选择需要编辑的文件即可，如图 E1-11 所示。

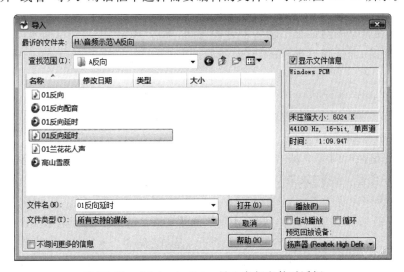

图 E1-11　Adobe Audition 导入音频文件对话框

导入音频信息后,在工作区中默认以波形的形式显示音频信息。在 Audition 中有
4 种显示模式,在工作区(主面板)中的右上角单击  按钮,在
弹出的快捷菜单中可以切换显示模式,如图 E1-12 所示。

1) 音频信息的选择

(1) 拖曳鼠标,可以选择一个区域。

(2) 按 Ctrl+A 快捷键或者在音频信息上方单击鼠标,可
以选择整个音频文件。

(3) 当鼠标移到左声道的上部或右声道的下部时,会在鼠
标的右侧显示 L 或 R 标志,此时可以选择左声道或右声道的部
分或全部音频信息。也可以在快捷工具栏中单击 按
钮,以分别选中左、右和双声道。

图 E1-12　设置工作区
显示模式

2) 音频的复制、粘贴

(1) 按 Ctrl+C 快捷键或 Ctrl+X 快捷键可以复制或剪切
选中的音频信息,选择"编辑"→"复制到新建"命令可以复制并粘贴到新的文件中。

(2) 按 Ctrl+V 快捷键可以粘贴刚才复制的音频信息。选择"编辑"→"粘贴到新建"
命令可以将刚才复制的音频信息粘贴到新的文件中。

(3) 粘贴时混合音频。选择需要粘贴复制的音频信息的位置,选择"编辑"→"粘贴时
混合"命令,选择混合的方式,可以把复制的音频信息与放置位置的音频信息按照一定的
方式进行混合。

3) 创建、删除静音

静音一般用于创建声音暂停或除去音频中不需要的杂音。有两种方式可以创建
静音。

(1) 选中一段欲静音的音频片断,选择"效果"→"静音"命令,将音频片断转换为
静音。

(2) 在需要放置静音的开始位置单击鼠标或者选择需替换的音频波形,选择"生成"→
"静音"命令,在打开的对话框中输入静音的时间,单击"确定"按钮即可插入静音。

删除静音时,需选择要删除的部分,然后按 Delete 键,或者选择"编辑"→"删除静音"
命令即可。

4) 音频的翻转与反转

(1) 反转音频可以将音频的相位反转 180°。选中需要反转的音频信息,选择"效
果"→"反转"命令即可。

(2) 翻转是在时间线上从右至左对音频进行翻转,翻转之后可以进行倒放。选中需
要翻转的音频信息,选择"效果"→"翻转"命令即可。

5) 音频转换

使用"转换采样类型"命令,可以对音频的采样率、位深度进行转换,并可以在单声
道和立体声之间进行切换。在"编辑"视图下,选择"编辑"→"转换采样类型"命令,打
开"转换采样类型"对话框,如图 E1-13 所示。进行相应的选择,单击"确定"按钮即可
实现转换。

7. 声音的特效处理

Adobe Audition 的强大之处在于它能够对声音进行各种专业效果的处理,如图 E1-14 所示。

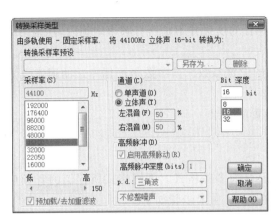

图 E1-13 "转换采样类型"对话框

图 E1-14 各种特效

各种特效处理的方法都类似,以给音频片断添加回声为例进行说明。选择需要处理的音轨或者音频片断,选择"效果"(Effects) → "延迟效果"(Delay Effects) → "回声"(Echo)命令,弹出图 E1-15 所示的回声设置对话框。

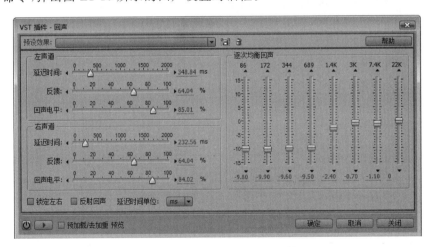

图 E1-15 回声(Echo)设置对话框

(1) 反馈(Decay):表示一系列连续的回声中,一个回声相对于前一个回声衰减的百分比。如果将这个百分比设为 0,就听不到回声;如果将其设为 100%,声音的回声就再也安静不下来了。

(2) 延迟(Delay):表示一系列连续的回声中,相邻两个回声之间的时间间隔,单位是毫秒。

（3）回声电平（Initial Echo Volume）：表示在最终输出的声音中，混合到原始声音信号中的回声信号的量。

（4）逐次均衡回声（Successive Echo Equalization）：用来对回声信号进行快速滤波。每一个竖直的滑动条都表示一个特定的频率，频率值写在滑动条下。滑块用来调节按左、右声道选项组中设置产生的回声在某个特定频率上减少的音量。这个音量值标在滑条的上方。如果减少的音量为 0，这个频率上的回声音量就不受影响。该选项组可以用来模拟自然物表面的特性，因为物体表面对声音的反射并不是所有频率均等的，甚至会吸收某些频率的信号。

（5）预置（Presets）：软件提供常用的设置参数。该参数是根据专家的通常设置参数制作的，可以快速实现一些特殊效果。

（6）单击 ▶ 按钮可以预览回声设置的效果。

8. 声音的保存与输出

在"编辑"视图下，可以将音频文件保存为多种格式。不同格式所存储的音频信息是不同的，可以根据发布媒介和用途进行选择，其主要步骤如下。

（1）选择"文件"（File）→"保存"（Save）命令（或者"保存"（Save as）、"保存选择"（Save Selection）、"保存所有"（Save All）），在打开的"另存为"对话框中选择磁盘空间，输入文件名，并选择文件格式。如图 E1-16 所示。

图 E1-16　"另存为"对话框

（2）Audition 可以保存的文件格式如图 E1-17 所示。

（3）根据所选格式的不同，单击"选项"（Options）按钮，可以对某种格式的参数进行设置，如图 E1-18 所示。设置完毕后，单击"确定"按钮，保存文件。

声音的输出是针对多轨混音编辑提出的，是音频制作流程的最终环节。输出时，可以将音量、声像和效果等设置全部整合输出到音频文件，也可以将项目输出为音频文件或视频文件。输出的步骤如下。

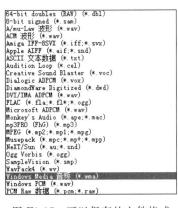

图 E1-17　可以保存的文件格式

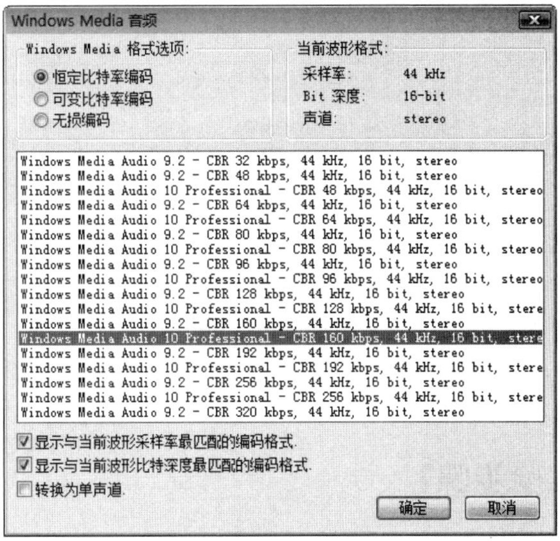

图 E1-18　格式参数设置对话框

（1）在"多轨"视图中，使用时间选择工具![icon]，选择欲输出的范围。如果不选择，则将输出整个项目。

（2）选择"文件"（File）→"导出"（Export）→"混缩音频"（Audio Mix Down）命令，在打开的导出"音频混缩"（Export Audio Mix Down）对话框中选择磁盘空间，输入文件名，并选择文件格式，如图 E1-19 所示。

图 E1-19　"导出音频混缩"对话框

（3）根据所选格式的不同，单击"选项"（Options）按钮，可以对某种格式的具体参数进行设置，如图 E1-20 所示。

（4）在"导出音频混缩"对话框右侧的"混缩选项"选项组中设置输出、位深度、通道和嵌入信息。设置完毕后，单击"保存"按钮保存。

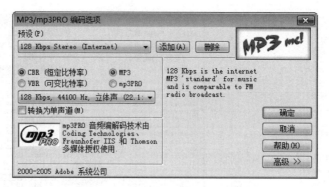

图 E1-20　MP3 格式参数设置对话框

【实验步骤】

（1）打开 Adobe Audition，切换到"多轨"视图模式。

（2）新建会话，以"天涯歌女"文件名保存会话，如图 E1-21 所示。

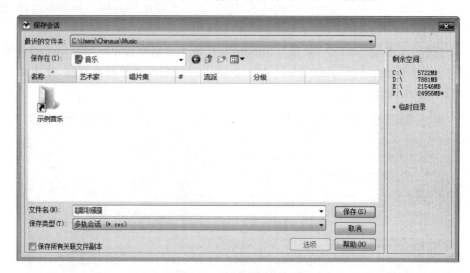

图 E1-21　"保存会话"对话框

（3）导入素材中的"天涯歌女（音乐）.wav"文件。双击该 WAV 文件，进入"编辑"视图模式，如图 E1-22 所示。

（4）选中波形开始前的空白，选择"编辑"（Edit）→"删除所选"（Delete Selection）命令，将前面的空白删除。

（5）从波形的结尾处选取无音乐的部分（大致在 3 分 03 秒处），选择"效果"（Effects）→"恢复"（Restoration）→"降噪（处理）"（Noise Reduction）命令，弹出图 E1-23 所示的对话框。

（6）在弹出的对话框中单击"采集预置文件"（Capture Noise Reduction Profile）按

图 E1-22　音乐文件的单轨视图模式

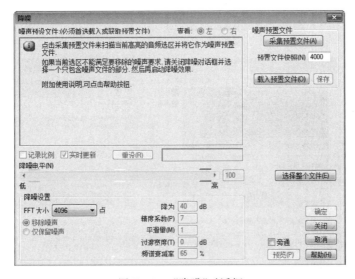

图 E1-23　"降噪"对话框

钮,对噪声进行采样,如图 E1-24 所示。

(7) 单击"关闭"按钮。选择整个波形文件,选择"效果"(Effects)→"恢复"
(Restoration)→"降噪(处理)"(Noise Reduction)命令,在弹出的"降噪"对话框中单击"确

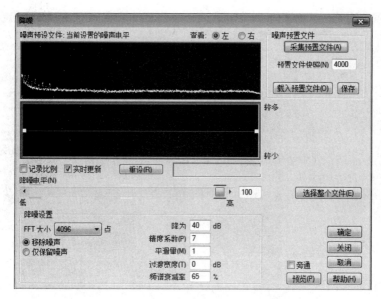

图 E1-24　采集噪声样本

定"按钮,完成音频文件的噪声处理(见图 E1-24 所示)。按照前面的方法删除去噪后的末尾的无声区域。

(8) 分别选取波形 0:10.25 附近、0:36.54 附近、0:58.09 附近的爆破音(可以用横向放大工具或"缩放到选择区"按钮实现区域放大后再选择),并选择"效果"(Effects)→"恢复"(Restoration)→"消除喀哩或爆音(处理)"(Clip Restoration)命令,在弹出的对话框中选择"自动查找所有电平"按钮,然后单击"确定"按钮,将音乐声中的爆破声去除,如图 E1-25 所示。

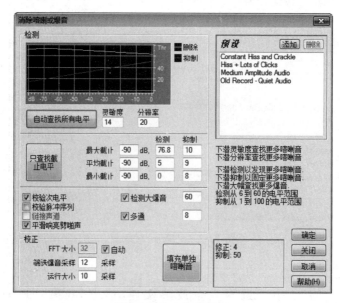

图 E1-25　去除爆破音

（9）全选整个波形（双击），选择"效果"（Transform）→"幅度"（Amplitude）→"放大"（Amplify）命令，选择"预设效果"（Presets）中的＋3dB Boost，单击"确定"按钮，将伴奏音量增益，如图 E1-26 所示。

图 E1-26　声音放大

（10）将处理后的文件另存为"天涯歌女（降噪）.wav"，选择"编辑"（Edit）→"插入到多轨区"（Insert in Multitrack）命令，将它插入到多轨混音窗中。

（11）切换到"多轨"视图模式，右键选择波形文件并拖动，可以调整波形文件在时间序列上的相对位置。

（12）确认麦克风与声卡的 Mic In 插孔正确连接，并使用前面提到的监视录音电平的方法调整好录音的音量，做好录音的准备。

（13）单击第二轨的红色 R 录音按钮，再单击操作区的"录音"按钮，开始录音。录音完成后，再次单击操作区的"录音"按钮，停止录音。单击第二轨的红色 R 录音按钮，停止录音。通过此步骤，可实现人声独唱的录制。如果不录音，也可以从素材文件夹中导入"天涯歌女（人声）.wav"文件。

（14）双击第二轨中刚刚录制的波形，切换到单轨波形编辑模式。

（15）全选整个波形文件，选择"效果"（Effects）→"恢复"（Restoration）→"嘶声抑制"（Hiss Reduction）命令，在弹出的对话框中单击"获取基底噪声"按钮，然后单击"确定"按钮，完成嘶嘶声的去除，如图 E1-27 所示。

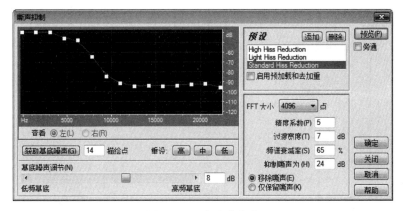

图 E1-27　去除嘶嘶声

(16) 将前奏、间奏和尾奏的人声间隙进行静音处理。选择好区域后,选择"效果"(Effects)→"静音(处理)"(Silence)命令。

(17) 将整个波形做+6dB Boost 的增益。

(18) 将处理后的文件另存为"天涯歌女(人声).wav"。

(19) 切换到"编辑"模式,打开素材文件夹下的"激情演说.wav"文件。选择 2:18 到结尾间的波形。选择"文件"(File)→"保存所选"(Save Selection)命令,在弹出的"保存所选"对话框中输入文件名"欢呼.wav",如图 E1-28 所示。

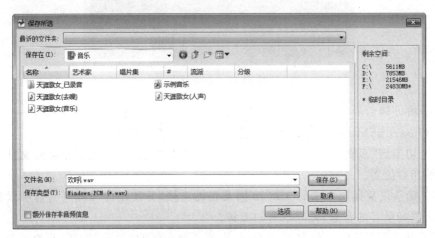

图 E1-28　保存选区

(20) 选中"激情演说.wav"文件,选择"编辑"(Edit)→"插入到多轨区"(Insert in Multitrack)命令,将它插入到多轨混音窗口中。

(21) 打开"欢呼.wav"文件,为文件做一个开头的 2 秒淡进处理和结尾 4 秒左右的淡出处理,并另存为"欢呼(淡进淡出).wav",同时也将其插入到多轨混音窗中。编辑区域选中后,选择"效果"(Effects)→"幅度"(Amplitude)→"放大/淡化(处理)"(Amplification/Dilution(Treatment))命令。如图 E1-29 和图 E1-30 所示。

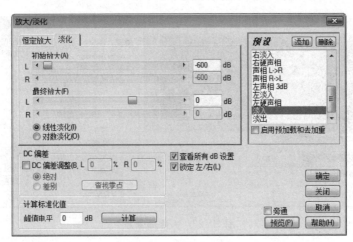

图 E1-29　开始淡入处理

图 E1-30　结尾淡出处理

（22）切换到"多轨"视图模式,出现图 E1-31 所示的界面。

图 E1-31　插入多个波形文件后的"多轨"视图模式界面

（23）右键选择并拖动第一轨,往后拖到 1:45 处。用同样的方法拖动第二轨。

（24）删掉第三轨 1:55 后面的波形文件,并对结尾 10 秒做一个淡出处理(回到单轨编辑状态)。

（25）对第一轨做 10 秒的淡进处理(回到单轨编辑状态)。

（26）右键拖动第四轨到第一轨和第二轨的末尾,可以有少量的重叠。保存会话文件。完成后的轨道如图 E1-32 所示。

（27）选择"文件"(File)→"导出"(Export)→"混缩音频"(Audio Mix Down)命令,

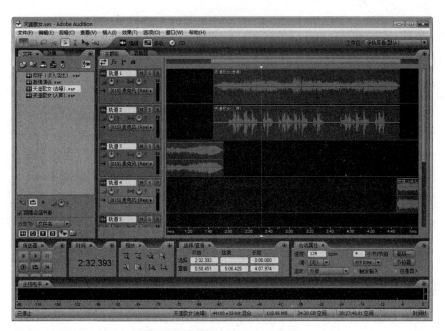

图 E1-32　最后完成的轨道图

导出多轨波形文件为一完整的文件,将其命名为"天涯歌女_混缩.mp3",如图 E1-33
所示。

图 E1-33　导出最终作品

【实验总结与思考】

　　本实验在了解软件基本操作的基础上,运用实例详细描述了数字音频编辑和处理的
整个流程。在多媒体创作过程中,很多作品都需要解说、乐音、效果声等效果。因此,音频

编辑是整个多媒体制作的基础。Audition 本身的功能很强大,需要通过大量的练习才能逐渐掌握。

思考题

(1) 在去噪时,为什么要先按"关闭"按钮,再按"确定"按钮?

(2) 如果左、右声道的内容完全一致,那么得到的是真正的立体声效果吗?

(3) 记录实验的完整过程,按要求撰写实验报告,并记录实验的心得体会。

【课外实践】

在实现基本的数字音频处理与制作的基础上,选择一部 VCD 或 DVD 影片,截取其中的某个片断,录制效果音,并配上自己的解说词,完成音频素材的制作。在学习完视频处理知识后,可以将其整合起来,实现影片配音效果,为视频编辑和短片制作打下基础。

(1) 寻找一部自己喜爱的影片(DVD 或 VCD 皆可)。注意,一定要是环境音效和语音在不同声道的影片。

(2) 切换左、右声道,只选择环境音效声道。

(3) 录制效果音。

(4) 录制自己的解说词。

(5) 对效果音和解说词进行去噪处理。

(6) 将解说词和环境音效合成。

(7) 导出成 MP3 格式的数字音频。

实验 2-1

百福图创作

【实验目的】

(1) 掌握选区创建、描边等图像操作。

(2) 掌握图像基本变换操作：图像变换、再次变换。

(3) 掌握图层重命名、图层复制、图层成组等操作并进行应用。

【实验内容】

创作图 E2-1 所示的"百福图"。

图 E2-1　百福图

【实验步骤】

(1) 打开 Photoshop CS6，新建图像文件，将其命名为"福"，设置宽、高分别为 60 厘米，分辨率为 72 像素/英寸，白色背景。

(2) 执行"视图"→"标尺"命令，从顶部/左部标尺拖曳鼠标左键，在文档中心 30 厘米处建立一条水平/垂直参考线，如图 E2-2 所示。

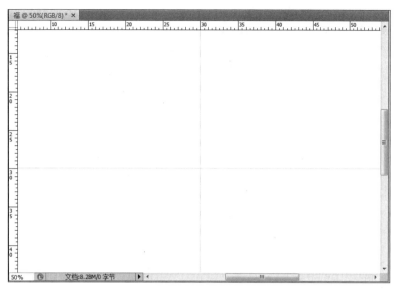

图 E2-2　在文档中心设置水平和垂直参考线

（3）选取文字工具，在文字选项工具栏中设置字体为华文行楷、字体大小为 300 点、字体颜色为红色，如图 E2-3 所示。

图 E2-3　文字工具属性设置

（4）在文档编辑窗口写入"福"字，并使用移动工具将福字移动到参考线交叉处，如图 E2-4 所示。

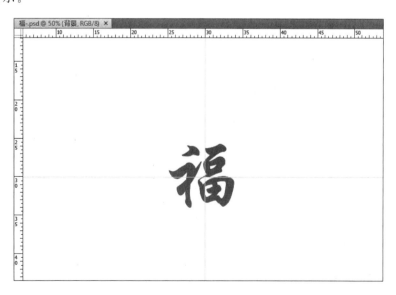

图 E2-4　创建文字"福"

(5) 选取椭圆选区工具,按 Alt＋Shift 快捷键,单击参考线交叉点并进行拖曳,创建圆形选区并使选区包围文字"福",如图 E2-5 所示。

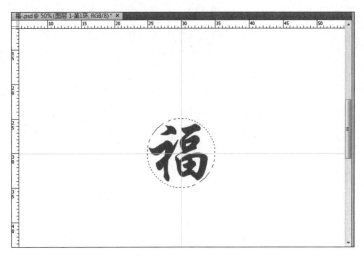

图 E2-5　创建包围"福"字的圆形选区

(6) 在"图层"面板中单击"新建图层"按钮,建立一个新图层。执行"编辑"→"描边"命令,设置描边宽度为 9 像素,颜色为红色。完成后效果如图 E2-6 所示。

(7) 双击"图层"面板中的文字层和描边层名称,更改图层名称,如图 E2-7 所示。

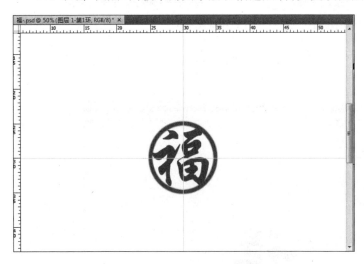

图 E2-6　为"福"字描边效果

图 E2-7　"图层"面板文字层及
描边层重命名

(8) 创建第 2 圈正上方的"福"文字,将其所在图层命名为"福 2",如图 E2-8 和图 E2-9 所示。

(9) 拖动"福 2"图层至"新建图层"按钮上,复制"福 2"图层为"福 2 副本"。

(10) 选取"福 2 副本"图层,执行"编辑"→"变换"→"旋转"命令,将旋转变换中心拖至参考线交叉处,并在变换选项工具栏中设置旋转角度为 20 度,如图 E2-10 所示。

图 E2-8　第 2 圈正上方"福"字效果

图 E2-9　将第 2 圈正上方"福"字图层命名为"福 2"

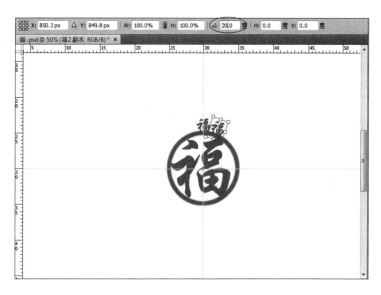

图 E2-10　旋转变换设置及旋转效果

（11）按 Ctrl＋Shift＋Alt＋T 快捷键，复制并再次变换，完成图 E2-11 所示的效果。

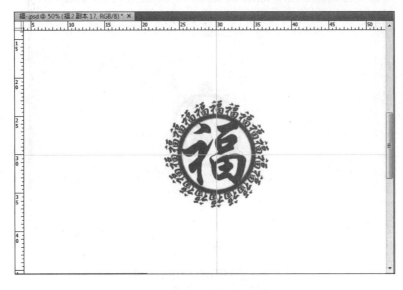

图 E2-11　复制并再次变换后效果

（12）为便于对图层进行管理，将第 2 圈"福"字图层建立编组。在"图层"面板中，单击"福 2"图层，按住 Shift 键，同时单击"福 2 副本 17"图层，然后执行"图层"面板快捷菜单中的"从图层新建组"命令，将该组命名为"组 1-第 2 圈福字"，如图 E2-12 所示。

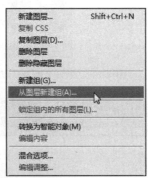

图 E2-12　第 2 圈"福"字图层成组

（13）参照步骤（6）为第 2 圈"福"字建立描边图案，完成后的效果如图 E2-13 所示。

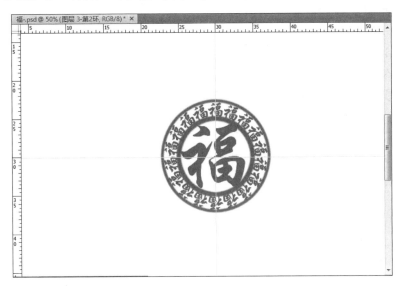

图 E2-13　两圈"福"字效果

（14）参照步骤（9）至步骤（13），创建其他 7 圈"福"字，完成百福图创作，如图 E2-14 所示。

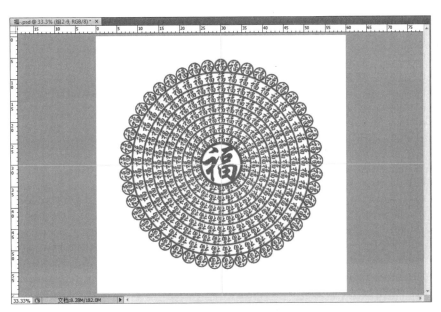

图 E2-14　百福图效果

（15）执行"文件"→"保存"命令，将文件保存为 PSD 文件格式。再执行"文件"→"存储为"命令，输出 JPEG 格式或 GIF 格式的百福图。

【实验总结与思考】

本实验主要运用了图像变换与再次变换以及复制对象来高效地制作按一定规律编排的图像。在图像创作中,为了便于对图层进行管理,可以将多个内容相关的图层进行分组。通过本实验,可以使读者掌握选区创建、绘图、图像变换、再次变换以及图层基本编辑操作技术,具备图像编辑的基本能力。

思考题

(1) 图像变换、再次变换的原理是什么?

(2) 如何进行变换控制点的编辑?

"沟通·交流"图像创作

【实验目的】

(1) 掌握图层样式设置及图层样式复制方法。
(2) 掌握图层基本操作及图层蒙版的使用方法。
(3) 掌握图像色彩调整方法。

【实验内容】

创作图 E2-15 所示的"沟通·交流"主题图像。

图 E2-15 "沟通·交流"主题图像最终效果

【实验步骤】

(1) 打开 Photoshop,新建文件,将其命名为"沟通·交流",并设置为:宽度 1800 像素,高度 1200 像素;分辨率 72 像素/英寸;白色背景;RGB 颜色模式。

(2) 在"图层"面板中创建新图层为"图层 1"。

(3) 选取工具箱中的自定义形状工具,在选项工具栏中设置形状为心形,如图 E2-16 所示。

图 E2-16　选择心形自定义形状工具

(4) 在图像窗口左上角区域绘制 100×85 大小的心形图案,图像窗口效果及"图层"面板如图 E2-17 所示。

(5) 在"图层"面板中单击右上角的快捷菜单按钮,从弹出的快捷菜单中选择"混合选项"命令,如图 E2-18 所示。

图 E2-17　心形图案及图层面板

图 E2-18　图层快捷菜单

(6) 在打开的"图层样式"对话框中进行样式设置,参数设置如图 E2-19 至图 E2-23 所示,样式列表与图像效果如图 E2-24 所示。

① 设置投影效果,参数如图 E2-19 所示。

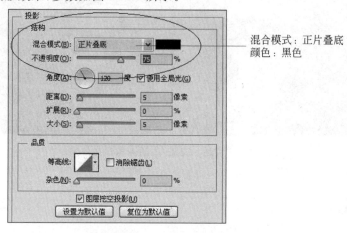

图 E2-19　投影效果参数设置

② 设置外发光效果,参数如图 E2-20 所示。

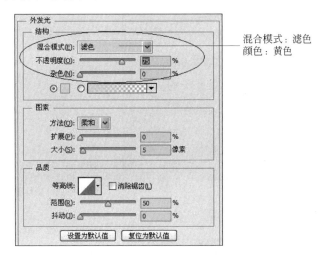

图 E2-20　外发光效果参数设置

③ 设置内发光效果,参数如图 E2-21 所示。

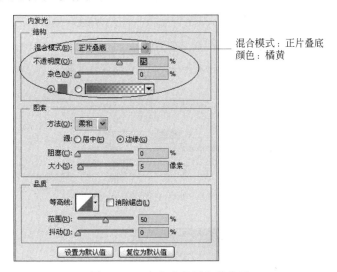

图 E2-21　内发光效果参数设置

④ 设置斜面和浮雕,参数如图 E2-22 所示。

⑤ 设置颜色叠加,参数如图 E2-23 所示。

(7) 查看"图层"面板以及图像窗口,如图 E2-24 所示。

(8) 在"图层"面板中创建新图层为"图层 2",在"图层 2"上绘制稍大的心形图案。

(9) 在"图层"面板的"图层 1"上右击,在弹出的快捷菜单中选择"拷贝图层样式"命令。

(10) 在"图层 2"上右击,在弹出的快捷菜单中选择"粘贴图层样式"命令,完成图 E2-25 所示的心心相印图像创作。

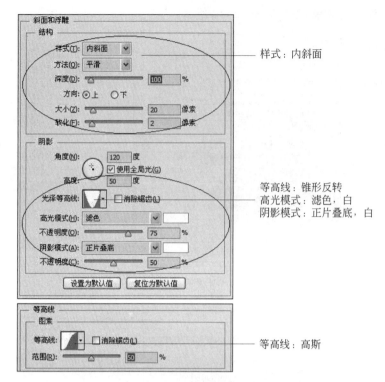

样式：内斜面

等高线：锥形反转
高光模式：滤色，白
阴影模式：正片叠底，白

等高线：高斯

图 E2-22　斜面和浮雕与等高线参数设置

混合模式：正常
颜色：红色

图 E2-23　颜色叠加参数设置

图 E2-24　"图层"面板与图像样式应用效果

(11) 打开图 E2-26 所示的"素材 1"。

图 E2-25　心心相印图像效果　　　　　　　图 E2-26　书法文字素材

(12) 在"通道"面板中,将蓝色通道拖曳至面板底部的"新建通道"按钮上,复制蓝色通道。

(13) 单击"通道"面板底部的左边第一个按钮,将通道作为选区载入,执行"选择"→"反选"命令,产生文字选区,然后执行"选择"→"存储选区"命令。"通道"面板如图 E2-27 所示。

(14) 设置前景色为红色,执行"编辑"→"填充"命令,将文字选区填充为红色。

E2-27　"通道"面板及 Alpha 通道

(15) 执行"编辑"→"拷贝"命令,在"沟通交流"图像文件窗口执行"编辑"→"粘贴"命令,使用红色字创建"图层 3"。

(16) 对"图层 3"应用"图层 1"的样式,图像效果如图 E2-28 所示。

图 E2-28　书法文字图像应用样式后的效果

(17) 打开"素材 2"地球图像,首先执行"选择"→"全选"命令,接着执行"编辑"→"拷贝"命令。

(18) 激活"沟通交流"图像文件,执行"编辑"→"粘贴"命令,创建"图层 4"。合成的图像效果如图 E2-29 所示。

图 E2-29　"素材 2"合成效果

（19）打开"素材 3"商务交流图像，将其复制到"沟通交流"图像的"图层 5"，并调整其大小和位置。

（20）为"图层 5"图像建立矩形选区并设置羽化值为 15。

（21）执行"图层"→"图层蒙版"→"显示选区"命令。为"图层 5"建立图层蒙版。"图层"面板及图像效果如图 E2-30 所示。

(a) "素材3"合成效果　　　　　　　(b) "图层5"及图层蒙版效果

图 E2-30　"图层"面板与合成图像效果

（22）参照步骤（19）至步骤（21）将其他素材在图像窗口进行合成，并对能够表现人们过度依赖电子设备交流的图片执行"图像"→"调整"→"去色"命令，以去掉彩色，完成实验要求的图像效果。

【实验总结与思考】

本实验主要运用图层基本操作、图层样式设置及样式复制、图层蒙版等进行图像合成创作。图层样式的选项非常丰富。通过不同选项及参数的搭配，可以创作出变化多端的图像样式效果。图层蒙版的编辑与应用对图像编辑合成效果大有帮助。通过本实验，可以使读者掌握图像编辑创作的基本技术手段，具备图像编辑合成的基本能力。

思考题

（1）在图像编辑中，图层蒙版起到了什么作用？如何编辑图层蒙版使图层图像与其他图像自然地衔接融合？

（2）如何在不同图层、不同图像文件中应用已设定的样式？

应用滤镜创作油画效果图像

【实验目的】

(1) 掌握滤镜的使用与参数设置方法。

(2) 掌握图层混合模式的应用。

【实验内容】

创作图 E2-31 所示的油画效果图像。

图 E2-31　油画效果图像

【实验步骤】

(1) 打开原始图像文件。执行"文件"→"打开"命令,打开原始图像文件,如图 E2-32 所示。

(2) 增加图像的饱和度。执行"图像"→"色相/饱和度"命令,设置"饱和度"为+60,如图 E2-33 所示。

(3) 应用"玻璃"扭曲滤镜。执行"滤镜"→"扭曲"→"玻璃"命令,打开图 E2-34 所示的"玻璃"对话框。设置"扭曲度"为 5,"平滑度"为 3,从"纹理"下拉列表框中选择"画布",设置"缩放"值为 79%。

图 E2-32　原始图像

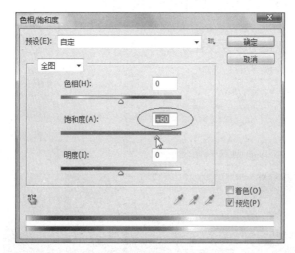

图 E2-33　Photoshop 的"色相/饱和度"对话框

图 E2-34　玻璃滤镜设置

（4）增加一个新的滤镜效果层。单击图 E2-35 所示"新建效果层"按钮，在玻璃层之上增加一个新效果层。

（5）应用"绘画涂抹"滤镜。执行"艺术效果"文件夹下的"绘画涂抹"命令，如图 E2-36 所示。设置"画笔大小"为 4，"锐化程度"为 1，从"画笔类型"下拉列表框中选择"简单"。

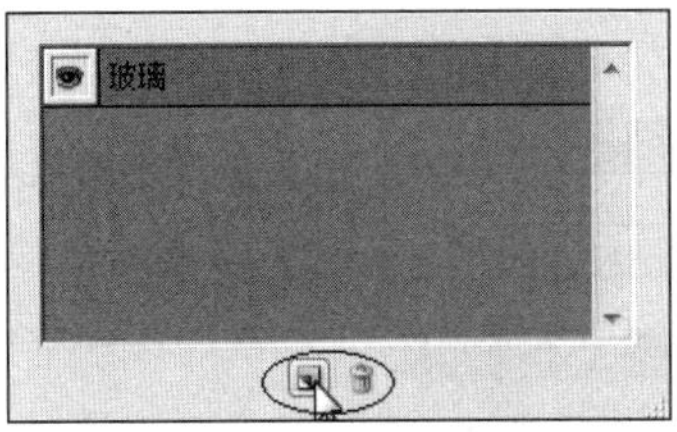

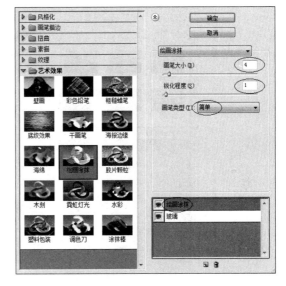

图 E2-35　单击"新建效果层"按钮
增加一个效果层

图 E2-36　"绘画涂抹"滤镜设置

（6）增加另一个新效果层，应用"成角的线条"滤镜。增加一个效果层，执行"画笔描边"文件夹下的"成角的线条"命令，打开图 E2-37 所示的对话框。设置"方向平衡"值为 4，"描边长度"为 3，"锐化程度"为 1。

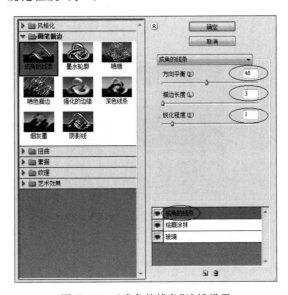

图 E2-37　"成角的线条"滤镜设置

（7）增加最后一个新效果层,应用"纹理化"滤镜。新增效果层,执行"纹理"文件夹下的"纹理化"命令,如图 E2-38 所示。从"纹理类型"下拉列表框中选择"画布",设置"缩放"值为 65％,"凸现"值为 2,"光照"选为"左上"。最后单击"确定"按钮,应用滤镜效果。

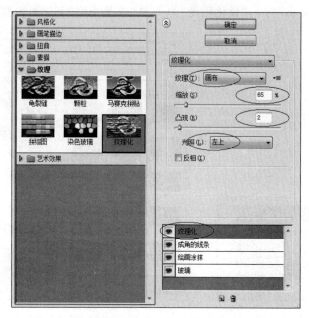

图 E2-38　纹理化滤镜设置

（8）复制背景图层。在"图层"面板中,拖曳背景层至面板底部的"创建新图层"按钮上,来复制背景图层,并将背景图层副本更名为"层 1"。

（9）将"层 1"图像调整成黑白效果。执行"图像"→"调整"→"去色"命令,将"层 1"图像调整成黑白效果。

（10）改变图层混合模式为"叠加"。在"图层"面板中,从"混合模式"下拉列表框选择"叠加"模式,如图 E2-39 所示。

图 E2-39　在"图层"面板中改变混合模式为"叠加"

（11）应用"浮雕"滤镜。执行"滤镜"→"风格化"→"浮雕效果"命令,如图 E2-40 所示。设置"角度"值为 135,"高度"值为 1 像素,"数量"值为 500％。

（12）降低不透明度。在"图层"面板中将"层 1"的不透明度从 100％减低到 40％。

查看图像窗口,观察图像效果。至此已完成"实验内容"所示的油画效果。

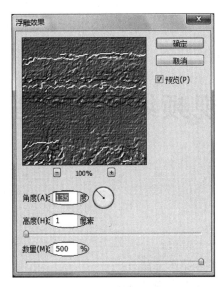

图 E2-40　浮雕滤镜设置

【实验总结与思考】

本实验主要是对图像应用多种滤镜特效,使其产生油画效果。可以对图像多次应用滤镜。通过对多种滤镜的选用及参数的搭配,可以为图像创作出变化多端的奇特效果。通过本实验,可以使读者掌握图像特效的设置及应用技巧。

思考题

(1) 滤镜是 Photoshop 中的图像特效工具。应用滤镜时对图像色彩模式有哪些限制?

(2) 在 Photoshop 中,如何使用外挂滤镜(第三方开发的滤镜程序)?

实验 3

视频编辑与处理

【实验目的】

(1) 熟悉 Premiere 的各个窗口。

(2) 掌握 Premiere 的基本操作方法。

(3) 了解使用 Premiere 制作影视动画的过程。

【实验内容】

(1) 完成"校园风光"短片的制作。

(2) 完成卷轴画的制作。

【实验预备】

(1) 素材片断之间的转换：素材片断间的转换有两种。一种是无技巧的转场，即一个素材片断结束时立即转换为另一个素材片断，也叫切换。另一种是有技巧的转场，即一个素材片断用某种特技效果逐渐转换成另一个素材片断。恰当利用有技巧转换，可以制作出某种特技效果。

(2) Premiere 的滤镜：也称为特效，就是后期处理的特技效果。Premiere 的滤镜大多数都会随着时间的流转产生动态效果。同时，Premiere 还具有一些音频滤镜。

(3) 常见的数字视频文件格式主要有 AVI、MOV、MPEG/MPG、DAT 等。AVI 文件中的伴音和视频数据交织存储，播放时可获得连续的信息。这种文件格式应用十分灵活，与硬件无关。MOV 是一种从苹果机移植到 PC 的视频文件格式，其效果比 AVI 格式稍好。MPEG/MPG 是采用 MPEG 方式压缩的视频文件格式，是目前最常见的视频压缩文件格式。DAT 是常见的 VCD 和 CD 光盘存储格式。

【实验步骤】

1. 校园风光短片的制作

(1) 启动 Premiere Pro CS4 软件，建立一个新项目，将其命名为"校园风光"，如图 E3-1 所示。选择 DV-PAL 标准 48kHz 预设,如图 E3-2 所示。

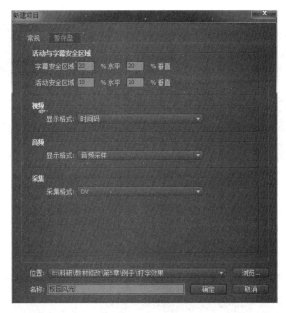

图 E3-1　新建项目

图 E3-2　Premiere Pro 预设

(2) 由于新建立的项目是没有内容的,因而需要向项目窗口中输入原始素材。双击项目窗口,在出现的"导入"对话框中选中所有的校园风光素材。将导入的素材片断拖到时间线上,如图 E3-3 所示。

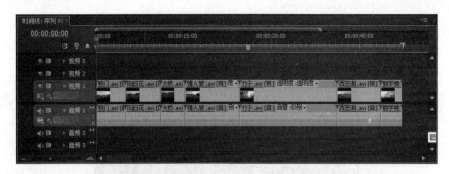

图 E3-3　时间线窗口中素材片断的组接

　　(3) 源素材上是带有音频的。为了统一,现将音频删除。首先在视频或者音频上右击,在弹出的快捷菜单中选择"解除视音频链接"命令,将所有素材的视、音频链接解除,并删除相应的音频,如图 E3-4 所示。

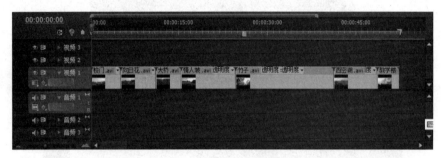

图 E3-4　删除音频后的效果

　　(4) 加入视频间的过渡效果。在"视频切换"选项卡中选择"叠化"文件夹,并将"交叉叠化"拖至两个素材之间。对于所有的素材,两两之间都采用交叉叠化效果,如图 E3-5 所示。单击交叉叠化效果,可以在"特效控制台"面板上看到相应的参数设置,如图 E3-6所示。

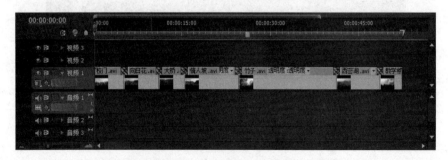

图 E3-5　添加视频过渡效果

　　(5) 现在制作字幕。单击"文件"→"新建"→"字幕"命令,在弹出的对话框中输入名称"片头",如图 E3-7 所示。

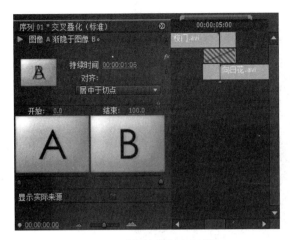

图 E3-6 "特效控制台"面板

图 E3-7 "新建字幕"对话框

（6）在字幕窗口中，输入"校园风光"四个字，并设置其大小、字体、颜色等，如图 E3-8 所示。

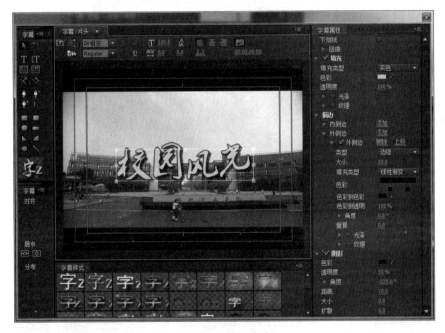

图 E3-8 输入文字

（7）关闭字幕窗口，将字幕拖至视频 2 轨道，对片头做一个透明度动画，使其具有淡入淡出效果。单击片头字幕，在"特效控制台"面板上可以看到"透明度"选项。单击"透明度"前面的"切换动画"按钮，第 0 帧和 3 秒处的透明度为 0，中间的透明度为 100%，如图 E3-9 所示。

（8）用同样的方法制作片尾"谢谢欣赏"字幕，并制作淡入淡出效果，如图 E3-10 和图 E3-11 所示。

图 E3-9　片头淡入淡出效果制作

图 E3-10　片尾淡入淡出效果制作

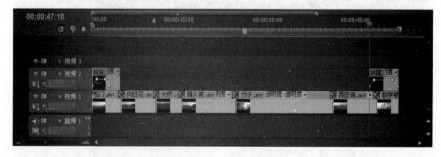

图 E3-11　片尾动画效果

　　（9）为整部片子添加音频。将音频"配音.wav"拖至音频 1 轨道上，用剃刀工具对音频素材进行剪辑，使其跟视频素材长度一致。然后在音频开始和结尾处添加淡入淡出效果，如图 E3-12 和图 E3-13 所示。

图 E3-12　添加音频效果

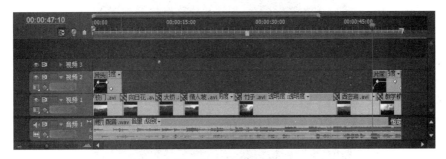

图 E3-13　最终效果

（10）最后选择"导出"→"媒体"命令，在弹出的对话框中选择相应的选项，导出视频如图 E3-14 所示。

图 E3-14　导出参数设置

2. 卷轴画效果

卷轴画效果能让画面出现的时候有一个慢慢展开的过程,使得画面看上去更为生动。本例将采用视频过渡及"彩色蒙版"来制作卷轴效果。

(1) 启动 Premiere Pro 软件,并建立一个新项目,将其命名为"卷轴画",如图 E3-15 所示。选择 DV-PAL 标准 48kHz 预设,其界面如图 E3-16 所示。

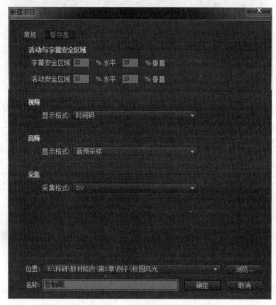

图 E3-15　新建项目

图 E3-16　Premiere Pro 预设

（2）选择"文件"→"导入"命令或者双击项目窗口，在出现的"导入"对话框中选择"卷轴画"，并将导入的素材拖到时间线窗口视频 2 轨道上，如图 E3-17 所示。设置"缩放比例"值为原来的 132%，如图 E3-18 所示。

图 E3-17　将"卷轴画"放置于视频 2 轨道上　　　　图 E3-18　"卷轴画"比例设置

（3）在项目窗口中，单击"新建分类"功能按钮，在打开的下拉菜单中选择"彩色蒙版"命令，弹出"彩色蒙版"浮动画板，将颜色设为灰色，如图 E3-19 所示。单击"确定"按钮，弹出"选择名称"对话框，在"选择用于新建蒙版的名称"文本框中输入"底色"，如图 E3-20 所示。

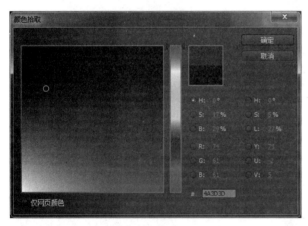

图 E3-19　选择颜色　　　　　　　　　图 E3-20　为新建蒙版命名

（4）使用同样的方法，再次创建名为"黄轴"和"黑轴"的彩色蒙版（"黑轴"彩色蒙版为黑色，"黄轴"彩色蒙版为土黄色（其 R、G、B 的值分别为 80、62、47））。此时，项目窗口如图 E3-21 所示。

（5）在项目窗口中，选中"底色"彩色蒙版，并将其拖曳到时间线窗口中的视频 1 轨道中，如图 E3-22 所示。

（6）激活"效果"面板，如图 E3-23 所示。在"视频切换"中展开"卷页分类"，选择"卷走"（也翻译成滚离）特效，将"卷走"特效拖到视频 2 轨道上，如图 E3-24 所示。调整其"效果控制"参数，如图 E3-25 和图 E3-26 所示。

图 E3-21　项目窗口

图 E3-22　视轨分布

图 E3-23　效果控制面板

图 E3-24　"卷走"特效

图 E3-25　视轨显示

图 E3-26　"卷走"特效参数

　　(7) 将"黑轴"拖曳到时间线窗口中的视频 3 轨道中,并在"特效控制台"面板上展开
"运动"选项,取消"等比缩放"复选框的选择,将"缩放高度"设为 47,"缩放宽度"设为 2。
将时间指针置于第 0 帧,并单击"位置"前的码表图标,设置第 0 帧的值为 (0,288)。将时
间指针置于视频末尾,设置"位置"值为 (720,288),如图 E3-27 所示。效果如图 E-28

所示。

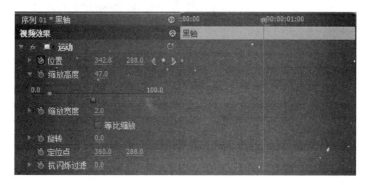

图 E3-27　"黑轴"的动画

图 E3-28　动画过程

（8）在时间轨道上右击,通过快捷菜单命令增加一轨道。

（9）将"黄轴"拖曳到时间线窗口中的视频 4 轨道中,将"黄轴"拖曳到时间线窗口中的视轨 4 轨道中,选择"效果控制"面板,展开"运动"选项,去掉"等比缩放"选项,将"缩放高度"设为 42,"缩放宽度"设为 2。将时间指针置于第 0 帧,并单击"位置"前的码表图标,设置第 0 帧的值为(0,288)。将时间指针置于视频末尾,设置"位置"值为(720,288),如图 E3-29 所示。最终效果如图 E-30 所示。至此,"卷轴画"制作完成。

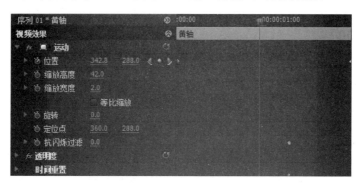

图 E3-29　"黄轴"的动画

图 E3-30 "黄轴"的动画过程

【实验总结与思考】

本实验通过制作"校园风光"和"卷轴画"两个实例使读者熟悉 Premiere Pro 的基本操作。在 Premiere 中,不仅可以把图片、视频结合起来,实现视频的生成,还可以给视频添加绚丽的特技效果,也可以添加字幕和片头,实现电影、电视作品的效果。

思考题

(1) 如何在影片中加入水平滚动的字幕?

(2) 如何在影片中加入声音并设置声音特效?

(3) 如何制作从上往下的卷轴画?

【课外实践】

制作一个完整的数字视频,视频素材可以自己搜集。具体要求如下。

(1) 制作出的视频要有解说词,有背景音乐。

(2) 视频的开始处有标题,视频当中有转场特效以及相应的滚动字幕。滤镜效果不少于两种。滚动字幕的运动方式不限。

(3) 制作完成后视频长度不超过 5 分钟。

实验 4

Flash 动画制作

【实验目的】

(1) 建立活动画面的基本概念,了解动感是如何产生的。
(2) 知道动画创意对动画制作所起的重要作用。
(3) 加深对电脑动画原理的理解。
(4) 能用 Flash 设计简单的动画。

【实验内容】

(1) 运用按钮制作翻页的相册。
(2) 运用各种绘图工具制作闹钟动画。

【实验预备】

1. 动画创意

在创建动画之前,首先了解制作动画的创意。创意是什么?它通常会令答者尴尬,听者茫然。就像一千个读者心中有一千个哈姆雷特一样,关于创意,有人说是感觉;有人说是新点子、好主意;有人说是独一无二的思维火花、稍纵即逝的灵感;也有人将它理解为"旧有元素的重新组合"。

创意是多媒体作品的灵魂,没有创意的作品是没有感染力的,也就失去了观众,失去了市场。在制作一个 Flash 动画之前,首先要把作品的创意想出来,然后再根据该创意制作成品。创意是理念上的东西,是个体通过自己的方式表达的世界。它既继承原有优秀的东西,又会把主观的臆想融合进去。它是一切事物的出发点。

在北京电视台动画频道主办的"福娃奥运漫游记"创意大赛中,突显出了许多优秀作品。在这些作品当中,一位山东省女高中生陈小雨的《五福娃与母亲》的创意征服了很多观众。

陈小雨的创意分为开篇、第一单元、第二单元、第三单元、结局五部分。其中,让人印象最深的是结尾。陈小雨写道:"古老、现代而美丽的北京,地球上空前的和平盛会。宙斯和小狗、海狸……费沃斯、雅典娜等各国吉祥物出现在主席台上。宙斯宣布 2008 北京盛会开始,贝贝、晶晶、欢欢、迎迎、妮妮五人并排手拉手出现在天空中,宙斯不解,欢欢说这是一条中国谜语,打一句话。宙斯终于猜到了,用洋腔洋调念出了'北、京、欢、迎、你!',话音刚落,周围立时变成了鲜花和欢乐的海洋……"

一个 17 岁女孩对奥运的渴求虽然还有些稚气,但她巧妙地把中华文化跟奥运精髓结合在一起。过去与现在、现实与虚拟交相辉映,从而为五福娃的北京亮相寻找到最佳舞台。陈小雨要告诉和她一样的"80 后"甚至"90 后":民族的才是世界的,只有和平环境下才能有全球盛会。

由此可见,在制作二维动画之前,将自己的灵感表现出来,将自己的创意用动画的形式传达给其他人,那才是动画的本意。

2. 元件

元件是 Flash 动画中的主要动画元素。不同的元件在动画中具有不同的特性与功能。Flash 可以运用元件更好地管理对象。要新建一个元件,可以通过在"插入"菜单中单击"新建元件"命令实现。

3. 动作面板

可通过"窗口"→"动作"命令调出"动作"面板,也可以直接在关键帧处右击,在弹出的快捷菜单中选择"动作"命令。在"动作"面板中,可以使用 ActionScript 语言进行编辑,从而实现 Flash 的强大功能。本实验所涉及的所有语言都是使用 ActionScript 2.0 版本。

【实验步骤】

1. Flash 相册制作

(1)新建文件,设置舞台宽度为 400 像素、高度为 350 像素,背景色为白色,帧频率值为 24。具体设置如图 E4-1 所示。

(2)创建新影片剪辑元件(快捷键为 Ctrl+F8),在"创建新元件"对话框中输入元件名称为 pictures,如图 E4-2 所示。将第 1 层重命名为 picture。将 5 张图片分别从外部导入各帧中,如图 E4-3 所示。

图 E4-1　文档属性设置

图 E4-2　创建新元件

图 E4-3　导入 5 幅图片

（3）新建一层 action，并在第 1 帧上右击，在弹出的快捷菜单中选择 action 命令，并写下代码"stop()；"，如图 E4-4 所示。

（4）创建按钮元件（快捷键为 Ctrl＋F8），设置其名称为 next_btn。画一黑框白底的矩形，并延长帧至"点击"标签处。新建层，输入"下一张"黑色文字，同样延长帧，如图 E4-5 所示。

图 E4-4　第 1 帧的设置

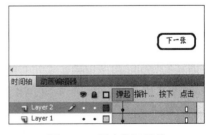

图 E4-5　创建按钮元件

（5）创建新影片剪辑元件，设置其名称为 next_mc，如图 E4-6 所示。把 next_btn 按钮元件拖入 next_mc，按钮元件实例名为 next_btn。在第 2 帧处插入关键帧，选中第 2 帧的按钮，进行分离（快捷键为 Ctrl＋B），让它失去按钮的作用。选中分离出的文字，将颜色改为灰色。同样，将矩形的边框色也改为灰色，如图 E4-7 所示。当文字和矩形大小差不多时,矩形不容易选择,此时可先全选文字和矩形,然后按住 Shift 键,同时再单击文字即可选中矩形。在第 1 帧上写下代码"stop();"。

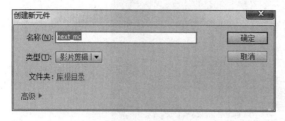

图 E4-6　next_mc 元件

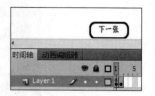

图 E4-7　修改按钮元件属性

(6) 参照步骤(4)和步骤(5)分别创建 prev_btn 按钮和 prev_mc 影片剪辑。注意,prev_mc 影片剪辑中 prev_btn 按钮的实例名为 prev_btn。

(7) 回到主场景,创建 4 个图层,图层名称分别为 pictures、frame、btn_mc 和 action。

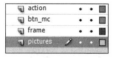

图 E4-8　创建图层

具体设置和效果如图 E4-8 所示。

(8) 在 pictures 图层的第 1 帧把 pictures 元件拖入,放在合适的位置上,实例名为 pictures。在第 2 帧处、第 11 帧处、第 20 帧处分别插入关键帧(快捷键为 F6),在第 2 帧和第 11 帧之间以及第 11 帧处和第 20 帧处分别创建补间动画,如图 E4-9 所示。选中第 2 帧,在"属性"面板中将"缓动"设置为 100;选中第 11 帧,在"属性"面板中将"缓动"设置为 -100,其目的是让图片切换自然。选中第 11 帧中的元件,打开"属性"面板。选择"颜色"→"高级",再单击旁边的"设置"按钮,在弹出的对话框中将 R、G、B 都设为 200。如果设为 255,则图片在过渡时会成为一片白,如图 E4-10 所示(R、G、B 的值越大,则图片越亮,且图片中原先较亮的部分最先变白,反之则越暗)。

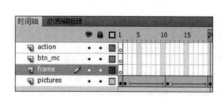

图 E4-9　补间动画

图 E4-10　过渡颜色设置

(9) 在 frame 图层中画一个矩形框,以美化图片;延长帧至第 20 帧。在 btn_mc 图层中,分别把元件 next_mc 和 prev_mc 拖入,放在合适的位置上,实例名分别为 next_mc、prev_mc;延长帧至第 20 帧,如图 E4-11 所示。

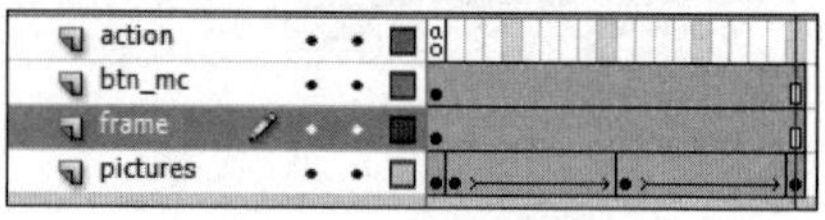

(10) 在 action 图层的第 1 帧上写下如下代码。

图 E4-11　最终效果图

```
stop();              //动画开始时停止
var i:Number=1;      //设置变量 i 的初始值为 1
prev_mc.gotoAndStop(2);      //prev_mc 影片,开始时让它停止在第 2 帧,让按钮变成灰色
                             并失去作用,因为动画开始时没有上一张图片
```

```
onEnterFrame=function () {                    //运行每一帧时执行以下函数
if (_root._currentframe==11) {                //如果主场景播放到第 11 帧
    pictures.gotoAndStop(i);
                                              //pictures 影片停止在第 i 帧,在第 11 帧出现第 i 张图片
}
if (_root._currentframe==20) {                //如果主场景播放到第 20 帧
    gotoAndStop(2);                           //主场景动画停止在第 2 帧
}
next_mc.onRelease=function () {               //next_mc 影片中的按钮在释放时执行以下函数
    if (i<5) {                                //如果变量 i 小于 5(pictures 影片中只有 5 张图片)
    i++;                                      //每点击 next_mc 影片中的按钮一次变量 i 递增 1,
                                              //pictures 影片跳转到下一帧
    prev_mc.gotoAndStop(1);
              //prev_mc 影片停止在第 1 帧,即让按钮变黑并起作用,因为此时有了上一张图片
    play();                                   //主场景动画开始播放
    }
    if (i==5) {                               //如果变量 i 等于 5
    next_mc.gotoAndStop(2);
        //next_mc 影片停止在第 1 帧,即让按钮变成灰色并失去作用,因为此时没有下一张图片
    }
};
prev_mc.onRelease=function () {               //prev_mc 影片中的按钮在释放时执行以下函数
    if (i>1) {                                //如果变量 i 大于 1
    i--;                                      //每点击 prev_mc 影片中的按钮一次变量 i 递减 1,
                                              //pictures 影片跳转到上一帧
    next_mc.gotoAndStop(1);
              //next_mc 影片停止在第 1 帧,即让按钮变黑并起作用,因为此时有了下一张图片
    play();                                   //主场景动画开始播放
    }
    if (i==1) {                               //如果变量 i 等于 1
    prev_mc.gotoAndStop(2);
        //prev_mc 影片停止在第 2 帧,即让按钮变成灰色并失去作用,因为此时没有上一张图片
    }
};
};
```

2. 可爱小闹钟的制作

(1) 新建一场景动画,选择"插入"→"新建元件"命令,新建一图形元件,将其命名为clock,并在场景中按住 Shift 键画出一正圆,如图 E4-12 所示。

(2) 新建一图层,在其上粘贴步骤(1)中绘制的正圆的副本,并将其缩小,将填充色改为白色。用选择工具选中两个圆,执行"修改"→"对齐"→"水平对齐"及"垂直对齐"命令,使两圆中心对齐,如图 E4-13 所示。

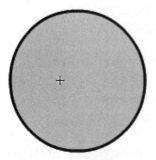
图 E4-12　正圆

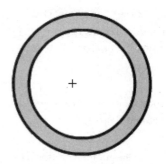
图 E4-13　同心圆

（3）新建一图层，并将其命名为 ear，将绿色的圆复制一份，粘贴在 ear 层上，并用任意变形工具调整其大小，如图 E4-14 所示。调整好后，再复制一份对称放置。

（4）同理，再新建一层，将其命名为 foot，将耳朵复制一份，粘贴在 foot 层上，并将其拖至最底层，如图 E4-15 所示。

（5）画时间刻度。新建一个图层，将其命名为 time，放在最上层。用直线工具画一条任意长度的直线，如图 E4-16 所示。

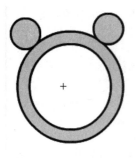
图 E4-14　绘制耳朵

图 E4-15　制作闹钟的脚

图 E4-16　画直线

（6）选中这条直线，按 Ctrl＋T 快捷键调出"变形"面板，将"旋转"的角度设为"15"。单击右下角的"复制并应用变形"按钮，就能复制出另外一条直线，如图 E4-17 所示。继续单击此按钮，直到复制出一整圈直线，如图 E4-18 所示。

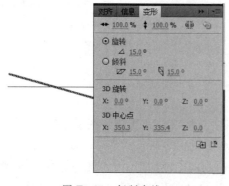
图 E4-17　复制直线

图 E4-18　复制整圈直线

(7) 选中所有的直线,按 Ctrl+G 快捷键,将所有直线组合为一个整体,再用椭圆工具画出图 E4-19 所示的正圆、选中直线和椭圆,执行"修改"→"对齐"→"水平居中"和"竖起居中"命令。

(8) 按 Ctrl+B 快捷键,将所有直线和圆打散,删除多余的线段,只留下圆外的线段,并按 Ctrl+G 快捷键进行组合,如图 E4-20 所示。用任意变形工具调整其大小,然后将其放到时钟中间,如图 E4-21 所示。

图 E4-19　直线与圆对齐

图 E4-20　制作刻度

(9) 新建一元件并将其命名为 arrow01。用矩形工具及变形工具等画出图 E4-22 所示的指针。调置其笔触为黑色,填充为绿色,如图 E4-22 所示。用任意变形工具将指针的中心点移至最底端,以便旋转的时候能绕着底端中心点进行,如图 E4-23 所示。

图 E4-21　放置刻度

图 E4-22　绘制指针

E4-23　移动中心点

(10) 设置动画,使其顺时针转动一圈,如图 E4-24 和图 E4-25 所示。

图 E4-24　设置旋转动画

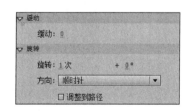

图 E4-25　旋转动画参数设置

(11) 回到主场景中。新建一图层,将其命名为 clock。将时钟拖至场景中。新建另一图层,将其命名为 arrow01。在库中将 arrow01 元件拖至时钟的中心位置。再新建一图层,将其命名为 arrow02。将元件 arrow01 再次拖至时钟中心位置,并用任意变形工具将元件 arrow01 调整得细长一些,如图 E4-26 所示。

(12) 选中 arrow02 上的指针,按 F8 键将其转换为元件,并命名为 arrow02。双击 arrow02 进入元件编辑界面,将最后一关键帧定位至第 12 帧处。这个指针每 12 帧旋转一周,如图 E4-27 所示。最终效果如图 E4-28 所示。选择"Control"菜单中的"Test Scene"命令测试场景。

图 E4-26　调整时针分针

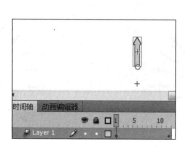

图 E4-27　制作分针动画

图 E4-28　最终效果

(13) 最后,将声音文件"闹钟声音.wav"导入到库中,建立一个新层,并将声音文件拖至场景中,至此便将整个闹钟指针转动动画制作完成。

3. 动画的输出

完成的动画可通过 Ctrl+Enter 快捷键进行测试。如果没问题,就可以进行输出设置了。

(1) 输出设置。通过"文件"菜单中的"发布设置"命令可以设置发布出去的格式以及发布质量等。设置完之后单击"发布"按钮即可,如图 E4-29 所示。

图 E4-29　发布设置

（2）也可以通过"文件"菜单中的"导出"命令，将文件导出成相应的格式，如图 E4-30 所示。

图 E4-30　"导出影片"对话框

【实验总结与思考】

本实验在了解电脑动画原理的基础上，运用按钮、元件及 ActionScript 制作了相册、闹钟等动画效果。在 Flash 制作过程中，这些技巧都是比较常见的。也只有综合应用这些技巧，才能制作出一个实用而又具欣赏性的动画。

思考题

（1）元件是 Flash 中比较重要的一个概念。元件在动画制作中起到的作用是什么？

（2）动画创意的关键在哪里？在动画中如何添加声音和视频文件？

（3）高版本 Flash 的文件能否用低版本 Flash 打开？

【课外实践】

根据上面闹钟的制作方法，请使用基本的设计方法、时间对象以及 ActionScript 的一些基本语法模拟定时闹钟，要求能显示时间、日期、星期和定时门铃等。

实验 5

多媒体制作工具 Authorware 的使用

【实验目的】

（1）掌握使用 Authorware 集成各种媒体素材的基本方法。

（2）掌握 Authorware 提供的几种主要交互功能的使用方法。

（3）掌握 Authorware 中函数和变量的使用方法。

（4）了解利用 Authorware 开发多媒体作品的构思和制作过程。

【实验内容】

（1）在项目的开始添加视频，结束后进入程序主界面，同时背景音乐响起（通过"窗口"菜单可以控制音乐的播放和停止），进入下一界面"拼图游戏"。

（2）单击拼图游戏按钮可实现拼图小游戏的相关操作，单击"退出"按钮可离开程序。

【实验预备】

1. 整体构思

在动手制作多媒体项目之前，首先要根据需要达到的效果和制作时限、设备条件来进行整体的构思。

根据本实验的内容和实验要求，制作出的实验项目结构如图 E5-1 所示。

2. 准备素材

选择应用软件进行项目所需要的各种素材的采集和制作，并将它们分别保存在相应的文件夹中备用。在本地硬盘中新建一个文件夹，将其命名为 Authorware。将随书光盘中的 Images 和 Media 文件夹复制粘贴到此文件夹的根目录下。

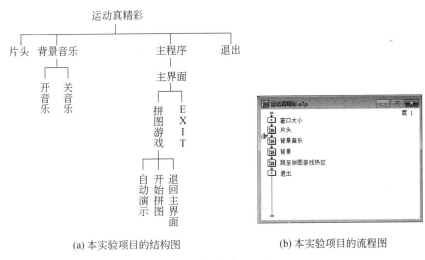

(a) 本实验项目的结构图　　　　　　(b) 本实验项目的流程图

图 E5-1　实验项目结构图

【实验步骤】

1. 创建项目文件

(1) 运行 Authorware 7.0。新建一个空白文件。执行"文件"→"保存"命令,选择保存位置为 Authorware 文件夹的根目录下,保存文件名为"运动真精彩"。

(2) 调整窗口的运行大小。在程序主流程线上放置一个计算图标,将其命名为"窗口大小"。双击该图标,打开其计算窗口。然后,单击工具栏上的"函数"按钮 ,选中在"函数"面板中的 ResizeWindow 函数,单击"粘贴"按钮,将函数粘贴到计算图标的计算窗口。将函数 ResizeWindow(width,height)修改为 ResizeWindow(640,480)。

(3) 设置程序运行窗口属性。选择"修改"→"文件"→"属性"命令,在弹出的属性面板中,对"回放"选项卡中的属性进行设置。设置"大小"为 640×480,"颜色"为黑色,在"选项"选项组中选择"显示标题栏"和"显示菜单栏"复选框。

2. 制作程序片头

(1) 在程序主流程线上放置一个群组图标,将其命名为"片头"。

(2) 双击该群组图标打开其设计窗口,在其流程线上放入一个数字电影图标并命名为"片头视频"。双击数字电影图标,打开其属性面板,然后单击"导入"按钮,选择 Media 文件夹中的"片头.mpg"文件,单击"导入"按钮,将视频导入到程序中。运用快捷键 Ctrl+P 运行程序,然后再次按快捷键 Ctrl+P 暂停程序,在程序窗口中将视频调整到合适大小,使视频图像上、下方适当露出等距的黑色背景,达到宽屏电影的效果。

(3) 在数字电影图标下方放置一个等待图标。双击该等待图标,将属性面板中"事件"的两个选项都勾选。在"时限"文本框中输入 16。

(4) 在等待图标下方放置一个擦除图标"擦除视频"。打开该图标,选择要擦除的对象为数字电影图标"片头视频"。

3. 设置背景音乐

（1）在程序主流程线上放置一个群组图标，将其命名为"背景音乐"。

（2）双击"背景音乐"图标打开其设计窗口，在其流程线上放入一个计算图标，并将其命名为"设置播放变量"。双击该计算图标，在其计算窗口中输入文本"music:=TRUE"，然后关闭该窗口。系统提示是否保存更改，单击"是"按钮，在弹出的"新建变量"对话框中单击"确定"按钮，完成设置。

（3）在计算图标下方放置一个声音图标，并将其命名为"音乐"。双击该图标打开其属性面板，单击"导入"按钮，导入 Media 文件夹中的声音文件 001. mp3。在"计时"选项卡里设置"执行方式"为"永久"；"播放"为"直到为真"，在其文本框中输入控制播放的变量"music=FALSE"；"速率"为 100；在"开始"文本框中输入开始播放条件的变量"music=TRUE"。如图 E5-2 所示。

图 E5-2　声音图标属性面板

（4）在声音图标下方放置一个交互图标，并将其命名为"音乐控制"。在其右下方放置两个群组图标，分别命名为"开音乐"和"关音乐"。选择交互类型为"下拉菜单"。

（5）打开"开音乐"的交互图标属性面板，在"菜单"选项卡的"快捷键"文本框中输入下拉菜单快捷键为字母 O；在"响应"选项卡的"永久"复选框中打钩；将选项"分支"设置为"重试"。

（6）打开"关音乐"的交互图标属性面板，设置"快捷键"为字母 C，其他属性参照步骤（5）中"开音乐"的属性进行设置。

（7）打开群组图标"开音乐"的设计窗口，在其流程线上放置一个计算图标 True。双击该计算图标打开其计算窗口，输入用于控制音乐播放的自定义变量"music:=TRUE"。

（8）打开群组图标"关音乐"的设计窗口，在其流程线上放置一个计算图标 False，双击该计算图标打开其计算窗口，输入用于控制音乐播放的自定义变量"music:=FALSE"。

（9）关闭"背景音乐"群组图标设计窗口，返回主设计窗口。

4. 制作"拼图游戏"的内容

双击打开群组图标跳至"拼图游戏热区"的程序流程线，按照图 E5-3 所示，放置相应的图标并进行命名。

此程序运行效果如图 E5-4 所示。在演示窗口左边显示了一幅图片，单击该图片可以

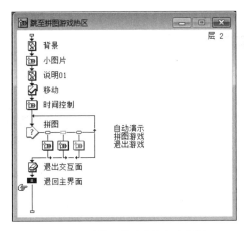

图 E5-3 "拼图游戏"程序流程图

开始拼图游戏,条件是必须在 30 秒内完成游戏,否则游戏就重新开始。图片下方会显示计算机系统当前时间、游戏开始时间和使用时间。如果 10 秒内没有做任何操作,程序就自动演示拼图游戏玩法。

图 E5-4 拼图最后效果图

(1) 双击显示图标"背景"打开其演示窗口,单击工具栏中的  按钮,导入图片 016. jpg(素材文件夹 Images/016.jpg)。

(2) 制作拼图图片。

① 在群组图标"小图片"程序设计窗口中放置 9 个显示图标并分别命名,如图 E5-5 所示。

② 在每个显示图标中各放置一个小图片(素材文件夹 Images/P01.jpg~P09.jpg),将 9 个显示图标中的小图片按顺序放置在演示窗口的适当位置,使它们合起来能够拼成

一张图 E5-6 所示的大图。

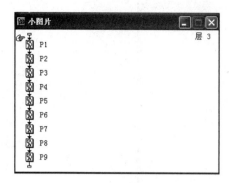
图 E5-5 群组图标"小图片"程序设计窗口

图 E5-6 小图片按顺序放置在演示窗口后的效果

（3）制作说明文字，设置其运动方式。

① 利用文字工具在显示图标"说明 01"中输入文字"单击此图开始游戏"。设置颜色为红色，"模式"为透明。

② 在显示图标"说明 01"属性对话框中的"拖动图像到最初位置"选项卡的"位置"选项中，设置文字位置为 X：249，Y：168。

③ 利用移动图标"移动"控制显示图标"说明 01"中的文字在大图片表面作指定路径到终点的运动。运动路径如图 E5-7 所示。

a. 打开显示图标"背景"的演示窗口，然后关闭。

b. 按住 Shift 键，打开显示图标"说明 01"的演示窗口，然后关闭。

c. 按住 Shift 键，双击移动图标"移动"，弹出移动图标属性面板并显示出图标"背景"和"说明 01"中的内容。

d. 选中文字"单击此图开始拼图游戏"，拖动其在图 E5-8 所示的位置放置数次，系统将自动添加三角形移动标识以及运动路径直线。

图 E5-7 文字运动路径 a

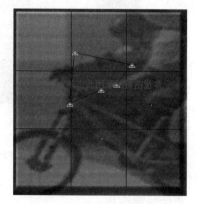
图 E5-8 文字运动路径 b

e. 在移动图标属性面板中，设置"类型"选项为"指向固定路径的终点"，在"定时"选项文本框中将系统默认运动完成时间（单位：秒）1 改成 4，设置"执行方式"为"同时"。

（4）制作自动进入拼图演示界面的说明文字和计时程序。

① 在"时间控制"群组图标中放入一个显示图标并将其命名为"说明 02"。然后在此显示图标下方放置一个计算图标并将其命名为"等待跳转"。

② 打开显示图标"说明 02"，利用文字工具在其演示窗口中输入文字"如果您在 10 秒内不做选择，将自动进入演示程序！"。设置文字颜色为黄色，"模式"为"透明"，"位置"为（503,191）。

③ 在计算图标中输入变量 TimeoutLimit：=10 和函数 TimeOutGoTo(IconID@"自动演示")。此变量用于设置等待用户操作的时间，单位为秒。若 10 秒内用户没有进行任何操作将跳转到函数指定的位置——群组图标"自动演示"，并执行其中的内容。

（5）设置群组图标"自动演示"、"拼图游戏"和"退出游戏"的响应属性。

① 双击交互图标"拼图"，打开其演示窗口。

② 双击"自动演示"按钮，打开其属性面板。在"按钮"选项卡的"大小"选项中设置按钮大小为（88,25）。在"位置"选项中设置按钮位置为（391,319）。单击"鼠标"文本框后方的▦按钮，选择光标指针样式为第 6 种样式。在"响应"选项卡中勾选响应范围为"永久"（Perpetual）。

③ 双击群组图标"拼图游戏"的响应类型标识符号，打开其属性面板，设置热区"大小"为（282,292），"位置"为（77,50），并选择第 6 种光标指针样式。

④ 双击群组图标"退出游戏"的响应类型标识符号，打开其属性面板，设置"退出游戏"的响应按钮"大小"为（88, 25），"位置"为（530,319），"快捷键"设为 Esc，光标指针形式选择第 6 种，响应范围设为"永久"，"分支"设为"退出交互"。

（6）制作拼图游戏的自动演示程序。

① 打开群组图标"自动演示"，按照图 E5-9 所示，在其设计窗口上放置相应的图标并命名。

② 双击打开显示图标"说明 03"，利用文字工具在演示窗口中输入红色文字"自动演示"。执行菜单"文本"→"字体"→"其他"命令，在"字体"对话框中选择字体为隶书，如图 E5-10 所示。执行菜单"文本"→"字体"→"大小"→"其他"命令，在"字体大小"文本框中输入 18。在图标属性面板中设置文字位置为（231,33）。

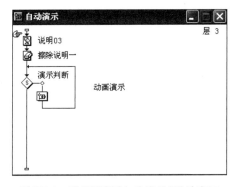

图 E5-9　群组图标"自动演示"设计窗口

图 E5-10　字体选择对话框

③ 使用擦除图标"擦除说明一"来擦除显示图标"说明 02"中的文字。

④ 双击判断图标"演示判断"打开其属性面板。将选项"重复"设置为"固定的循环次数"（Fixed Number of Times），并在其下一行的文本框中输入循环次数 1。设置"分支"为"顺序分支路径"。

⑤ 打开群组图标"动画演示"，按照图 E5-11 所示，在其设计窗口上放置相应的图标并命名。其中，群组图标"运动一"中的 9 个移动图标作用是将拼好的完整图片分散为 9 个小图片，其程序流程如图 E5-12 所示。

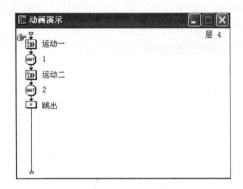

图 E5-11　群组图标"动画演示"设计窗口　　　　E5-12　群组图标"运动一"设计窗口

⑥ 设置移动图标 1-1 的移动属性，使其能够控制小图片 P1 的位移。打开移动图标 1-1 的属性面板，设置"类型"为"指向固定点"，将"定时"时间设置为 0.4 秒，"执行方式"设置为"同时"。然后，单击显示图标 P1 中的内容作为移动对象（Object），拖动移动对象到所需的目标点位置，也可在"目标"（Destination）文本框中输入坐标(580,100)。

⑦ 其他 8 个移动图标的属性设置与移动图标 1-1 基本相同，不同的是所选的移动对象和目标点的位置。具体参数设置可参照表 E5-1。

表 E5-1　"运动一"中的移动对象和目标点的位置对照表

序　号	移动图标名称	显示图标名称	目标点坐标
1	1-1	P1	(X,Y)：$(580,100)$
2	1-2	P2	(X,Y)：$(423,263)$
3	1-3	P3	(X,Y)：$(584,181)$
4	2-1	P4	(X,Y)：$(420,129)$
5	2-2	P5	(X,Y)：$(520,100)$
6	2-3	P6	(X,Y)：$(517,196)$
7	3-1	P7	(X,Y)：$(514,250)$
8	3-2	P8	(X,Y)：$(586,254)$
9	3-3	P9	(X,Y)：$(578,90)$

⑧ 双击等待图标 1，在属性面板中去除所有复选框中的钩，在"时限"文本框中设置等

待时间为 1 秒。

⑨ 群组图标"运动二"中的 9 个移动图标的作用是将分散的 9 个小图片拼成完整的大图片，其程序流程如图 E5-13 所示。

⑩ 设置移动图标 1-1 的移动属性，使其控制小图片 P1 的位移。打开移动图标 1-1 的属性面板，设置"类型"为"指向固定点"，"定时"时间设置为 0.4 秒，"执行方式"设置为"同时"。然后，单击显示图标 P1 中的内容作为移动对象（Object），拖动移动对象到所需的目标点位置，也可在"目标"（Destination）文本框中输入坐标(123,98)。

图 E5-13 群组图标"运动二"设计窗口

⑪ 其他 8 个移动图标的属性设置与移动图标 1-1 基本相同，不同的是所选的移动对象和目标点的位置。具体参数设置可参照表 E5-2。

表 E5-2 "运动二"中的移动对象和目标点的位置对照表

序　号	移动图标名称	显示图标名称	目标点坐标
1	1-1	P1	(X,Y)：(123,98)
2	1-2	P2	(X,Y)：(219,98)
3	1-3	P3	(X,Y)：(313,98)
4	2-1	P4	(X,Y)：(123,195)
5	2-2	P5	(X,Y)：(218,195)
6	2-3	P6	(X,Y)：(312,195)
7	3-1	P7	(X,Y)：(124,293)
8	3-2	P8	(X,Y)：(219,293)
9	3-3	P9	(X,Y)：(312,293)

⑫ 双击等待图标 2，在其属性面板中去除所有复选框中的钩，在"时限"文本框中设置等待时间为 2 秒。

⑬ 在计算图标"跳出"中输入函数 GoTo(IconID@"说明 01")。拼图演示部分至此结束，重新回到拼图游戏的初始选择界面。

（7）制作拼图游戏程序。

① 返回群组图标"拼图游戏"所在的程序流程线（层 2），打开"拼图游戏"群组图标，其程序设计窗口（层 3）如图 E5-14 和图 E5-15 所示。其中，交互图标"按钮"右侧设置了 12 个群组图标：群组图标"时间限制"用于设置拼图的限制时间，群组图标 1-1 至 3-3 用于设置移动图片的目标区域，群组图标 AllCorrectMatched 用于完成拼图后的设置。

② 设置擦除图标"擦除说明二"，擦除显示图标。打开显示图标"说明 01"的演示窗口，关闭；按住 Shift 键，打开"说明 02"的演示窗口，关闭；再按住 Shift 键，打开擦除图标"擦除说明二"的演示窗口及属性面板，单击演示窗口中的文字，在"点击要擦除的对象"下

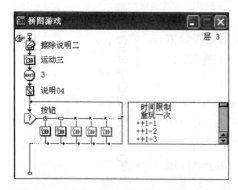

图 E5-14　"拼图游戏"群组图标的设计窗口 1

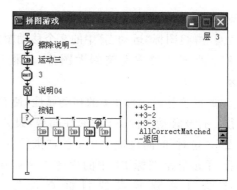

图 E5-15　"拼图游戏"群组图标的设计窗口 2

边的列表框中将出现显示图标"说明 01"和"说明 02",表示这两个图标已被选中。

③ 群组图标"运动三"的内部结构及参数设置与群组图标"运动一"完全相同,此步骤可将群组图标"运动一"复制、粘贴过来后,更名为"运动三"即可。

④ 双击等待图标 3,在其属性面板中,去除所有复选框中的钩,在"时限"文本框中设置等待时间为 0.4 秒。

⑤ 利用文字工具在显示图标"说明 04"的演示窗口中输入文本"如果 30 秒不能完成,游戏将重新开始!"。设置字体为隶书,大小为 14,"模式"为"透明",文字位置为(273,34)。

⑥ 双击群组图标"时间限制"的响应类型标识符号,如图 E5-16 所示。打开其属性面板,在"时间限制"选项卡中,设置"时限"为 30 秒,设置"选项"为"显示剩余时间"。演示窗口中会出现一个小闹钟,用来显示剩余时间。

图 E5-16　"时间限制"的响应
类型标识符号

⑦ 在群组图标"时间限制"内放置一个计算图标,将其命名为 GoTo,在其计算窗口中输入函数 GoTo(IconID@"擦除说明二")。当程序执行到计算图标 Go To 时,程序就会跳转到擦除图标"擦除说明二",重新开始执行群组图标"拼图游戏"中的内容。

⑧ 单击群组图标"重玩一次"的响应类型标识符号,在其属性面板中将按钮"大小"调整为(88,25),"位置"为(391,319)。再打开群组图标"重玩一次",在其流程线上放入一个计算图标,将其命名为"重玩"。打开其计算窗口,输入函数 GoTo(IconID@"擦除说明二")。单击此按钮可随时重新开始游戏。

⑨ 打开群组图标 1-1 的交互图标属性面板,选择显示图标 P1 中的图片为响应对象。在"目标区"选项卡中调整可移动对象响应区域的大小和位置("位置"为(76,49),"大小"为(94,98))。将"放下"选项设置为"在中心定位"(定格在区域中央)。在演示窗口中单击显示图标 P1 中的内容作为移动的对象。在"响应"(Response)选项卡中,将"状态"选项设置为"正确响应",则程序可跟踪用户输入响应的正确程度。群组图标 1-2 至 3-3 目标区域响应的属性设置与群组图标 1-1 基本相同,不同的是可移动对象和相应响应区域的位置。9 个响应区域的位置(参照表 E5-3)与群组图标"小图片"设计窗口内的 9 个显示图标引入的图片位置相对应,如图 E5-17 所示。

表 E5-3　9 个响应区域的位置

序号	移动图标	对应的显示图标	响应区域位置
1	1-1	1-1	(X,Y)：(76,49)
2	1-2	1-2	(X,Y)：(169,49)
3	1-3	1-3	(X,Y)：(268,49)
4	2-1	2-1	(X,Y)：(76,145)
5	2-2	2-2	(X,Y)：(169,145)
6	2-3	2-3	(X,Y)：(268,145)
7	3-1	3-1	(X,Y)：(76,244)
8	3-2	3-2	(X,Y)：(169,244)
9	3-3	3-3	(X,Y)：(268,244)

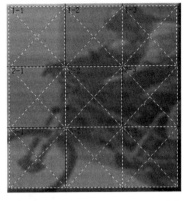

图 E5-17　9 个显示图标引入的图片位置

⑩ 设置群组图标 AllCorrectMatched 和"返回"的交互属性。

a. 双击群组图标 AllCorrectMatched 的响应标识符号,打开其属性面板。设置选项响应"类型"(Type)为"条件"(Conditional)。在"条件"选项卡的响应属性"条件文本框"中输入 AllCorrectMatched,将"自动"选项设置为"当由假为真"。当 9 个小图片都放置到正确的位置时,程序将执行群组图标 AllCorrectMatched 中的内容。在"响应"选项卡中,将"擦除"选项设置为"不擦除";将"分支"选项设置为"退出交互"。

b. 打开群组图标"返回"的目标区域响应属性面板,在"目标区"选项卡中,调整响应范围"大小"为(640,480),"位置"为(0,0);将"放下"选项设置为"返回"(Put Back),选取"允许任何对象"(Accept Any Object)选项。在"响应"选项卡中,将"状态"设置为"错误响应"(Wrong Response)。这样,当进行拼图游戏时,若图片位置放置错误,图片将退回到初始位置。

⑪ 制作群组图标 AllCorrectMatched 的程序内容。

a. 打开群组图标 AllCorrectMatched,在其流程线上,按照图 E5-18 放置相应的图标并命名。

b. 双击擦除图标"删除时间限制",打开其属性面板,选择擦除对象为群组图标"时间限制"。

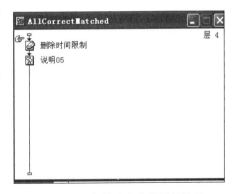

图 E5-18　条件响应内的图标放置

c. 如图 E5-19 所示,使用文字工具在显示图标"说明 05"演示窗口中输入文字"恭喜,拼图正确!"和"再玩一次?"。设置字体为隶书,大小为 20,颜色分别为红色和白色。最后导入图片 016.gif(素材文件夹 Images/016.gif)。

(8) 制作退出拼图游戏程序。

返回群组图标"跳至拼图游戏热区"的设计窗口,双击计算图标"退回主界面",在其计

图 E5-19　拼图正确的效果

算窗口输入函数 GoTo(IconID@"退出")。程序运行到此图标时将自动返回擦除图标
"退出"。

5. 制作退出程序

在程序主流程线上单击擦除图标,选择要擦除的对象,把屏幕上所有的图片都选中,
如图 E5-20 所示。在"特效"选项中选择"水平百叶窗方式"。然后在擦除图标下面的计算
图标里输入函数 Quit(0)。程序运行到此图标将结束程序的运行。

图 E5-20　擦除图标属性设置

6. 运行、调试程序及程序存盘

(1) 单击工具栏中的"控制面板"按钮，使用程序控制面板，进行程序的运
行和调试。要打断正在执行的程序,也可执行菜单"调试"→"停止"命令(或者使用快捷键
Ctrl+P),演示过程即可停止。此时,就可以对程序中不完善的地方进行即时编辑。编辑
完毕,再按 Ctrl+P 快捷键,程序可继续执行。

(2) 调试完毕后,选择菜单"文件"→"保存"命令(或者使用快捷键 Ctrl+S)进行程序
发布前的最后一次保存。

（3）完成调试工作之后也就完成了程序的设计。将程序多运行演示几遍，查看有没有需要修改和改进的地方。如果没有，就可以进行打包工作了。

【实验总结与思考】

本实验通过制作拼图游戏，详细讲述了 Authorware 中显示图标、擦除图标、计算图标、移动图标、各种交互图标等图标的使用方法。要实现 Authorware 的高级功能，需要和脚本编程、插件等结合起来。在后续的实验中将逐步加以实现。

思考题

（1）如何让演示窗口总是在屏幕最上层？

（2）怎样加入 AVI 格式的 Logo 动画并让它循环播放？

（3）如何加入 MIDI 格式的循环背景音乐，并控制它的播放停止与继续播放？

（4）怎样在 Authorware 演示程序中调用 IE 并打开特定网页？

实验 **6**

多媒体光盘制作

【实验目的】

(1) 通过实验了解 Nero 刻录软件的使用方法。

(2) 能使用 Nero 刻录多媒体数据光盘。

【实验内容】

(1) 使用刻录机软件 Nero 的一般步骤。

(2) 使用 Nero 刻录制作好的音、视频节目。

【实验预备】

1. 软件安装

要把编辑好的视频文件或音频文件刻录到光盘保存下来,需要具备两个条件:刻录机和刻录软件。选购刻录机时,为了得到更好的兼容性,一般选择支持 DVD+/－R 的刻录机。购买刻录机时,一般会随机赠送刻录软件。以 Pioneer DVR-112CH 为例,此款设备就随机附送了 Nero 7 Essentials 刻录软件一套。刻录软件的安装比较简单。双击 Setup. exe,单击"下一步"按钮,在随后的每一步中进行相应的设置即可,如图 E6-1 所示。

2. Nero 的运行

双击桌面的 图标,启动 Nero,其操作界面如图 E6-2 所示。Nero 以图形化菜单的形式组织各种功能( )。要选择不同的刻录功能,只需将鼠标指针移动到相应用功能菜单上,然后在下部的功能区中选择具体的刻录功能即可。

3. 数据文件的刻录

有时,为了长久保存硬盘中的数据文件,以免硬盘损坏造成数据丢失,可以使用 Nero 将所需数据文件制作成数据光盘。把鼠标指针移动到 图标上,在下部的功能区中单击"制作数据 DVD"图标,如图 E6-3 所示。弹出关于制作数据 DVD 的对话框,如图 E6-4 所示。

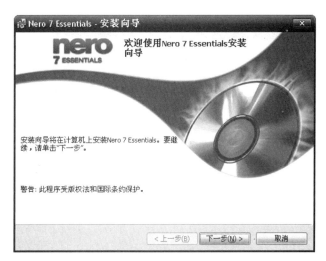

图 E6-1　Nero 的安装

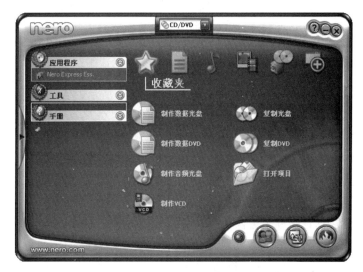

图 E6-2　Nero 操作界面

图 E6-3　选择"制作数据 DVD"

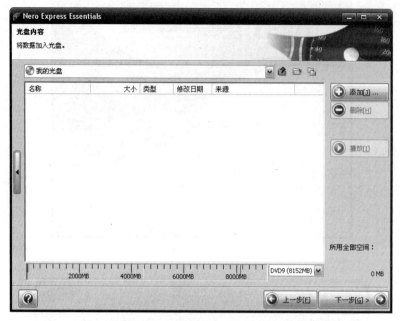

图 E6-4　关于制作数据 DVD 的对话框

（1）把需要刻录的数据文件或文件夹拖放到图 E6-4 所示的对话框中，或者单击对话框右边的"添加"按钮，实现刻录数据的添加。底部的标尺会显示出待刻录数据的数据量和光盘所能容纳的最大数据量，如图 E6-5 所示。

图 E6-5　刻录数据量指示标尺

注意，刻录的数据量最好不要超过红色警戒线，即光盘所能容纳的最大数据量（部分光盘支持超刻，即可以超过最大数据量）。

（2）选择好需要刻录的数据文件后，单击"下一步"按钮，进行刻录前最后的属性设置，如刻录速度、光盘名称、刻录所用光驱、刻录份数及刻录形式等属性。如图 E6-6 所示。

图 E6-6　刻录属性设置

① 写入速度：对于数据连续性较好（如大尺寸的视频文件）的文件或者刻录光盘支持的速度较高，可以采用 16X 刻录；对于小尺寸的零散的文件，一般选择低速刻录（如 4X），以获得较高的刻录光盘质量。

② 当前刻录机：如果有多个刻录机，可以单击右边的下三角按钮选择刻录需要的刻录机。

③ 光盘名称：光盘刻录好后，插入光驱在"我的电脑"中显示的名称，类似于硬盘分区的卷标。

④ 刻录份数：可以一次性连续刻录多少张光盘。如果选择"允许以后添加文件"，则该选项无效。

（3）所有属性设置好后，单击"刻录"按钮，开始数据的刻录。Nero 会显示刻录的缓冲状态和刻录进度，如图 E6-7 所示。光盘刻录完后，Nero 会自动弹出光盘。

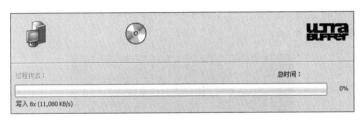

图 E6-7　刻录进度及缓冲状态

4. 光盘映像的刻录

ISO 光盘镜像文件和普通的由光盘复制到计算机中的文件或压缩包文件是不同的，ISO 镜像文件除了保存了相应的数据文件外，还包含了普通压缩包文件不具有的光盘启动信息。所以，要制作能从光盘启动的系统光盘，需要从网上下载光盘镜像文件（.iso）。

（1）在 Nero StartSmart 窗口中单击"将映像刻录到光盘"图标，如图 E6-8 所示。

（2）在弹出的对话框中选择需要刻录的 ISO 文件，如图 E6-9 所示。

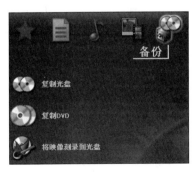

图 E6-8　选择镜像刻录功能

图 E6-9　选择 ISO 文件

（3）单击"打开"按钮，回到刻录界面。直接单击"刻录"按钮开始刻录（由于光盘镜像已经包含光盘名称等属性，不需要进行设置）。

（4）Nero 显示刻录的进度和缓冲状态，如图 E6-7 所示。刻录完成后，单击"确定"按钮，Nero 会自动弹出光盘。

【实验步骤】

Nero 除了能制作在计算机上播放的数据光盘外，还可以制作在 VCD、DVD 机上播放的 MP3 光盘、VCD 视频光盘、SVCD 视频光盘和 DVD 视频光盘（DVD 视频光盘需要下载相应的光盘转换软件，转换成具有相应数据格式和内容的文件）。

接下来，使用"日货风波.mpg"来制作 VCD 视频光盘。

（1）准备好视频文件，在 Nero StartSmart 中选择"照片和视频"菜单，然后单击"制作 VCD"图标，如图 E6-10 所示。

图 E6-10　单击"制作 VCD"图标

（2）在弹出的对话框中选中"启用 VCD 菜单"复选框，如图 E6-11 所示。添加"日货风波.mpg"视频文件。Nero 会分析视频文件的编码格式，以便进行相应的操作。如图 E6-12 和图 E6-13 所示。

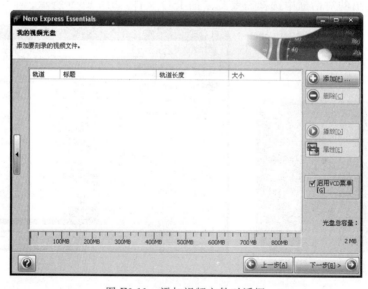

图 E6-11　添加视频文件对话框

图 E6-12　Nero 分析文件格式

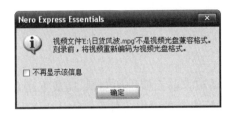

图 E6-13　视频文件分析结果

（3）单击"下一步"按钮，进入视频菜单设置对话框，如图 E6-14 所示。在该对话框中，单击右边的"布局"、"背景"和"文字"按钮，可以对视频菜单进行相应的设置。

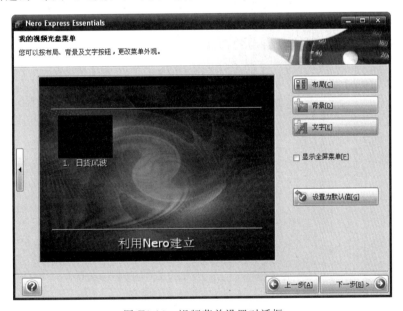

图 E6-14　视频菜单设置对话框

（4）单击"下一步"按钮，进入"最终刻录设置"对话框，设置光盘的名称和刻录速度。最后单击"刻录"按钮实现 VCD 视频光盘的制作。

注意，该视频光盘可以在 VCD 机上播放，并具有菜单选择的功能。

【实验总结与思考】

该实验实现了多媒体作品的刻录过程。Nero 是一款强大的刻录工具,除了能够实现 VCD/DVD 光盘的刻录外,还可以实现光盘镜像、照片光盘、MP3 光盘的刻录。

思考题

(1) 光盘刻录时,是不是速度越快越好?

(2) 文件大小对刻录的质量是否有影响? 影响刻录质量的因素有哪些?

(3) 按要求撰写实验报告,记录实验的步骤和各种状况,并记录实验的心得体会。

【课外实践】

光盘制作的形式很多,请根据前面所讲的知识,完成下述光盘的制作。

(1) 从网上下载操作系统的光盘镜像文件(∗.iso),完成可启动系统光盘的制作。

(2) 把自己电脑上的 MP3 文件刻录成可以在 DVD 机上播放的歌曲光盘。

(3) 把数码相机上的照片制作成可以在计算机上播放的照片光盘。

(4) 制作 DVD 视频光盘。

(5) 把实验 6 制作好的演示光盘刻录到光盘上,并制作成可以自动播放的光盘。注意,要对光盘添加.ico 图标和 autorun.ini 文件。

(6) 提高: 制作可以从光盘启动的光盘。注意,需要从其他光盘里面提取光盘启动文件。

附录 A

虚拟现实技术

A.1 虚拟现实技术概述

虚拟现实(Virtual Reality)技术是近年来一项十分活跃的研究与应用技术。从 20 世纪 80 年代被人们关注以来,发展极为迅速。目前已经在教育学习(E-Learning)、数字娱乐(Games)、虚拟导览(Virtual Tour)、数字城市(Digital City)、模拟训练(E-Training)、工业仿真(Industry Simulation)、虚拟医疗(Virtual Medical)、数字典藏(Digital Preservation)、电子商务(EC)等从军事到民用的诸多领域得到了广泛应用。

虚拟现实技术融合了数字图像处理、计算机图形学、多媒体技术、传感器技术等多个信息技术分支。虚拟现实技术是对这些技术更高层次的集成、渗透与综合应用。

A.1.1 虚拟现实技术的概念

自 1962 年,美国青年 Morton Heilig 发明了实感全景仿真机开始,虚拟现实技术越来越受到人们的关注。艾凡·萨瑟兰(Ivan Sutherland)领导研制成功的第一个头盔显示器于 1970 年 1 月 1 日进行了首次的正式演示。Virtual Reality 的概念由美国 VPL Research 公司的创始人 Jaron Lanier 于 1989 年正式提出来,中文通常译作"虚拟现实"。

虚拟现实技术采用以计算机技术为核心的现代高科技生成逼真的视、听、触觉一体化的特定范围内虚拟的环境(如飞机驾驶舱、分子结构世界)。用户使用必要的特殊装备(如数字化服装、数据手套、数据鞋及数据头盔、立体眼镜等),就可以自然地与虚拟环境中的客体进行交互,相互影响,从而产生身临其境的感受和体验。

A.1.2 虚拟现实技术的特征

自从人类发明计算机以来,人机的和谐交互就一直是人们追求的方向。虚拟现实系统提供了一种先进的人机界面。通过为用户提供视觉、听觉、嗅觉、触觉等多种直观而自然的实时交互的方法与手段,最大程度地方便了用户的操作,从而减轻了用户的负担,提高了系统的工作效率。美国科学家 Burdea G. 和 Philippe Coiffet 在 1993 年世界电子年会上发表了一篇题为"Virtual Reality System and Applications"的文章。在该文中提出了一个"虚拟现实技术的三角形",它体现出了虚拟现实技术具有的 3 个突出特征：沉浸性（Immersion）、交互性（Interactivity）和想象性（Imagination），如图 A-1 所示。

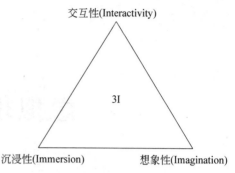

图 A-1　虚拟现实技术的 3 个特性

1. 沉浸性

沉浸性又称浸入性，是指用户感觉到好像完全置身于虚拟世界之中一样，被虚拟世界所包围。虚拟现实技术的主要技术特征就是让用户觉得自己是计算机系统所创建的虚拟世界中的一部分，使用户由被动的观察者变成主动的参与者，从而沉浸于虚拟世界之中，参与虚拟世界的各种活动。比较理想的虚拟世界可以达到使用户难以分辨真假的程度，甚至能够超越真实，实现比现实更逼真的照明和音响等效果。

虚拟现实的沉浸性来源于对虚拟世界的多感知性。除了常见的视觉感知、听觉感知外，还有力觉感知、触觉感知、运动感知、味觉感知、嗅觉感知、身体感觉等。从理论上来讲，虚拟现实系统应该具备人在现实客观世界中具有的所有感知功能。但鉴于目前科学技术的局限性，在虚拟现实系统中，研究与应用较为成熟或者相对成熟的主要是视觉沉浸（立体显示）、听觉沉浸（立体声）、触觉沉浸（力反馈）、嗅觉沉浸（虚拟嗅觉），关于味觉等其他感知技术目前正在研究之中，还很不成熟。

2. 交互性

在虚拟现实系统中，交互性的实现与传统的多媒体技术有所不同。在传统的多媒体技术中，人机之间的交互工具从计算机发明直到现在，主要是通过键盘与鼠标进行一维、二维的交互，而虚拟现实系统则强调人与虚拟世界之间要以自然的方式进行交互，并且借助于虚拟现实系统中特殊的硬件设备（如数据手套、力反馈设备等），以自然的方式与虚拟世界进行交互，能够实时产生与真实世界中一样的感知，甚至连用户本人都意识不到计算机的存在。例如，用户可以佩戴力反馈数据手套，用手直接抓取虚拟世界中的物体。这时手有触摸感，并且可以感觉到物体的重量，能区分所拿的是石头还是海绵，并且场景中被抓的物体也立刻随着手的运动而移动。

3. 想象性

想象性是指虚拟的环境是人想象出来的，同时这种想象能够体现出设计者的思想，因而可以用来实现一定的目标。所以说，虚拟现实技术不仅仅是一个媒体或一个高级用户界面，它同时还可以是为解决工程、医学、军事等方面的问题而由开发者设计出来的应用软件。通常，它以夸大的形式反映设计者的思想。虚拟现实系统的开发过程是虚拟现实技术与设计者并行操作的过程，是为发挥设计者无穷的创造性而设计的。虚拟现实技术的应用,为人类认识世界提供了一种全新的方法和手段,它可以使人类突破时间与空间,去经历和体验世界;可以使人类进入宏观或微观世界进行研究和探索;也可以使人类完成那些因为某些条件限制难以完成的事情。

A.1.3　虚拟现实系统的分类

随着计算机技术、网络技术等新技术的高速发展及应用,虚拟现实技术也得到了迅速发展,并呈现出多样化的发展趋势,其内涵也已经得到了极大的扩展。虚拟现实的分类主要可以从两个角度来划分:一方面是虚拟世界模型的建立方式,另一方面是虚拟现实系统的功能和实现方式。

1. 按虚拟世界模型的建立方式分类

虚拟现实就是人们利用计算机技术建立一个虚拟世界。虚拟世界的建模有两种方式:一种是通过影片缝合成一个三维虚拟环境,也就是所谓的影像式虚拟现实;另外一种三维虚拟环境的模型由人们运用建模工具软件(如 Max、Maya 等)手工绘制的多边形构成,即 3D/VR 虚拟现实(Polygon base VR)。

1) 影像式虚拟现实

影像式虚拟现实又分为针对环境的全景虚拟现实和针对物体的环物虚拟现实两类,如图 A-2 和图 A-3 所示。

图 A-2 全景虚拟现实　　　　　　　　图 A-3 环物虚拟现实

在基于全景图像的虚拟现实系统中,虚拟场景是按以下步骤生成的。首先,将采集的离散图像或连续的视频作为基础数据,经过处理形成全景图像。然后,通过合适的空间模型把多幅全景图像组织为虚拟全景空间。用户在这个空间中可以进行前进、后退、环视、仰视、俯视、近看、远看等操作。全景虚拟现实主要应用于旅游景观及酒店建筑等环境展示。

环物虚拟现实以所拍摄物体为中心,采集一系列连续的帧序列,然后将其缝合成三维物体,可以对其进行旋转、拉远、拉近观看。环物虚拟现实主要用于博物馆文物数字化及在线商品展示方面。

2) 3D/VR 虚拟现实

3D/VR 虚拟现实是使用三维模型设计软件,通过多个多边形组合成一个三维模型,再给模型添加上纹理、材质、贴图等来完成虚拟场景及人物的三维呈现。3D/VR 虚拟现实如图 A-4 所示。

图 A-4　3D/VR 虚拟现实

影像式虚拟现实与 3D/VR 虚拟现实相比,前者能够提供高度逼真的效果,能够最大限度地保存真实物体的原有信息,但它只能进行旋转及有限度的拉远、拉近观看,交互性不够;而后者由于为手工建模,有误差的存在,很难达到影像式虚拟现实所能达到的对原始信息的保存程度,但其能够提供丰富的交互行为,方便用户对虚拟世界进行各种自然、和谐的交互。

2. 按虚拟现实系统的功能和实现方式分类

虚拟现实技术不仅指那些采用高档可视化工作站、高档头盔显示器等一系列昂贵设备的技术,也包括一切与其有关的具有自然交互、逼真体验的技术与方法。虚拟现实技术的目的在于达到真实的体验和自然的交互,对于一般的单位或个人来说,不可能承受昂贵的硬件设备及相应软件的负担。现在,人们根据不同用户应用的需要,提供了桌面式、沉浸式、增强式、分布式虚拟现实系统等从初级到高端应用的解决方案。

1) 桌面式虚拟现实系统

桌面式虚拟现实系统(Desktop VR)是应用最为方便、灵活的一种虚拟现实系统。它抛开其他或复杂或大型或昂贵的虚拟现实输出设备,采用个人计算机作为可视化输出设备,搭配上主动立体眼镜,用户便可观看立体效果。在输入设备部分,可以选用基本的鼠标、键盘进行操作,也可以根据需要搭配三维鼠标、追踪球、力矩球、空间位置跟踪器、数据手套、力反馈设备进行仿真过程的各种设计。桌面式虚拟现实系统如图 A-5 所示。

图 A-5　桌面式虚拟现实系统

桌面式虚拟现实系统主要具有以下 3 个特点。

(1) 实现成本低,应用方便、灵活。

(2) 对硬件设备要求极低,最简单的方式是通过计算机的 CRT 显示器配合主动立体眼镜来实现虚拟现实系统。

(3) 用户处于不完全沉浸的环境,会受到周围现实世界的干扰,缺少身临其境的感受。因此,有时候为了增强桌面虚拟现实系统的效果,还可以借助立体投影设备,增大其显示屏幕,达到增加用户沉浸感以及满足多人观看的目的。

对于从事虚拟现实研究工作的初始阶段的开发者及应用者,实现成本低、应用方便灵活、实用性强的桌面虚拟现实系统是非常合适的解决方案。

2)沉浸式虚拟现实系统

沉浸式虚拟现实系统(Immersive VR)是一种高级的较理想的虚拟现实系统,它可以提供给用户一种完全沉浸的体验,使用户有一种仿佛置身于真实世界之中的感觉。它通常采用洞穴式立体显示装置(CAVE 系统)或头盔式显示器(HMD)等设备,把用户的视觉、听觉和其他感觉封闭起来,并提供一个新的虚拟的感觉空间,利用三维鼠标、数据手套、空间位置跟踪器等输入设备和视觉、听觉等模拟设备,使用户产生一种身临其境、完全投入和沉浸于其中的感觉,如图 A-6 所示。

图 A-6　沉浸式虚拟现实系统

沉浸式虚拟现实系统具有以下 5 个特点。

(1)具有高度沉浸感。沉浸式虚拟现实系统采用多种输入、输出设备对人的视觉、听觉、触觉、嗅觉等各方面进行模拟,从而营造出一个虚拟的世界,并使用户与真实世界隔离,不受外面真实世界的影响,完全沉浸于虚拟世界之中。

(2)具有高度实时性与交互性。在沉浸式虚拟现实系统中,要达到与真实世界相同的感受,必须具有高度实时性能。

(3)具有良好的系统集成度与整合性能。为了使用户产生全方位的沉浸,必须有多种设备与多种相关软件相互作用,且它们相互之间不能有任何影响,所以系统必须有良好的兼容与整合性能。

(4)具有良好的开放性。虚拟现实技术之所以发展迅速是因为它采用了其他先进技术的成果。在沉浸式虚拟现实系统中,要尽可能利用最先进的硬件设备和软件技术,这就要求虚拟现实系统能方便地改进硬件设备与软件技术。因此,必须用比以往更灵活的方式构造虚拟现实系统的软、硬件结构体系。

(5)支持多种输入、输出设备并行工作。为了实现沉浸性,可能需要多个设备综合应用,如用手拿一个物体,就必须要数据手套、空间位置跟踪器等设备同步工作。所以说,支持多种输入与输出设备的并行处理是实现虚拟现实系统的一项必备技术。

常见的沉浸式虚拟现实系统有基于头盔式显示器的系统、投影式虚拟现实系统、远程存在系统。

基于头盔式显示器的虚拟现实系统是采用头盔显示器来实现单用户的立体视觉输出、立体声音输出的环境。它把现实世界与用户隔离开来，使用户从听觉到视觉都能投入到虚拟环境中去，从而使用户完全沉浸。

投影式虚拟现实系统采用一个或多个大屏幕投影来实现大画面的立体视觉效果和立体声音效果，使多个用户同时具有完全投入的感觉。

远程存在系统是一种远程控制形式，也称遥操作系统。它由人、人机接口、遥操作机器人组成。这里实际上是由遥操作机器人代替了计算机。这里的环境是机器人工作的真实环境。这个环境是远离用户的，很可能是人类无法进入的工作环境（如核环境、高温、高危等环境）。这时，通过虚拟现实系统可使人自然地感受这种环境，并完成此环境下的工作。

3）增强现实系统

增强现实（Augmented Reality，AR）是一个较新的研究领域，是一种利用计算机对使用者所看到的真实世界产生的附加信息进行景象增强或扩张的技术。Azuma 是这样定义增强现实的：虚实结合，实时交互，三维注册。

增强现实系统是利用附加的图形或文字信息，来对周围真实世界的场景进行动态的增强。在增强现实系统的环境中，使用者可以在看到周围真实环境的同时，看到计算机产生的增强信息。这种增强的信息可以是在真实环境中与真实环境共存的虚拟物体，也可以是关于存在的真实物体的非几何信息。

增强现实在虚拟现实与真实世界之间的沟壑上架起了一座桥梁。因此，增强现实的应用潜力是巨大的。例如，可以利用叠加在周围环境上的图形信息和文字信息，来指导操作者对设备进行操作、维护或修理，而不需要操作者去查阅手册，甚至不需要操作者具有工作经验。既可以利用增强现实系统的虚实结合技术进行辅助教学，同时增进学生的理性认识和感性认识，也可以使用增强现实系统进行高度专业化训练，等等。

一种实现增强现实的方法是使用光学透射头盔显示器（optical see-through HMD），

图 A-7　增强现实头盔显示器

如图 A-7 所示。使用者可以透过放置在眼前的半透半反光学合成器看到外部真实环境中的景物，同时也可以看到光学合成器反射的由头盔内部显示器上计算机生成的图像。当转动和移动头部的时候，眼睛所看到的视野随之变动。同时，计算机产生的增强信息也应该随之做出相应的变化。因此，增强现实系统必须能够实时地检测出回路中人的头部位置和指向，以便能够根据这些信息实时确定所要添加的虚拟信息在真实空间坐标中的映射位置，并将这些信息实时显示在图像的正确位置。这就是三维环境注册系统所要完成的任务。因此，三维环境注册技术一直是计算机应用研究的重要方面，也是主要的难点。

三维环境定位注册所要完成的任务是实时检测出使用者头部的位置和视线方向。计算机根据这些信息确定所要添加的虚拟信息在投影平面中的映射位置,并将这些信息实时显示在显示屏的正确位置。注册定位技术的好坏直接决定增强现实系统的成功与否。

4) 分布式虚拟现实系统

计算机技术、通信技术的同步发展和相互促进成为全世界信息技术与产业飞速发展的主要特征。特别是网络技术的迅速崛起,使得信息应用系统在深度和广度上发生了本质性的变化。分布式虚拟现实系统(DVR)就是一个较为典型的实例。所谓分布式虚拟现实系统,是指一个支持多人实时通过网络进行交互的软件系统。其中的每个用户都在一个虚拟现实环境中,通过计算机与其他用户进行交互,并共享信息。

分布式虚拟现实系统的目标是在沉浸式虚拟现实系统的基础上,将地理上分布的多个用户或多个虚拟世界通过网络连接在一起,使每个用户同时参与到一个虚拟空间,通过联网的计算机与其他用户进行交互,共同体验虚拟经历,以达到协同工作的目的。它将虚拟现实的应用提升到了一个更高的境界。

A.1.4　虚拟现实技术的应用

根据有关资料统计,虚拟现实技术目前在军事、航空、娱乐、医学、机器人等方面的应用占据主流,其次是教育及艺术商业领域,另外在可视化计算、制造业等领域也有相当的比重。并且,虚拟现实技术的应用领域还在不断扩展。

1. 军事模拟

虚拟现实的技术根源可以追溯到军事领域。军事应用是推动虚拟现实技术发展的原动力,直到现在还依然是虚拟现实系统的最大应用领域。军事和航天领域早已理解仿真和模拟训练的重要性。虚拟现实技术在军事和航天领域的发展趋势是,增加技术复杂性和缩短军用硬件的生命周期。这要求仿真器必须是灵活的、可升级的和可联网的,并允许远地仿真,而不需要到仿真器现场。在队伍仿真中也需要网络。它比单用户更真实,因而要求虚拟现实是可联网的、灵活的和可升级的,以满足军事和航天仿真的需要。美国政府已把发展虚拟现实技术看成保持美国技术优势的战略部署的一部分,并开始了"高性能计算与通信"计划(HPCC)。在这个计划中,倡导自主开发先进的计算机硬件、软件和应用,为虚拟现实的研究与开发产生了极大的推动作用。

采用虚拟现实技术可以构建武器装备模拟器和各种联网虚拟训练环境进行军事训练。其突出特点是,不仅能够大大减少实战和实装训练中的人员、物资消耗,节约训练经费,提高训练质量,而且还不受自然地理环境等其他条件的约束和限制。

目前,虚拟现实技术在军事训练领域主要集中在虚拟战场环境、单兵模拟训练、近战战术训练和诸军种联合虚拟演习、指挥员训练等方面。它可以缩短军人学习周期、提高指挥决策能力,大大增强军队的作战效率。

2. 工业仿真

随着虚拟现实技术的发展,其应用也从军工大幅进入民用市场。如,在工业设计中,虚拟样机就是利用虚拟现实技术和科学计算可视化技术对每个变化产品构建计算机辅助设计(CAD)模型和数据进行计算机辅助工程(CAE)仿真和分析的结果,所生成的一种具有沉浸感和真实感,并可进行直观交互的仿真产品,可当作产品样机使用。波音公司对777系列飞机的设计、沃尔沃公司对新型汽车内部仪表和控制部件的布置、Caterpillar公司对挖土机驾驶员铲斗动作的可见性的改进,等等,都是这种新技术成功应用的典范。

虚拟制造技术于20世纪80年代提出,在90年代随着计算机技术的迅速发展,仿真产品得到了人们极大的关注,进而获得了迅速发展。虚拟制造采用计算机仿真和虚拟现实技术在分布技术环境中开展群组协同作业,支持企业实现产品的异地设计、制造和装配,是CAD/CAM等技术的高级阶段。利用虚拟现实技术、仿真技术等在计算机上建立起的虚拟制造环境是一种接近人们自然活动的"自然"环境。在这种环境中人的视觉、触觉和听觉都与实际环境接近。在这样的环境中进行产品的开发,可以充分发挥技术人员的想象力和创造力。人们相互协作,可以发挥集体智慧,大大提高产品开发的质量并缩短开发周期。目前虚拟制造技术的应用主要在产品造型设计、虚拟装配、产品加工过程仿真、虚拟样机等几个方面。

虚拟现实已经被世界上一些大型企业广泛地应用到工业的各个环节,对提高企业开发效率,加强数据采集、分析、处理能力,减少决策失误,降低企业风险起到了重要的作用。虚拟现实技术的引入,使工业设计的手段和思想发生了质的飞跃,更加符合社会发展的需要。可以说,在工业设计中应用虚拟现实技术是可行且必要的。

3. 数字城市

在城市规划、工程建筑设计领域,虚拟现实技术已经被作为辅助开发工具。由于城市规划的关联性和前瞻性要求较高,在城市规划中,虚拟现实系统发挥着巨大的作用。例如,许多城市都有自己的近期、中期、远景规划。在规划中需要考虑各个建筑同周围环境是否和谐相容,新建筑是否同周围原有的建筑协调,以避免建筑物建成后,才发现它破坏了城市原来的风格和合理布局。另外,随着近些年房地产业的火暴,针对各种楼盘的规划展示以及虚拟售房等建筑虚拟漫游系统迅速普及、应用。因而,数字城市领域对全新的可视化技术需求是最为迫切、也是目前国内应用最普遍的领域之一。

4. 数字娱乐

娱乐领域的应用是虚拟现实技术引用最广阔的领域。从早期的立体电影到现代高级的沉浸式游戏,其丰富的感觉能力与3D显示世界使得虚拟现实成为理想的视频游戏工具。由于在娱乐方面对虚拟现实的真实感要求不是太高,所以近几年来虚拟现实在该方面发展较为迅猛。

作为传输显示信息的媒体,虚拟现实在未来艺术领域所具有的潜在应用能力也不可低估。虚拟现实所具有的临场参与及实时交互能力可以将静态的艺术(如油画、雕刻等)转化为动态,从而使观赏者更具参与性地欣赏作品,理解作者所表达的艺术思想。如,虚拟博物馆可以利用网络或光盘等载体实现远程访问,使文物爱好者能够虚拟把玩真实世界中难以实际触摸、观赏到的文物。

5. 数字教学

虚拟现实技术在教学中的应用很多,尤其在建筑、机械、物理、生物、化学等相对抽象的学科教学中有着质的突破。它不仅适用于课堂教学,使之更形象生动,也适用于互动实验中。

另外,将虚拟现实技术应用于技能培训领域,可以大大节约成本,并且能够针对一些高危工作环境展开技能培训,保证了技术人员工作的安全性。比较典型的应用是训练飞行员的模拟器以及汽车驾驶培训系统。交互式飞机模拟驾驶器是一种小型的动感模拟设备。舱体前端是显示屏幕,配备飞行操纵杆和战斗手柄。在虚拟的飞机驾驶训练系统中,学员可以反复操作控制设备,学习各种天气情况下驾驶飞机起飞、降落的技能。通过反复训练,达到熟练掌握驾驶技术的目的。

6. 电子商务

在商业领域,近年来,虚拟现实技术被广泛应用到了产品展示及推销方面。利用虚拟现实技术,可以全方位地对商品进行展览,全面展示商品的多种功能。另外,还能模拟产品工作时的情景,包括声音、图像等效果,这比单纯使用文字或图片宣传更具吸引力。这种展示可用于 Internet 中,实现网络上的三维互动,为电子商务服务。同时,顾客在选购商品时,可以根据自己的意愿自由组合,并实时看到它的效果。

A.2 虚拟现实系统的组成

一个典型的虚拟现实系统主要由计算机、输入输出设备、虚拟现实设计/浏览软件(应用软件系统)等组成。用户以计算机为核心,通过输入、输出设备与应用软件设计的虚拟世界进行交互。虚拟现实系统构成如图 A-8 所示。

1. 计算机

在虚拟现实系统中,计算机是系统的心脏,有人也称之为虚拟世界的发动机。它负责虚拟世界的生成、人与虚拟世界的自然交互等功能的实现。

2. 输入、输出设备

在虚拟现实系统中,用户与虚拟世界之间要实现自然的交互,就必须采用特殊的输入

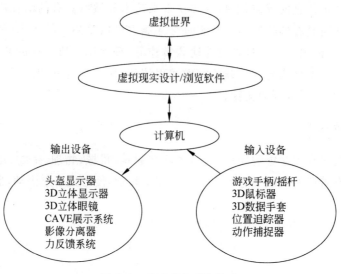

图 A-8　虚拟现实系统构成

与输出设备,以识别用户各种形式的信息输入,并实时生成逼真的反馈信息。

3. 虚拟现实系统应用软件

在虚拟现实系统中,应用软件完成的功能有虚拟世界中物体模型的建立、虚拟世界的实时渲染及显示、三维立体声音的生成,等等。

A.2.1　虚拟现实系统的硬件设备

虚拟现实系统的首要目标是建立一个虚拟的世界。处于虚拟世界中的人与系统之间是相互作用,相互影响的。特别要指出的是,在虚拟现实系统中,人与虚拟世界之间必须是基于自然的人机全方位交互。当人完全沉浸于计算机生成的虚拟世界之中时,常用的计算机键盘、鼠标等交互设备就变得无法适应要求了,必须采用其他手段及设备来与虚拟世界进行交互,即人对虚拟世界采用自然的输入方式。虚拟世界要根据其输入进行实时场景的自然输出。

1. 输入设备

1)3D 鼠标器

普通鼠标只能感受到平面运动,而 3D 鼠标(见图 A-9)则可以让用户感受到三维空间中的运动。推、拉、倾斜或转动操控器,就能对三维物体和环境进行同步平移、缩放和旋转。

2)数据手套

数据手套是一种被广泛使用的传感设备,如图 A-10 所示。将它戴在用户手上,作为一只虚拟的手与虚拟现实系统进行交互,可以在虚拟世界中进行物体抓取、移动、装配、操纵、控制等操作。它能把手指和手掌伸屈时的各种姿态转换成数字信号传送给计算机,计算机通过应用程序识别出用户的手在虚拟世界中操作时的姿势,进而执行相应的操作。在实际应用中,数据手套还必须配有空间位置跟踪器,以检测手在空间中的实际方位及运动方向。

图 A-9　3D 鼠标

图 A-10　数据手套

3）位置追踪器

三维定位跟踪设备是虚拟现实系统中的关键传感设备之一,如图 A-11 所示。它的任务是检测位置与方位,并将数据报告给虚拟现实系统。在虚拟现实系统中,它可以用来跟踪用户头部或者身体某个部位的空间位置和角度,一般与其他虚拟设备结合使用。

4）3D 扫描仪

3D 扫描仪是一种三维模型输入设备,如图 A-12 所示。它是目前所使用的用于实际物体三维建模的重要工具,能快速方便地将真实世界中立体彩色的物体转换为计算机能直接处理的数字信号,为实物数字化提供了有效的手段。

图 A-11　位置跟踪器

图 A-12　3D 扫描仪

5）动作采集器

运动采集系统利用网络连接的运动捕捉摄像机和其他相关设备来进行实时运动捕捉和分析,如图 A-13 所示。捕捉的数据既可简单地记录躯体部位的空间位置,也可复杂地记录脸部和肌肉群的细致运动。

图 A-13　运动捕捉系统

Vicon 系统是一套专业化的运动采集系统,其工作过程中有 4 个最主要的环节:校准、捕捉、后台处理、数据处理。

校准:校准过程实际上就是定位各个摄像机位置的过程。

捕捉:将光学跟踪器粘贴在身体的相应部位;在不方便粘贴的部位,将提供相应的部件,以便固定跟踪器。之后,只需要使用鼠标在计算机软件操作界面中单击"开始"按钮,就可以进行捕捉工作。

后台处理:包括全自动三维数据重建、跟踪器自动识别等功能。这些功能的实现需要计算机系统完成大量的计算工作。

数据处理:处理运动采集系统产生的数据。由 Vicon 产生的数据可以被 Maya、Softimage、3D Studio Max 等软件使用。

2. 输出设备

1) 头盔显示器

头盔显示器又称为数据头盔或数字头盔,如图 A-14 所示,用于沉浸式虚拟系统的体验,可单独与主机相连,以接收来自主机的立体或非立体图形信号。常见的头盔显示器的视野范围为 70″,角度为 30°左右。一般和头部位置跟踪器配合使用。使用者可以不受外界环境的干扰,在视觉上可以达到沉浸式效果,较立体眼镜好很多。

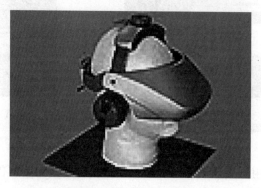

图 A-14　头盔显示器

2）3D 立体眼镜

液晶立体眼镜（主动立体眼镜）的外形如图 A-15 所示。3D 立体眼镜搭配 CRT 显示器，是虚拟现实用户最便捷、最经济的立体体验方式。

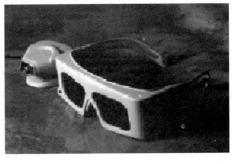

图 A-15　主动立体眼镜

3）3D 立体显示器

普通的计算机屏幕只能显示三维物体的透视图，而裸眼立体显示器是不需要佩带助视眼镜的立体显示设备，如图 A-16 所示。它使用特殊的光学元件来改变显示器和人眼的成像系统。它采用通用的 TFT LCD 液晶显示器作为图像显示部件，通过科学设计符合立体显示照明原理的照明板部件，与液晶盒精密装配在一起组成裸眼立体显示屏，配合电路系统和显示软件完成裸眼立体显示器的系统结构设计。

4）CAVE 展示系统

CAVE（洞穴式）系统如图 A-17 所示，它是一种基于多通道视景同步技术和立体显示技术的房间式投影可视协同环境。该系统可提供一个房间大小的最少 3 面或最多 76 面（2004 年）的立方体投影显示空间，以供多人参与。所有参与者均完全沉浸在一个被立体投影画面包围的高级虚拟仿真环境中。借助于相应虚拟现实交互设备（如数据手套、力反馈装置、位置跟踪器等），使参与者获得一种身临其境的高分辨率三维立体视听影像和 6 自由度交互感受。

图 A-16　裸眼立体显示器　　　　　　　图 A-17　CAVE 立体展示系统

A.2.2 虚拟现实系统的开发软件

虚拟现实系统的开发软件主要分为建模与交互设计两大类软件。

1. 建模工具软件

关于建模的工具软件有很多种,目前在建筑设计、游戏场景及角色设计和动画设计等数字娱乐领域比较通用的有 Autodesk 公司的 3DS Max 和 Maya,Avid 公司的 Softimage XSI 及 NewTek 公司的 Lightwave 等。在飞机设计、船舶设计、汽车设计等工业机械设计领域,主要由法国达索公司(Dassault Systemes)的 Catia、美国 PTC(Parametric Technology Corporation)公司的 Pro/E(Pro/Engineer)和美国 UGS 公司的 UG(Unigraphics)占据主流市场。

2. 虚拟现实交互设计工具软件

近年来,虚拟现实技术迅猛发展,虚拟现实系统的开发不再只是会使用 C/C++ 或 OpenGL 底层编程的高级程序员的专利,现在涌现出来了许多虚拟现实软件,为广大用户提供了便捷、高效的开发工具。从美国 Sende8 公司开发的 WTK(WorldToolKit),到在军事仿真领域占据统治地位的美国 MultiGen-Paradigm 公司的 Vega 及发展到后来的 Vega Prime,另外还包括 Virtools、Cult 3D、EON Studio、Quest3D、Anark 等 Web 3D 技术。

其中,法国达索系统的 Virtools 以其强大的交互功能、高质量的画面效果、便捷而高效的开发模式被广大用户所认可,在当今虚拟现实软件中占有主流地位,主要应用在包括工业仿真、军事模拟、三维游戏设计、数字城市、数字教学、电子商务等诸多领域。其用户包括波音公司、标致汽车、欧洲航空防务中心、法国核电力公司等工业巨头,EA(美商艺电)、育碧、世嘉等游戏大厂,以及全球数百所综合性大学的虚拟现实相关专业的科研、教学单位。

A.3 虚拟现实系统的开发过程

虚拟现实系统的开发简单来讲主要分为以下 3 个步骤。

(1) 虚拟现实作品三维模型建立,包括设计 3D 模型、3D 场景、贴图、骨骼系统、角色动作,等等。

(2) 虚拟现实作品交互设计。对步骤(1)中建立的三维模型进行整合,加入互动、物体行为、镜头特效、光影效果、粒子效果等。

(3) 系统集成,即将输入、输出设备与虚拟现实作品内容整合起来,完成读取虚拟世界资料、接收输入设备信号、送交计算机运算、将结果传到输出设备等功能,形成一套完整的系统,以供用户使用。

虚拟现实系统的开发过程如图 A-18 所示（以 Virtools 软件开发为例）。

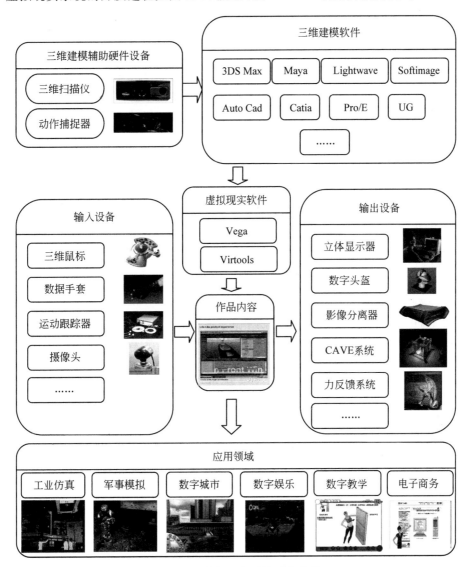

图 A-18　虚拟现实系统开发流程

参 考 文 献

[1] Tay Vaughan. 多媒体技术及应用[M].第6版.晓波,倪敏译.北京:清华大学出版社,2004.

[2] 鄂大伟.多媒体技术基础及其应用[M].第3版.北京:高等教育出版社,2007.

[3] 陆芳,梁宇涛.多媒体技术及应用[M].第3版.北京:电子工业出版社,2007.

[4] 朱洁.多媒体技术教程[M].2版.北京:机械工业出版社,2011.

[5] 赵子江.多媒体技术应用教程[M].第4版.北京:机械工业出版社,2004.

[6] 杨津玲,任兴元.多媒体技术与应用[M].第2版.北京:电子工业出版社,2007.

[7] 李海芳,马垚.多媒体技术应用与实践[M].北京:人民邮电出版社,2014.

[8] 姚海根.图像处理[M].上海:上海科学技术出版社,2000.

[9] 杜明.多媒体技术及应用[M].北京:高等教育出版社,2009.

[10] 刘明昆.三维游戏设计师宝典——Virtools工具篇[M].四川电子音像出版中心,2005.

[11] Deke McClellan. Photoshop 7宝典[M].周瑜萍,等译.北京:电子工业出版社,2003.

[12] 黄东明.Photoshop CS平面设计标准教程[M].北京:北京理工大学出版社,2006.

[13] 黄学光,陈强.Photoshop图像处理技术[M].北京:地质出版社,2006.

[14] 张玲.Photoshop图像处理技术[M].北京:中国铁道出版社,2006.

[15] 北京金洪恩电脑有限公司.巧夺天工——Photoshop入门与进阶实例[M].天津:天津电子出版社,2006.

[16] Yue-Ling Wong. 数字媒体基础教程[M].杨若瑜,唐杰,苏丰译.北京:机械工业出版社,2009.